T0275899

Bosch Fachinformation Automobil

BOSCH Fachinformation Automobil enthält das Basis-
wissen des weltweit größten Automobilzulieferers aus erster
Hand. Anwendungsbezogene Darstellungen sind das Kennzeichen dieser Buchreihe. Ganz auf den Bedarf an praxis-
nahem Hintergrundwissen zugeschnitten, findet der Auto-
Fachmann ausführliche Angaben, die zum Verständnis
moderner Fahrzeuge benötigt werden. Sie eignet sich damit
hervorragend für den Alltag des Entwicklungsingenieurs,
für die berufliche Weiterbildung, für Lehrgänge, zum
Selbststudium oder zum Nachschlagen in der Werkstatt.
Alle Informationen sind so gestaltet, dass sich auch ein
Leser zurechtfindet, für den das Thema neu ist. Die bedarfs-
gerechte Angebotspalette beginnt beim Kraftfahrtechnischen
Taschenbuch, das als handliches Nachschlagewerk den
kompakten Einblick in die aktuelle Fahrzeugtechnik bietet.
Einen umfassenden Einblick in größere, zusammen-
hängende Themengebiete bieten die ausführlichen Fachbücher im gebundenen Hardcover-Umschlag. Anschauliche
Detailinformationen mit deutlich reduziertem Umfang
werden, im flexiblen Einband, zu konkreten Aufgabenstellungen erklärt. Kleinere Lernhefte zu thematisch abge-
grenzten Wissensgebieten stehen in den Lernordnern „Automobilelektronik lernen" und „Motorsteuerung lernen" bereit.

Konrad Reif

Herausgeber

Abgastechnik für Verbrennungsmotoren

 Springer Vieweg

Herausgeber

Prof. Dr.-Ing. Konrad Reif
Duale Hochschule Baden-Württemberg
Ravensburg, Campus Friedrichshafen
Friedrichshafen, Deutschland
reif@dhbw-ravensburg.de

ISBN 978-3-658-09521-5   ISBN 978-3-658-09522-2 (eBook)
DOI 10.1007/978-3-658-09522-2

Die Deutsche Nationalbibliothek verzeichnet diese Publikation in der Deutschen Nationalbibliografie;
detaillierte bibliografische Daten sind im Internet über http://dnb.d-nb.de abrufbar.

Springer Vieweg
© Springer Fachmedien Wiesbaden 2015

Gedruckt auf säurefreiem und chlorfrei gebleichtem Papier.

Springer Fachmedien Wiesbaden ist Teil der Fachverlagsgruppe Springer Science+Business Media
(www.springer.com)

Vorwort

Die Technik im Kraftfahrzeug hat sich in den letzten Jahrzehnten stetig weiterentwickelt. Der Einzelne, der beruflich mit dem Thema beschäftigt ist, muss immer mehr tun, um mit diesen Neuerungen Schritt zu halten. Mittlerweile spielen viele neue Themen der Wissenschaft und Technik in Kraftfahrzeugen eine große Rolle. Dies sind nicht nur neue Themen aus der klassischen Fahrzeug- und Motorentechnik, sondern auch aus der Elektronik und aus der Informationstechnik. Diese Themen sind zwar für sich in unterschiedlichen Publikationen gedruckt oder im Internet dokumentiert, also prinzipiell für jeden verfügbar; jedoch ist für jemanden, der sich neu in ein Thema einarbeiten will, die Fülle der Literatur häufig weder überblickbar noch in der dafür verfügbaren Zeit lesbar. Aufgrund der verschiedenen beruflichen Tätigkeiten in der Automobil- und Zulieferindustrie sind zudem unterschiedlich tiefe Ausführungen gefragt. Gerade heute ist es so wichtig wie früher: Wer die Entwicklung mit gestalten will, muss sich mit den grundlegenden wichtigen Themen gut auskennen. Hierbei sind nicht nur die Hochschulen mit den Studienangeboten und die Arbeitgeber mit Weiterbildungsmaßnahmen in der Pflicht. Der rasche Technologiewechsel zwingt zum lebenslangen Lernen, auch in Form des Selbststudiums.

Hier setzt die Schriftenreihe „Bosch Fachinformation Automobil" an. Sie bietet eine umfassende und einheitliche Darstellung wichtiger Themen aus der Kraftfahrzeugtechnik in kompakter, verständlicher und praxisrelevanter Form. Dies ist dadurch möglich, dass die Inhalte von Fachleuten verfasst wurden, die in den Entwicklungsabteilungen von Bosch an genau den dargestellten Themen arbeiten. Die Schriftenreihe ist so gestaltet, dass sich auch ein Leser zurechtfindet, für den das Thema neu ist. Die Kapitel sind in einer Zeit lesbar, die auch ein sehr beschäftigter Arbeitnehmer dafür aufbringen kann.

Die Basis der Reihe sind die bewährten, gebundenen Fachbücher. Sie ermöglichen einen umfassenden Einblick in das jeweilige Themengebiet. Anwendungsbezogene Darstellungen, anschauliche und aufwendig gestaltete Bilder ermöglichen den leichten Einstieg. Für den Bedarf an inhaltlich enger zugeschnittenen Themenbereichen bietet die broschierte Reihe das richtige Angebot. Mit deutlich reduziertem Umfang, aber gleicher detaillierter Darstellung, ist das Hintergrundwissen zu konkreten Aufgabenstellungen professionell erklärt.

Der vorliegende Band behandelt die Abgastechnik für Verbrennungsmotoren und die damit unmittelbar zusammenhängenden Fachgebiete. Die Abgasnachbehandlung wird sowohl für Diesel- als auch für Ottomotoren ausführlich dargestellt; ebenso wie die Abgasmesstechnik und die Emissionsgesetzgebung. Daneben werden die Grundlagen und die Diagnose von Diesel- und Ottomotoren behandelt.

Das vorliegende Buch ist eine Auskopplung aus den gebundenen Büchern „Dieselmotor-Management" und „Ottomotor-Management" aus der Reihe Bosch Fachinformation Automobil und wurde neu zusammengestellt. Für weiterführende Informationen zu diesem Thema wird auf eben diese Bücher verwiesen.

Für die außerordentliche Unterstützung dieses Buchprojektes danke ich Herrn Dipl.-Ing. Karl-Heinz Dietsche. Ferner danke ich allen Lesern, die mir wertvolle Hinweise gegeben haben.

Friedrichshafen, im Dezember 2015   Konrad Reif

Inhaltsverzeichnis

Herausgeber

Prof. Dr.-Ing. Konrad Reif

Autoren und Mitwirkende

Dipl.-Ing. (FH) Hermann Grieshaber,
Dr.-Ing. Thorsten Raatz.
(Grundlagen des Dieselmotors)

Dr.-Ing. David Lejsek,
Dr.-Ing. Andreas Kufferath,
Dr.-Ing. André Kulzer,
  Dr. Ing. h.c.F. Porsche AG,
Prof. Dr.-Ing. Konrad Reif,
  Duale Hochschule Baden-Württemberg.
(Grundlagen des Ottomotors)

Dr. rer. nat. Norbert Breuer,
Dr. rer. nat. Thomas Hauber,
Priv.-Doz. Dr.-Ing. Johannes K. Schaller,
Dr. Ralf Schernewski,
Dipl.-Ing. Stefan Stein,
Dr.-Ing. Ralf Wirth.
(Abgasnachbehandlung für Dieselmotoren)

Dipl.-Ing. Klaus Winkler,
Dr.-Ing. Wilfried Müller,
  Umicore AG & Co. KG,
Prof. Dr.-Ing. Konrad Reif,
  Duale Hochschule Baden-Württemberg.
(Abgasnachbehandlung für Ottomotoren)

Dr.-Ing. Matthias Tappe,
Dipl.-Ing. Michael Bender,
Dipl.-Ing. Karl-Heinz Dietsche,
Prof. Dr.-Ing. Konrad Reif,
  Duale Hochschule Baden-Württemberg.
(Emissionsgesetzgebung)

Dr. rer. nat. Matthias Tappe,
Dipl.-Phys. Martin-Andreas Drühe,
Prof. Dr.-Ing. Konrad Reif,
  Duale Hochschule Baden-Württemberg.
(Abgasmesstechnik)

Dr.-Ing. Günter Driedger,
Rainer Heinzmann,
Dr. rer. nat. Walter Lehle,
Dipl.-Ing. Wolfgang Schauer.
(Diagnose von Dieselmotoren)

Dr.-Ing. Markus Willimowski,
Dipl.-Ing. Jens Leideck,
Prof. Dr.-Ing. Konrad Reif,
  Duale Hochschule Baden-Württemberg.
(Diagnose von Ottomotoren)

Soweit nicht anders angegeben, handelt es sich um
Mitarbeiter der Robert Bosch GmbH.

Grundlagen des Dieselmotors

Der Dieselmotor ist ein Selbstzündungs-
motor mit innerer Gemischbildung. Die für
die Verbrennung benötigte Luft wird im
Brennraum hoch verdichtet. Dabei entstehen hohe Temperaturen, bei denen sich der
eingespritzte Dieselkraftstoff selbst entzündet. Die im Dieselkraftstoff enthaltene
chemische Energie wird vom Dieselmotor
über Wärme in mechanische Arbeit umgesetzt.

Der Dieselmotor ist die Verbrennungskraftmaschine mit dem höchsten effektiven Wirkungsgrad (bei großen langsam laufenden
Motoren mehr als 50 %). Der damit verbundene niedrige Kraftstoffverbrauch, die
vergleichsweise schadstoffarmen Abgase und
das vor allem durch Voreinspritzung verminderte Geräusch verhalfen dem Dieselmotor zu großer Verbreitung.

Der Dieselmotor eignet sich besonders für
die Aufladung. Sie erhöht nicht nur die
Leistungsausbeute und verbessert den
Wirkungsgrad, sondern vermindert zudem
die Schadstoffe im Abgas und das Verbrennungsgeräusch.

Zur Reduzierung der NO_X-Emission bei
Pkw und Nkw wird ein Teil des Abgases in
den Ansaugtrakt des Motors zurückgeleitet
(Abgasrückführung). Um noch niedrigere
NO_X-Emissionen zu erhalten, kann das
zurückgeführte Abgas gekühlt werden.

Dieselmotoren können sowohl nach dem
Zweitakt- als auch nach dem Viertakt-Prinzip arbeiten. Im Kraftfahrzeug kommen
hauptsächlich Viertakt-Motoren zum Einsatz.

Arbeitsweise

Ein Dieselmotor enthält einen oder mehrere
Zylinder. Angetrieben durch die Verbrennung des Luft-Kraftstoff-Gemischs führt ein
Kolben (Bild 1, Pos. 3) je Zylinder (5) eine
periodische Auf- und Abwärtsbewegung aus.
Dieses Funktionsprinzip gab dem Motor
den Namen „Hubkolbenmotor".

Die Pleuelstange (11) setzt diese Hub-
bewegungen der Kolben in eine Rotationsbewegung der Kurbelwelle (14) um. Eine
Schwungmasse (15) an der Kurbelwelle hält
die Bewegung aufrecht und vermindert die
Drehungleichförmigkeit, die durch die Verbrennungen in den einzelnen Kolben entsteht. Die Kurbelwellendrehzahl wird auch
Motordrehzahl genannt.

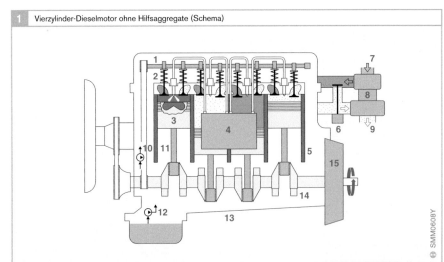

1   Vierzylinder-Dieselmotor ohne Hilfsaggregate (Schema)

Bild 1

1 Nockenwelle
2 Ventile
3 Kolben
4 Einspritzsystem
5 Zylinder
6 Abgasrückführung
7 Ansaugrohr
8 Lader (hier Abgas-
   turbolader)
9 Abgasrohr
10 Kühlsystem
11 Pleuelstange
12 Schmiersystem
13 Motorblock
14 Kurbelwelle
15 Schwungmasse

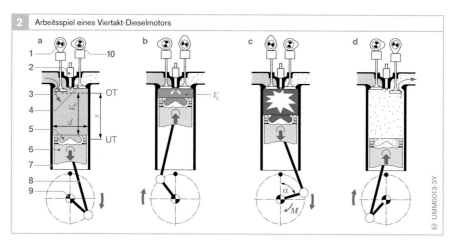

2 Arbeitsspiel eines Viertakt-Dieselmotors

Bild 2
a Ansaugtakt
b Verdichtungstakt
c Arbeitstakt
d Ausstoßtakt

1 Einlassnockenwelle
2 Einspritzdüse
3 Einlassventil
4 Auslassventil
5 Brennraum
6 Kolben
7 Zylinderwand
8 Pleuelstange
9 Kurbelwelle
10 Auslassnockenwelle

α Kurbelwellenwinkel
d Bohrung
M Drehmoment
s Kolbenhub
V_c Kompressions-
    volumen
V_h Hubvolumen
    (Hubraum)
OT oberer Totpunkt
    des Kolbens
UT unterer Totpunkt
    des Kolbens

Viertakt-Verfahren

Beim Viertakt-Dieselmotor (Bild 2) steuern Gaswechselventile den Gaswechsel von Frischluft und Abgas. Sie öffnen oder schließen die Ein- und Auslasskanäle zu den Zylindern. Je Ein- bzw. Auslasskanal können ein oder zwei Ventile eingebaut sein.

1. Takt: Ansaugtakt (a)

Ausgehend vom oberen Totpunkt (OT) bewegt sich der Kolben (6) abwärts und vergrößert das Volumen im Zylinder. Durch das geöffnete Einlassventil (3) strömt Luft ohne vorgeschaltete Drosselklappe in den Zylinder ein. Im unteren Totpunkt (UT) hat das Zylindervolumen seine maximale Größe erreicht (V_h+V_c).

2. Takt: Verdichtungstakt (b)

Die Gaswechselventile sind nun geschlossen. Der aufwärts gehende Kolben verdichtet (komprimiert) die im Zylinder eingeschlossene Luft entsprechend dem ausgeführten Verdichtungsverhältnis (von 6:1 bei Großmotoren bis 24:1 bei Pkw). Sie erwärmt sich dabei auf Temperaturen bis zu 900 °C. Gegen Ende des Verdichtungsvorgangs spritzt die Einspritzdüse (2) den Kraftstoff unter hohem Druck (derzeit bis zu 2200 bar) in die erhitzte Luft ein. Im oberen Totpunkt ist das minimale Volumen erreicht (Kompressionsvolumen V_c).

3. Takt: Arbeitstakt (c)

Nach Verstreichen des Zündverzugs (einige Grad Kurbelwellenwinkel) beginnt der Arbeitstakt. Der fein zerstäubte zündwillige Dieselkraftstoff entzündet sich selbst an der hoch verdichteten heißen Luft im Brennraum (5) und verbrennt. Dadurch erhitzt sich die Zylinderladung weiter und der Druck im Zylinder steigt nochmals an. Die durch die Verbrennung frei gewordene Energie ist im Wesentlichen durch die eingespritzte Kraftstoffmasse bestimmt (Qualitätsregelung). Der Druck treibt den Kolben nach unten, die chemische Energie wird in Bewegungsenergie umgewandelt. Ein Kurbeltrieb übersetzt die Bewegungsenergie des Kolbens in ein an der Kurbelwelle zur Verfügung stehendes Drehmoment.

4. Takt: Ausstoßtakt (d)

Bereits kurz vor dem unteren Totpunkt öffnet das Auslassventil (4). Die unter Druck stehenden heißen Gase strömen aus dem Zylinder. Der aufwärts gehende Kolben stößt die restlichen Abgase aus.

Nach jeweils zwei Kurbelwellenumdrehungen beginnt ein neues Arbeitsspiel mit dem Ansaugtakt.

Ventilsteuerzeiten

Die Nocken auf der Einlass- und Auslassnockenwelle öffnen und schließen die Gaswechselventile. Bei Motoren mit nur einer
Nockenwelle überträgt ein Hebelmechanis-
mus die Hubbewegung der Nocken auf die
Gaswechselventile. Die Steuerzeiten geben
die Schließ- und Öffnungszeiten der Ventile
bezogen auf die Kurbelwellenstellung an
(Bild 4). Sie werden deshalb in „Grad
Kurbelwellenwinkel" angegeben.

Die Kurbelwelle treibt die Nockenwelle über
einen Zahnriemen (bzw. eine Kette oder
Zahnräder) an. Ein Arbeitsspiel umfasst
beim Viertakt-Verfahren zwei Kurbelwellenumdrehungen. Die Nockenwellendrehzahl
ist deshalb nur halb so groß wie die Kurbelwellendrehzahl. Das Untersetzungsverhältnis
zwischen Kurbel- und Nockenwelle beträgt
somit 2:1.

Beim Übergang zwischen Ausstoß- und
Ansaugtakt sind über einen bestimmten Bereich Auslass- und Einlassventil gleichzeitig
geöffnet. Durch diese Ventilüberschneidung
wird das restliche Abgas ausgespült und
gleichzeitig der Zylinder gekühlt.

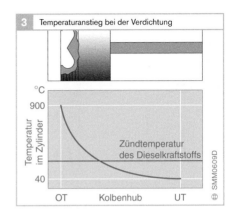

3 Temperaturanstieg bei der Verdichtung

°C
900

Temperatur
im Zylinder

Zündtemperatur
des Dieselkraftstoffs

40

OT   Kolbenhub   UT   SMM0609D

Verdichtung (Kompression)

Aus dem Hubraum V_h und dem Kompressionsvolumen V_c eines Kolbens ergibt sich
das Verdichtungsverhältnis ε:

$$\varepsilon = \frac{V_h + V_c}{V_c}$$

Die Verdichtung des Motors hat entscheidenden Einfluss auf
● das Kaltstartverhalten,
● das erzeugte Drehmoment,
● den Kraftstoffverbrauch,
● die Geräuschemissionen und
● die Schadstoffemissionen.

Das Verdichtungsverhältnis ε beträgt bei
Dieselmotoren für Pkw und Nkw je
nach Motorbauweise und Einspritzart
$\varepsilon = 16:1...24:1$. Die Verdichtung liegt also
höher als beim Ottomotor ($\varepsilon = 7:1...13:1$).
Aufgrund der begrenzten Klopffestigkeit des
Benzins würde sich bei diesem das Luft-
Kraftstoff-Gemisch bei hohem Kompressionsdruck und der sich daraus ergebenden
hohen Brennraumtemperatur selbstständig
und unkontrolliert entzünden.

Die Luft wird im Dieselmotor auf 30...50 bar
(Saugmotor) bzw. 70...150 bar (aufgeladener
Motor) verdichtet. Dabei entstehen Temperaturen im Bereich von 700...900 °C (Bild 3).
Die Zündtemperatur für die am leichtesten
entflammbaren Komponenten im Dieselkraftstoff beträgt etwa 250 °C.

Bild 3
OT oberer Totpunkt
    des Kolbens
UT unterer Totpunkt
    des Kolbens

Bild 4
AÖ Auslass öffnet
AS Auslass schließt
BB Brennbeginn
EÖ Einlass öffnet
ES Einlass schließt
EZ Einspritzzeitpunkt
OT oberer Totpunkt
    des Kolbens
UT unterer Totpunkt
    des Kolbens

■ Ventilüber-
    schneidung

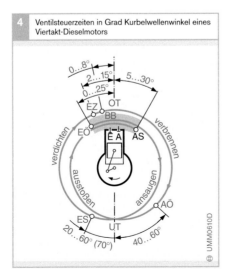

4 Ventilsteuerzeiten in Grad Kurbelwellenwinkel eines
Viertakt-Dieselmotors

0...8°
2...15°
5...30°
0...25°
EZ OT
BB
EÖ   AS
E A
verdichten
verbrennen
ausstoßen
ansaugen
AÖ
ES
UT
20...60° (70°)
40...60°
UMM0610D

Drehmoment und Leistung

Drehmoment

Die Pleuelstange setzt die Hubbewegung des Kolbens in eine Rotationsbewegung der Kurbelwelle um. Die Kraft, mit der das expandierende Luft-Kraftstoff-Gemisch den Kolben nach unten treibt, wird so über den Hebelarm der Kurbelwelle in ein Drehmoment umgesetzt.

Das vom Motor abgegebene Drehmoment M hängt vom Mitteldruck p_e (mittlerer Kolben- bzw. Arbeitsdruck) ab. Es gilt:

$$M = p_e \cdot V_H / (4 \cdot \pi)$$

mit
V_H Hubraum des Motors und $\pi \approx 3,14$.

Der Mitteldruck erreicht bei aufgeladenen kleinen Dieselmotoren für Pkw Werte von 8…22 bar. Zum Vergleich: Ottomotoren erreichen Werte von 7…11 bar.

Das maximal erreichbare Drehmoment M_{max}, das der Motor liefern kann, ist durch die Konstruktion des Motors bestimmt (Größe des Hubraums, Aufladung usw.). Die Anpassung des Drehmoments an die Erfordernisse des Fahrbetriebs erfolgt im Wesentlichen durch die Veränderung der Luft- und Kraftstoffmasse sowie durch die Gemischbildung.

Das Drehmoment nimmt mit steigender Drehzahl n bis zum maximalen Drehmoment M_{max} zu (Bild 1). Mit höheren Drehzahlen fällt das Drehmoment wieder ab (maximal zulässige Motorbeanspruchung, gewünschtes Fahrverhalten, Getriebeauslegung).

Die Entwicklung in der Motortechnik zielt darauf ab, das maximale Drehmoment schon bei niedrigen Drehzahlen im Bereich von weniger als 2000 min^{-1} bereitzustellen, da in diesem Drehzahlbereich der Kraftstoffverbrauch am günstigsten ist und die Fahrbarkeit als angenehm empfunden wird (gutes Anfahrverhalten).

Leistung

Die vom Motor abgegebene Leistung P (erzeugte Arbeit pro Zeit) hängt vom Drehmoment M und der Motordrehzahl n ab. Die Motorleistung steigt mit der Drehzahl, bis sie bei der Nenndrehzahl n_{nenn} mit der Nennleistung P_{nenn} ihren Höchstwert erreicht. Es gilt der Zusammenhang:

$$P = 2 \cdot \pi \cdot n \cdot M$$

Bild 1a zeigt den Vergleich von Dieselmotoren der Baujahre 1968 und 1998 mit ihrem typischen Leistungsverlauf in Abhängigkeit von der Motordrehzahl.

Aufgrund der niedrigeren Maximaldrehzahlen haben Dieselmotoren eine geringere hubraumbezogenen Leistung als Ottomotoren. Moderne Dieselmotoren für Pkw erreichen Nenndrehzahlen von 3500…5000 min^{-1}.

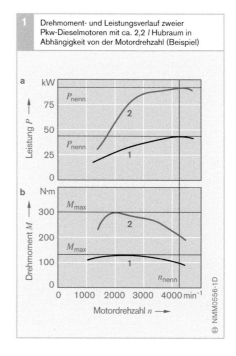

1 Drehmoment- und Leistungsverlauf zweier Pkw-Dieselmotoren mit ca. 2,2 l Hubraum in Abhängigkeit von der Motordrehzahl (Beispiel)

Bild 1
a   Leistungsverlauf
b   Drehmomentverlauf

1   Baujahr 1968
2   Baujahr 1998

M_{max} maximales
     Drehmoment
P_{nenn} Nennleistung
n_{nenn} Nenndrehzahl

Motorwirkungsgrad

Der Verbrennungsmotor verrichtet Arbeit durch Druck-Volumen-Änderungen eines Arbeitsgases (Zylinderfüllung).

Der effektive Wirkungsgrad des Motors ist das Verhältnis aus eingesetzter Energie (Kraftstoff) und nutzbarer Arbeit. Er ergibt sich aus dem thermischen Wirkungsgrad eines idealen Arbeitsprozesses (Seiliger-Prozess) und den Verlustanteilen des realen Prozesses.

Seiliger-Prozess

Der Seiliger-Prozess kann als thermodynamischer Vergleichsprozess für den Hubkolbenmotor herangezogen werden und beschreibt die unter Idealbedingungen theoretisch nutzbare Arbeit. Für diesen idealen Prozess werden folgende Vereinfachungen angenommen:
- ideales Gas als Arbeitsmedium
- Gas mit konstanter spezifischer Wärme,
- unendlich schnelle Wärmezu- und -abfuhr,
- keine Strömungsverluste beim Gaswechsel.

Der Zustand des Arbeitsgases kann durch die Angabe von Druck (p) und Volumen (V) beschrieben werden. Die Zustandsänderungen werden im p-V-Diagramm (Bild 1) dargestellt, wobei die eingeschlossene Fläche der Arbeit entspricht, die in einem Arbeitsspiel verrichtet wird.

Im Seiliger-Prozess laufen folgende Prozess-Schritte ab:

Isentrope Kompression (1-2)
Bei der isentropen Kompression (Verdichtung bei konstanter Entropie, d. h. ohne Wärmeaustausch) nimmt der Druck im Zylinder zu, während das Volumen abnimmt.

Isochore Wärmezufuhr (2-3)
Das Gemisch beginnt zu verbrennen. Die Wärmezufuhr (q_{BV}) erfolgt bei konstantem Volumen (isochor). Der Druck nimmt dabei zu.

Isobare Wärmezufuhr (3-3')
Die weitere Wärmezufuhr (q_{Bp}) erfolgt bei konstantem Druck (isobar), während sich der Kolben abwärts bewegt und das Volumen zunimmt.

Isentrope Expansion (3'-4)
Der Kolben geht weiter zum unteren Totpunkt. Es findet kein Wärmeaustausch mehr statt. Der Druck nimmt ab, während das Volumen zunimmt.

Isochore Wärmeabfuhr (4-1)
Beim Gaswechsel wird die Restwärme ausgestoßen (q_A). Dies geschieht bei konstantem Volumen (unendlich schnell und vollständig). Damit ist der Ausgangszustand wieder erreicht und ein neuer Arbeitszyklus beginnt.

p-V-Diagramm des realen Prozesses
Um die beim realen Prozess geleistete Arbeit zu ermitteln, wird der Zylinderdruckverlauf gemessen und im p-V-Diagramm dargestellt (Bild 2). Die Fläche der oberen Kurve ent-

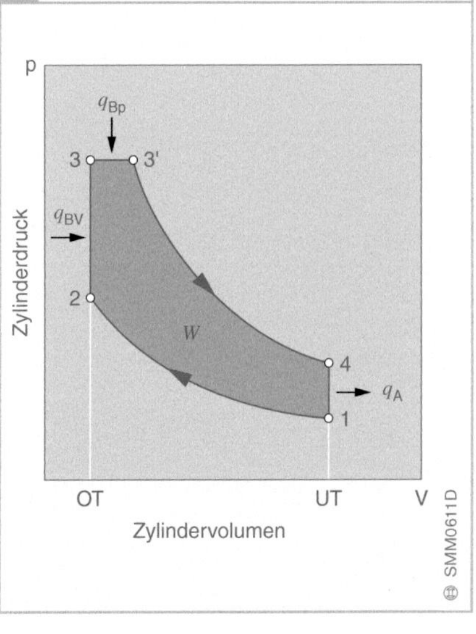

Bild 1
1-2 Isentrope Kompression
2-3 isochore Wärmezufuhr
3-3' isobare Wärmezufuhr
3'-4 isentrope Expansion
4-1 isochore Wärmeabfuhr

OT oberer Totpunkt des Kolbens
UT unterer Totpunkt des Kolbens

q_A abfließende Wärmemenge beim Gaswechsel
q_{Bp} Verbrennungswärme bei konstantem Druck
q_{BV} Verbrennungswärme bei konstantem Volumen
W theoretische Arbeit

1 Seiliger-Prozess für Dieselmotoren

© SMM0611D

2   Realer Prozess eines aufgeladenen Dieselmotors im p-V-Indikator-Diagramm (aufgenommen mit einem Drucksensor)

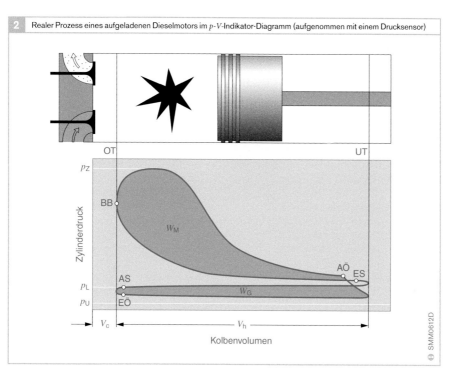

Kolbenvolumen

Bild 2

AÖ   Auslass öffnet
AS   Auslass schließt
BB   Brennbeginn
EÖ   Einlass öffnet
ES   Einlass schließt
OT   oberer Totpunkt
       des Kolbens
UT   unterer Totpunkt
       des Kolbens

p_U Umgebungsdruck
p_L Ladedruck
p_Z maximaler
       Zylinderdruck
V_c Kompressions-
       volumen
V_h Hubvolumen
W_M indizierte Arbeit
W_G Arbeit beim Gas-
       wechsel (Lader)

SMM0612D

3   Druckverlauf eines aufgeladenen Dieselmotors im Druck-Kurbelwellen-Diagramm (p-α-Diagramm)

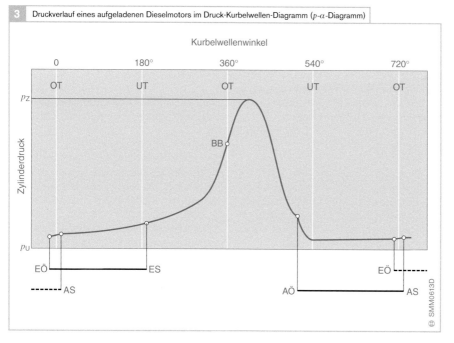

Bild 3

AÖ   Auslass öffnet
AS   Auslass schließt
BB   Brennbeginn
EÖ   Einlass öffnet
ES   Einlass schließt
OT   oberer Totpunkt
       des Kolbens
UT   unterer Totpunkt
       des Kolbens

p_U Umgebungsdruck
p_L Ladedruck
p_Z maximaler
       Zylinderdruck

SMM0613D

spricht der am Zylinderkolben anstehenden Arbeit.

Hierzu muss bei Ladermotoren die Fläche des Gaswechsels (W_G) addiert werden, da die durch den Lader komprimierte Luft den Kolben in Richtung unteren Totpunkt drückt.

Die durch den Gaswechsel verursachten Verluste werden in vielen Betriebspunkten durch den Lader überkompensiert, sodass sich ein positiver Beitrag zur geleisteten Arbeit ergibt.

Die Darstellung des Drucks über dem Kurbelwellenwinkel (Bild 3, vorherige Seite) findet z. B. bei der thermodynamischen Druckverlaufsanalyse Verwendung.

Wirkungsgrad

Der effektive Wirkungsgrad des Dieselmotors ist definiert als:

$$\eta_e = \frac{W_e}{W_B}$$

W_e ist die an der Kurbelwelle effektiv verfügbare Arbeit.
W_B ist der Heizwert des zugeführten Brennstoffs.

Der effektive Wirkungsgrad η_e lässt sich darstellen als Produkt aus dem thermischen Wirkungsgrad des Idealprozesses und weiteren Wirkungsgraden, die den Einflüssen des realen Prozesses Rechnung tragen:

$$\eta_e = \eta_{th} \cdot \eta_g \cdot \eta_b \cdot \eta_m = \eta_i \cdot \eta_m$$

η_{th}: Thermischer Wirkungsgrad
η_{th} ist der thermische Wirkungsgrad des Seiliger-Prozesses. Er berücksichtigt die im Idealprozess auftretenden Wärmeverluste und hängt im Wesentlichen vom Verdichtungsverhältnis und von der Luftzahl ab.

Da der Dieselmotor gegenüber dem Ottomotor mit höherem Verdichtungsverhältnis und mit hohem Luftüberschuss betrieben wird, erreicht er einen höheren Wirkungsgrad.

η_g: Gütegrad
η_g gibt die im realen Hochdruck-Arbeitsprozess erzeugte Arbeit im Verhältnis zur theoretischen Arbeit des Seiliger-Prozesses an.

Die Abweichungen des realen vom idealen Prozess ergeben sich im Wesentlichen durch Verwenden eines realen Arbeitsgases, endliche Geschwindigkeit der Wärmezu- und -abfuhr, Lage der Wärmezufuhr, Wandwärmeverluste und Strömungsverluste beim Ladungswechsel.

η_b: Brennstoffumsetzungsgrad
η_b berücksichtigt die Verluste, die aufgrund der unvollständigen Verbrennung des Kraftstoffs im Zylinder auftreten.

η_m: Mechanischer Wirkungsgrad
η_m erfasst Reibungsverluste und Verluste durch den Antrieb der Nebenaggregate. Die Reib- und Antriebsverluste steigen mit der Motordrehzahl an. Die Reibungsverluste setzen sich bei Nenndrehzahl wie folgt zusammen:
- Kolben und Kolbenringe (ca. 50 %),
- Lager (ca. 20 %),
- Ölpumpe (ca. 10 %),
- Kühlmittelpumpe (ca. 5 %),
- Ventiltrieb (ca. 10 %),
- Einspritzpumpe (ca. 5 %).

Ein mechanischer Lader muss ebenfalls hinzugezählt werden.

η_i: Indizierter Wirkungsgrad
Der indizierte Wirkungsgrad gibt das Verhältnis der am Zylinderkolben anstehenden, „indizierten" Arbeit W_i zum Heizwert des eingesetzten Kraftstoffs an.

Die effektiv an der Kurbelwelle zur Verfügung stehende Arbeit W_e ergibt sich aus der indizierten Arbeit durch Berücksichtigung der mechanischen Verluste:
$W_e = W_i \cdot \eta_m$.

Betriebszustände

Start

Das Starten eines Motors umfasst die Vorgänge: Anlassen, Zünden und Hochlaufen bis zum Selbstlauf.

Die im Verdichtungshub erhitzte Luft muss den eingespritzten Kraftstoff zünden (Brennbeginn). Die erforderliche Mindestzündtemperatur für Dieselkraftstoff beträgt ca. 250 °C.

Diese Temperatur muss auch unter ungünstigen Bedingungen erreicht werden. Niedrige Drehzahl, tiefe Außentemperaturen und ein kalter Motor führen zu verhältnismäßig niedriger Kompressionsendtemperatur, denn:

- Je niedriger die Motordrehzahl, umso geringer ist der Enddruck der Kompression und dementsprechend auch die Endtemperatur (Bild 1). Die Ursache dafür sind Leckageverluste, die an den Kolbenringspalten zwischen Kolben und Zylinderwand auftreten, wegen anfänglich noch fehlender Wärmedehnung sowie des noch nicht ausgebildeten Ölfilms. Das Maximum der Kompressionstemperatur liegt wegen der

Wärmeverluste während der Verdichtung um einige Grad vor OT (thermodynamischer Verlustwinkel, Bild 2).

- Bei kaltem Motor ergeben sich während des Verdichtungstakts größere Wärmeverluste über die Brennraumoberfläche. Bei Kammermotoren (IDI) sind diese Verluste wegen der größeren Oberfläche besonders hoch.
- Die Triebwerkreibung ist bei niederen Temperaturen höher als bei Betriebstemperatur, aufgrund der höheren Motorölviskosität. Dadurch und auch wegen niedriger Batteriespannung werden nur relativ kleine Starterdrehzahlen erreicht.
- Bei Kälte ist die Starterdrehzahl wegen der absinkenden Batteriespannung besonders niedrig.

Um während der Startphase die Temperatur im Zylinder zu erhöhen, werden folgende Maßnahmen ergriffen:

Kraftstoffaufheizung

Mit einer Filter- oder direkten Kraftstoffaufheizung (Bild 3, nächste Seite) kann das Ausscheiden von Paraffin-Kristallen bei

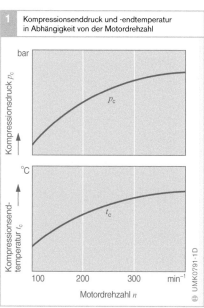

1 Kompressionsenddruck und -endtemperatur in Abhängigkeit von der Motordrehzahl

Kompressionsdruck p_c (bar)

p_c

Kompressionsendtemperatur t_c (°C)

t_c

Motordrehzahl n (min⁻¹)   100   200   300

UMK0791-1D

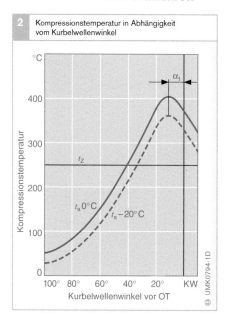

2 Kompressionstemperatur in Abhängigkeit vom Kurbelwellenwinkel

Kompressionstemperatur (°C)

α_1

400

300

t_Z

200

$t_a\,0\,°C$ $t_a\,-20\,°C$

100

0

Kurbelwellenwinkel vor OT   100°   80°   60°   40°   20°   KW

UMK0794-1D

Bild 2
t_a Außentemperatur
t_Z Zündtemperatur des Dieselkraftstoffs
α_1 thermodynamischer Verlustwinkel

$n \approx 200$ min⁻¹

niedrigen Temperaturen (in der Startphase und bei niedrigen Außentemperaturen) vermieden werden.

Starthilfesysteme

Bei Direkteinspritzmotoren (DI) für Pkw und bei Kammermotoren (IDI) generell wird in der Startphase das Luft-Kraftstoff-Gemisch im Brennraum (bzw. in der Vor- oder Wirbelkammer) durch Glühstiftkerzen erwärmt. Bei Direkteinspritzmotoren für Nkw wird die Ansaugluft vorgewärmt. Beide Starthilfesysteme dienen der Verbesserung der Kraftstoffverdampfung und Gemischaufbereitung und somit dem sicheren Entflammen des Luft-Kraftstoff-Gemischs.

Glühkerzen neuerer Generation benötigen nur eine Vorglühdauer von wenigen Sekunden (Bild 4) und ermöglichen so einen schnellen Start. Die niedrigere Nachglühtemperatur erlaubt zudem längere Nachglühzeiten. Dies reduziert sowohl die Schadstoff- als auch die Geräuschemissionen in der Warmlaufphase des Motors.

Einspritzanpassung

Eine Maßnahme zur Startunterstützung ist die Zugabe einer Kraftstoff-Startmehrmenge zur Kompensation von Kondensations- und Leckverlusten des kalten Motors und zur Erhöhung des Motordrehmoments in der Hochlaufphase.

Die Frühverstellung des Einspritzbeginns während der Warmlaufphase dient zum Ausgleich des längeren Zündverzugs bei niedrigen Temperaturen und zur Sicherstellung der Zündung im Bereich des oberen Totpunkts, d. h. bei höchster Verdichtungsendtemperatur.

Der optimale Spritzbeginn muss mit enger Toleranz erreicht werden. Zu früh eingespritzter Kraftstoff hat aufgrund des noch zu geringen Zylinderinnendrucks (Kompressionsdruck) eine größere Eindringtiefe und schlägt sich an den kalten Zylinderwänden nieder. Dort verdampft er nur zum geringen Teil, da zu diesem Zeitpunkt die Ladungstemperatur noch niedrig ist.

Bild 3

1 Kraftstoffbehälter
2 Dieselheizer
3 Kraftstofffilter
4 Einspritzpumpe

Bild 4

Regelwendelmaterial:
1 Nickel (herkömmliche Glühstiftkerze S-RSK)
2 CoFe-Legierung (Glühkerze der 2. Generation GSK2)

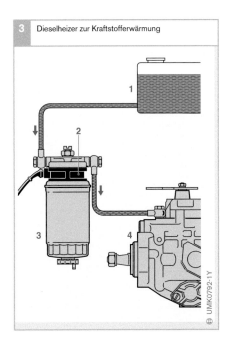

3 Dieselheizer zur Kraftstofferwärmung

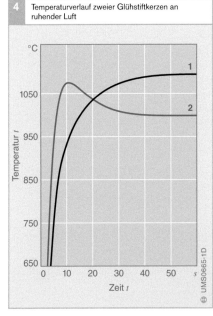

4 Temperaturverlauf zweier Glühstiftkerzen an ruhender Luft

Bei zu spät eingespritztem Kraftstoff erfolgt die Zündung erst im Expansionshub, und der Kolben wird nur noch wenig beschleunigt oder es kommt zu Verbrennungsaussetzern.

Nulllast

Nulllast bezeichnet alle Betriebszustände des Motors, bei denen der Motor nur seine innere Reibung überwindet. Er gibt kein Drehmoment ab. Die Fahrpedalstellung kann beliebig sein. Alle Drehzahlbereiche bis hin zur Abregeldrehzahl sind möglich.

Leerlauf

Leerlauf bezeichnet die unterste Nulllastdrehzahl. Das Fahrpedal ist dabei nicht betätigt. Der Motor gibt kein Drehmoment ab, er überwindet nur die innere Reibung. In einigen Quellen wird der gesamte Nulllastbereich als Leerlauf bezeichnet. Die obere Nulllastdrehzahl (Abregeldrehzahl) wird dann obere Leerlaufdrehzahl genannt.

Volllast

Bei Volllast ist das Fahrpedal ganz durchgetreten oder die Volllastmengenbegrenzung wird betriebspunktabhängig von der Motorsteuerung geregelt. Die maximal mögliche Kraftstoffmenge wird eingespritzt und der Motor gibt stationär sein maximal mögliches Drehmoment ab. Instationär (ladedruckbegrenzt) gibt der Motor das mit der zur Verfügung stehenden Luft maximal mögliche (niedrigere) Volllast-Drehmoment ab. Alle Drehzahlbereiche von der Leerlaufdrehzahl bis zur Nenndrehzahl sind möglich.

Teillast

Teillast umfasst alle Bereiche zwischen Nulllast und Volllast. Der Motor gibt ein Drehmoment zwischen Null und dem maximal möglichen Drehmoment ab.

Unterer Teillastbereich

In diesem Betriebsbereich sind die Verbrauchswerte im Vergleich zum Ottomotor besonders günstig. Das früher beanstandete „nageln" – besonders bei kaltem Motor – tritt bei Dieselmotoren mit Voreinspritzung praktisch nicht mehr auf.

Die Kompressions-Endtemperatur wird bei niedriger Drehzahl – wie im Abschnitt „Start" beschrieben – und kleiner Last geringer. Im Vergleich zur Volllast ist der Brennraum relativ kalt (auch bei betriebswarmem Motor), da die Energiezufuhr und damit die Temperaturen gering sind. Nach einem Kaltstart erfolgt die Aufheizung des Brennraums bei unterer Teillast nur langsam. Dies trifft insbesondere für Vor- und Wirbelkammermotoren zu, weil bei diesen die Wärmeverluste aufgrund der großen Oberfläche besonders hoch sind.

Bei kleiner Last und bei der Voreinspritzung werden nur wenige mm^3 Kraftstoff pro Einspritzung zugemessen. In diesem Fall werden besonders hohe Anforderungen an die Genauigkeit von Einspritzbeginn und Einspritzmenge gestellt. Ähnlich wie beim Start entsteht die benötigte Verbrennungstemperatur auch bei Leerlaufdrehzahl nur in einem kleinen Kolbenhubbereich bei OT. Der Spritzbeginn ist hierauf sehr genau abgestimmt.

Während der Zündverzugsphase darf nur wenig Kraftstoff eingespritzt werden, da zum Zündzeitpunkt die im Brennraum vorhandene Kraftstoffmenge über den plötzlichen Druckanstieg im Zylinder entscheidet.

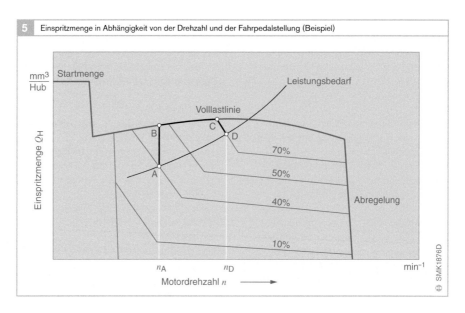

5 Einspritzmenge in Abhängigkeit von der Drehzahl und der Fahrpedalstellung (Beispiel)

Je höher dieser ist, umso lauter wird das Verbrennungsgeräusch. Eine Voreinspritzung von ca. 1 mm³ (für Pkw) macht den Zündverzug der Haupteinspritzung fast zu Null und verringert damit wesentlich das Verbrennungsgeräusch.

Schubbetrieb
Im Schubbetrieb wir der Motor von außen über den Triebstrang angetrieben (z. B. bei Bergabfahrt). Es wird kein Kraftstoff eingespritzt (Schubabschaltung).

Stationärer Betrieb
Das vom Motor abgegebene Drehmoment entspricht dem über die Fahrpedalstellung angeforderten Drehmoment. Die Drehzahl bleibt konstant.

Instationärer Betrieb
Das vom Motor abgegebene Drehmoment entspricht nicht dem geforderten Drehmoment. Die Drehzahl verändert sich.

Übergang zwischen den Betriebszuständen
Ändert sich die Last, die Motordrehzahl oder die Fahrpedalstellung, verändert der Motor seinen Betriebszustand (z. B. Motordrehzahl, Drehmoment).

Das Verhalten eines Motors kann mit Kennfeldern beschrieben werden. Das Kennfeld in Bild 5 zeigt an einem Beispiel, wie sich die Motordrehzahl ändert, wenn die Fahrpedalstellung von 40 % auf 70 % verändert wird. Ausgehend vom Betriebspunkt A wird über die Volllast (B–C) der neue Teillast-Betriebspunkt D erreicht. Dort sind der Leistungsbedarf und die vom Motor abgegebene Leistung gleich. Die Drehzahl erhöht sich dabei von n_A auf n_D.

Betriebsbedingungen

Der Kraftstoff wird beim Dieselmotor direkt in die hochverdichtete, heiße Luft eingespritzt, an der er sich selbst entzündet. Der Dieselmotor ist daher und wegen des heterogenen Luft-Kraftstoff-Gemischs – im Gegensatz zum Ottomotor – nicht an Zündgrenzen (d. h. bestimmte Luftzahlen λ) gebunden. Deshalb wird die Motorleistung bei konstanter Luftmenge im Motorzylinder nur über die Kraftstoffmenge geregelt.

Das Einspritzsystem muss die Dosierung des Kraftstoffs und die gleichmäßige Verteilung in der ganzen Ladung übernehmen – und dies bei allen Drehzahlen und Lasten sowie abhängig von Druck und Temperatur der Ansaugluft.

Jeder Betriebspunkt benötigt somit
● die richtige Kraftstoffmenge,
● zur richtigen Zeit,
● mit dem richtigen Druck,
● im richtigen zeitlichen Verlauf und
an der richtigen Stelle des Brennraums.

Bei der Kraftstoffdosierung müssen zusätzlich zu den Forderungen für die optimale Gemischbildung auch Betriebsgrenzen berücksichtigt werden wie zum Beispiel:
● Schadstoffgrenzen (z.B. Rauchgrenze),
● Verbrennungsspitzendruck-Grenze,
● Abgastemperaturgrenze,
● Drehzahl- und Volllastgrenze
● fahrzeug- und gehäusespezifische Belastungsgrenzen und
● Höhen-/Ladedruckgrenzen.

Rauchgrenze
Der Gesetzgeber schreibt Grenzwerte u.a. für die Partikelemissionen und die Abgas-

trübung vor. Da die Gemischbildung zum großen Teil erst während der Verbrennung abläuft, kommt es zu örtlichen Überfettungen und damit zum Teil auch bei mittlerem Luftüberschuss zu einem Anstieg der Emission von Rußpartikeln. Das an der gesetzlich festgelegten Volllast-Rauchgrenze fahrbare Luft-Kraftstoff-Verhältnis ist ein Maß für die Güte der Luftausnutzung.

Verbrennungsdruckgrenze
Während des Zündvorgangs verbrennt der teilweise verdampfte und mit der Luft vermischte Kraftstoff bei hoher Verdichtung mit hoher Geschwindigkeit und einer hohen ersten Wärmefreisetzungsspitze. Man spricht daher von einer „harten" Verbrennung. Dabei entstehen hohe Verbrennungsspitzendrücke, und die auftretenden Kräfte bewirken periodisch wechselnde Belastungen der Motorbauteile. Dimensionierung und Dauerhaltbarkeit der Motor- und Antriebsstrangkomponenten begrenzen somit den zulässigen Verbrennungsdruck und damit die Einspritzmenge. Dem schlagartigen Anstieg des Verbrennungsdrucks wird meist durch Voreinspritzung entgegengewirkt.

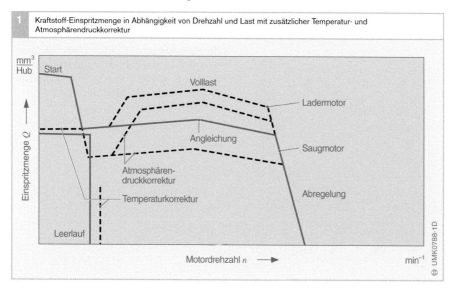

1 Kraftstoff-Einspritzmenge in Abhängigkeit von Drehzahl und Last mit zusätzlicher Temperatur- und Atmosphärendruckkorrektur

Abgastemperaturgrenze

Eine hohe thermische Beanspruchung der den heißen Brennraum umgebenden Motorbauteile, die Wärmefestigkeit der Auslassventile sowie der Abgasanlage und des Zylinderkopfs bestimmen die Abgastemperaturgrenze eines Dieselmotors.

Drehzahlgrenzen

Wegen des vorhandenen Luftüberschusses beim Dieselmotor hängt die Leistung bei konstanter Drehzahl im Wesentlichen von der Einspritzmenge ab. Wird dem Dieselmotor Kraftstoff zugeführt, ohne dass ein entsprechendes Drehmoment abgenommen wird, steigt die Motordrehzahl. Wird die Kraftstoffzufuhr vor dem Überschreiten einer kritischen Motordrehzahl nicht reduziert, „geht der Motor durch", d. h., er kann sich selbst zerstören. Eine Drehzahlbegrenzung bzw. -regelung ist deshalb beim Dieselmotor zwingend erforderlich.

Beim Dieselmotor als Antrieb von Straßenfahrzeugen muss die Drehzahl über das Fahrpedal vom Fahrer frei wählbar sein. Bei Belastung des Motors oder Loslassen des Fahrpedals darf die Motordrehzahl nicht unter die Leerlaufgrenze bis zum Stillstand abfallen. Dazu wird ein Leerlauf- und Enddrehzahlregler eingesetzt. Der dazwischen liegende Drehzahlbereich wird über die Fahrpedalstellung geregelt. Vom Dieselmotor als Maschinenantrieb erwartet man, dass auch unabhängig von der Last eine bestimmte Drehzahl konstant gehalten wird bzw. in zulässigen Grenzen bleibt. Dazu werden Alldrehzahlregler eingesetzt, die über den gesamten Drehzahlbereich regeln.

Für den Betriebsbereich eines Motors lässt sich ein Kennfeld festlegen. Dieses Kennfeld (Bild 1, vorherige Seite) zeigt die Kraftstoffmenge in Abhängigkeit von Drehzahl und Last sowie die erforderlichen Temperatur- und Luftdruckkorrekturen.

Höhen-/Ladedruckgrenzen

Die Auslegung der Einspritzmengen erfolgt üblicherweise für Meereshöhe (NN). Wird der Motor in großen Höhen über NN betrieben, muss die Kraftstoffmenge entsprechend dem Abfall des Luftdrucks angepasst werden, um die Rauchgrenze einzuhalten. Als Richtwert gilt nach der barometrischen Höhenformel eine Luftdichteverringerung von 7 % pro 1000 m Höhe.

Bei aufgeladenen Motoren ist die Zylinderfüllung im dynamischen Betrieb oft geringer als im stationären Betrieb. Da die maximale Einspritzmenge auf den stationären Betrieb ausgelegt ist, muss sie im dynamischen Betrieb entsprechend der geringeren Luftmenge reduziert werden (ladedruckbegrenzte Volllast).

2 Entwicklung von Dieselmotoren eines Mittelklasse-Pkw

Motorvarianten
- Drehmoment größter Motor [Nm]
- Drehmoment kleinster Motor [Nm]
- Nennleistung größter Motor [kW]
- Nennleistung kleinster Motor [kW]

Einspritzsystem

Die Niederdruck-Kraftstoffversorgung fördert den Kraftstoff aus dem Tank und stellt ihn dem Einspritzsystem mit einem bestimmten Versorgungsdruck zur Verfügung. Die Einspritzpumpe erzeugt den für die Einspritzung erforderlichen Kraftstoffdruck. Der Kraftstoff gelangt bei den meisten Systemen über Hochdruckleitungen zur Einspritzdüse und wird mit einem düsenseitigen Druck von 200...2200 bar in den Brennraum eingespritzt.

Die vom Motor abgegebene Leistung, aber auch das Verbrennungsgeräusch und die Zusammensetzung des Abgases werden wesentlich beeinflusst durch die eingespritzte Kraftstoffmasse, den Einspritzzeitpunkt und den Einspritz- bzw. Verbrennungsverlauf.

Bis in die 1980er-Jahre wurde die Einspritzung, d.h. die Einspritzmenge und der Einspritzbeginn, bei Fahrzeugmotoren ausschließlich mechanisch geregelt. Dabei wird die Einspritzmenge über eine Steuerkante am Kolben oder über Schieber je nach Last und Drehzahl variiert. Der Spritzbeginn wird bei mechanischer Regelung über Fliehgewichtsregler oder hydraulisch über Drucksteuerung verstellt (s. a. Kapitel „Dieseleinspritzsysteme im Überblick").

Heute hat sich – nicht nur im Fahrzeugbereich – die elektronische Regelung weitestgehend durchgesetzt. Die Elektronische Dieselregelung (EDC, Electronic Diesel Control) berücksichtigt bei der Berechnung der Einspritzung verschiedene Größen wie Motordrehzahl, Last, Temperatur, geografische Höhe usw. Die Regelung von Einspritzbeginn und -menge erfolgt über Magnetventile und ist wesentlich präziser als die mechanische Regelung.

▶ Größenordnungen der Einspritzung

Ein Motor mit 75 kW (102 PS) Leistung und einem spezifischen Kraftstoffverbrauch von 200 g/kWh (Volllast) verbraucht 15 kg Kraftstoff pro Stunde. Bei einem Viertakt-Vierzylindermotor verteilt sich die Menge bei 2400 Umdrehungen pro Minute auf 288 000 Einspritzungen. Daraus ergibt sich pro Einspritzung ein Kraftstoffvolumen von ca. 60 mm³. Im Vergleich dazu weist ein Regentropfen ein Volumen von ca. 30 mm³ auf.

Noch größere Genauigkeit der Dosierung erfordern der Leerlauf mit ca. 5 mm³ Kraftstoff pro Einspritzung und die Voreinspritzung mit nur 1 mm³. Bereits kleinste Abweichungen wirken sich negativ auf die Laufruhe und auf die Geräusch- und Schadstoffemissionen aus.

Die exakte Dosierung muss das Einspritzsystem sowohl für einen Zylinder als auch für die gleichmäßige Verteilung des Kraftstoffs auf die einzelnen Zylinder eines Motors vornehmen. Die Elektronische Dieselregelung (EDC) passt die Einspritzmenge für jeden Zylinder an, umso einen besonders gleichmäßigen Motorlauf zu erzielen.

Brennräume

Die Form des Brennraums ist mit entscheidend für die Güte der Verbrennung und somit für die Leistung und das Abgasverhalten des Dieselmotors. Die Brennraumform kann bei geeigneter Gestaltung mithilfe der Kolbenbewegung Drall-, Quetsch- und Turbulenzströmungen erzeugen, die zur Verteilung des flüssigen Kraftstoffs oder des Luft-Kraftstoffdampf-Strahls im Brennraum genutzt werden.

Folgende Verfahren kommen zur Anwendung:
- ungeteilter Brennraum (Direct Injection Engine, DI, Direkteinspritzmotoren) und
- geteilter Brennraum (Indirect Injection Engine, IDI, Kammermotoren).

Der Anteil der DI-Motoren nimmt wegen ihres günstigeren Kraftstoffverbrauchs (bis zu 20 % Einsparung) immer mehr zu. Das härtere Verbrennungsgeräusch (vor allem bei der Beschleunigung) kann mit einer Voreinspritzung auf das niedrigere Geräuschniveau von Kammermotoren gebracht werden. Motoren mit geteilten Brennräumen kommen bei Neuentwicklungen kaum mehr in Betracht.

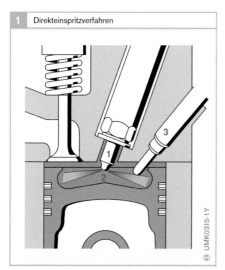

1   Direkteinspritzverfahren

UMK0315-1Y

Bild 1
1   Mehrlochdüse
2   ω-Kolbenmulde
3   Glühstiftkerze

Ungeteilter Brennraum (Direkteinspritzverfahren)

Direkteinspritzmotoren (Bild 1) haben einen höheren Wirkungsgrad und arbeiten wirtschaftlicher als Kammermotoren. Sie kommen daher bei allen Nkw und bei den meisten neueren Pkw zum Einsatz.

Beim Direkteinspritzverfahren wird der Kraftstoff direkt in den im Kolben eingearbeiteten Brennraum (Kolbenmulde, 2) eingespritzt. Die Kraftstoffzerstäubung, -erwärmung, -verdampfung und die Vermischung mit der Luft müssen daher in einer kurzen zeitlichen Abfolge stehen. Dabei werden an die Kraftstoff- und an die Luftzuführung hohe Anforderungen gestellt. Während des Ansaug- und Verdichtungstakts wird durch die besondere Form des Ansaugkanals im Zylinderkopf ein Luftwirbel im Zylinder erzeugt. Auch die Gestaltung des Brennraums trägt zur Luftbewegung am Ende des Verdichtungshubs (d.h. zu Beginn der Einspritzung) bei. Von den im Lauf der Entwicklung des Dieselmotors angewandten Brennraumformen findet gegenwärtig die ω-Kolbenmulde die breiteste Verwendung.

Neben einer guten Luftverwirbelung muss auch der Kraftstoff räumlich gleichmäßig verteilt zugeführt werden, um eine schnelle Vermischung zu erzielen. Beim Direkteinspritzverfahren kommt eine Mehrlochdüse zur Anwendung, deren Strahllage in Abstimmung mit der Brennraumauslegung optimiert ist. Der Einspritzdruck beim Direkteinspritzverfahren ist sehr hoch (bis zu 2200 bar).
    In der Praxis gibt es bei der Direkteinspritzung zwei Methoden:
- Unterstützung der Gemischaufbereitung durch gezielte Luftbewegung und
- Beeinflussung der Gemischaufbereitung nahezu ausschließlich durch die Kraftstoffeinspritzung unter weitgehendem Verzicht auf eine Luftbewegung.

Im zweiten Fall ist keine Arbeit für die Luftverwirbelung aufzuwenden, was sich in
geringerem Gaswechselverlust und besserer
Füllung bemerkbar macht. Gleichzeitig aber
bestehen erheblich höhere Anforderungen
an die Einspritzausrüstung bezüglich Lage
der Einspritzdüse, Anzahl der Düsenlöcher,
Feinheit der Zerstäubung (abhängig vom
Spritzlochdurchmesser) und Höhe des
Einspritzdrucks, um die erforderliche kurze
Einspritzdauer und eine gute Gemischbildung zu erreichen.

**Geteilter Brennraum
(indirekte Einspritzung)**
Dieselmotoren mit geteiltem Brennraum
(Kammermotoren) hatten lange Zeit Vorteile bei den Geräusch- und Schadstoffemissionen gegenüber den Motoren mit Direkteinspritzung. Sie wurden deshalb bei Pkw
und leichten Nkw eingesetzt. Heute arbeiten
Direkteinspritzmotoren jedoch durch den
hohen Einspritzdruck, die elektronische
Dieselregelung und die Voreinspritzung
sparsamer als Kammermotoren und mit ver-
gleichbaren Geräuschemissionen. Deshalb
kommen Kammermotoren bei Fahrzeug-
neuentwicklungen nicht mehr zum Einsatz.

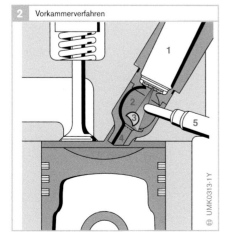

Man unterscheidet zwei Verfahren mit
geteiltem Brennraum:
● Vorkammerverfahren und
● Wirbelkammerverfahren.

Vorkammerverfahren
Beim Vorkammerverfahren wird der Kraftstoff in eine heiße, im Zylinderkopf ange-
brachte Vorkammer eingespritzt (Bild 2,
Pos. 2). Die Einspritzung erfolgt dabei mit
einer Zapfendüse (1) unter relativ niedrigem
Druck (bis 450 bar). Eine speziell gestaltete
Prallfläche (3) in der Kammermitte zerteilt
den auftreffenden Strahl und vermischt ihn
intensiv mit der Luft.

Die in der Vorkammer einsetzende Verbrennung treibt das teilverbrannte Luft-
Kraftstoff-Gemisch durch den Strahlkanal
(4) in den Hauptbrennraum. Hier findet
während der weiteren Verbrennung eine
intensive Vermischung mit der vorhandenen
Luft statt. Das Volumenverhältnis zwischen
Vorkammer und Hauptbrennraum beträgt
etwa 1:2.

Der kurze Zündverzug[1] und die abgestufte
Energiefreisetzung führen zu einer weichen
Verbrennung mit niedriger Geräuschent-
wicklung und Motorbelastung.

Eine geänderte Vorkammerform mit Ver-
dampfungsmulde sowie eine geänderte
Form und Lage der Prallfläche (Kugelstift)
geben der Luft, die beim Komprimieren aus
dem Zylinder in die Vorkammer strömt,
einen vorgegebenen Drall. Der Kraftstoff
wird unter einem Winkel von 5 Grad zur
Vorkammerachse eingespritzt.

Um den Verbrennungsablauf nicht zu
stören, sitzt die Glühstiftkerze (5) im
„Abwind" des Luftstroms. Ein gesteuertes
Nachglühen bis zu 1 Minute nach dem
Kaltstart (abhängig von der Kühlwasser-
temperatur) trägt zur Abgasverbesserung
und Geräuschminderung in der Warmlaufphase bei.

[1] Zeit von
Einspritzbeginn
bis Zündbeginn

Bild 2
1 Einspritzdüse
2 Vorkammer
3 Prallfläche
4 Strahlkanal
5 Glühstiftkerze

Wirbelkammerverfahren

Bei diesem Verfahren wird die Verbrennung ebenfalls in einem Nebenraum (Wirbelkammer) eingeleitet, der ca. 60 % des Kompressionsvolumens umfasst. Die kugel- oder scheibenförmige Wirbelkammer ist über einen tangential einmündenden Schusskanal mit dem Zylinderraum verbunden (Bild 3, Pos. 2).

Während des Verdichtungstakts wird die über den Schusskanal eintretende Luft in eine Wirbelbewegung versetzt. Der Kraftstoff wird so eingespritzt, dass er den Wirbel senkrecht zu seiner Achse durchdringt und auf der gegenüberliegenden Kammerseite in einer heißen Wandzone auftrifft.

Mit Beginn der Verbrennung wird das Luft-Kraftstoff-Gemisch durch den Schusskanal in den Zylinderraum gedrückt und mit der dort noch vorhandenen restlichen Verbrennungsluft stark verwirbelt. Beim Wirbelkammerverfahren sind die Strömungsverluste zwischen dem Hauptbrennraum und der Nebenkammer geringer als beim Vorkammerverfahren, da der Überströmquerschnitt größer ist. Dies führt zu geringeren Drosselverlusten mit entsprechendem Vorteil für den inneren Wirkungsgrad und den Kraftstoffverbrauch. Das Verbrennungsgeräusch ist jedoch lauter als beim Vorkammerverfahren.

Es ist wichtig, dass die Gemischbildung möglichst vollständig in der Wirbelkammer erfolgt. Die Gestaltung der Wirbelkammer, die Anordnung und Gestalt des Düsenstrahls und auch die Lage der Glühkerze müssen sorgfältig auf den Motor abgestimmt sein, um bei allen Drehzahlen und Lastzuständen eine gute Gemischaufbereitung zu erzielen.

Eine weitere Forderung ist das schnelle Aufheizen der Wirbelkammer nach dem Kaltstart. Damit reduziert sich der Zündverzug und es entsteht ein geringeres Verbrennungsgeräusch und beim Warmlauf keine unverbrannten Kohlenwasserstoffe (Blaurauch) im Abgas.

3 Wirbelkammerverfahren

UMK0314-1Y

Bild 3
1 Einspritzdüse
2 tangentialer
   Schusskanal
3 Glühstiftkerze

▶ M-Verfahren

Beim Direkteinspritzverfahren mit Muldenwandanlagerung (M-Verfahren) für Nkw- und Stationärdieselmotoren sowie Vielstoffmotoren spritzt eine Einstrahldüse den Kraftstoff mit geringem Einspritzdruck gezielt auf die Wandung im Brennraum. Hier verdampft er und wird von der Luft abgetragen. So nutzt dieses Verfahren die Wärme der Muldenwand für die Verdampfung des Kraftstoffs. Bei richtiger Abstimmung der Luftbewegung im Brennraum lassen sich sehr homogene Luft-Kraft-stoff-Gemische mit langer Brenndauer, geringem Druckanstieg und damit geräuschärmerer Verbrennung erzielen. Wegen seines Verbrauchsnachteils gegenüber dem Luft verteilenden Direkteinspritzverfahren wird das M-Verfahren heute nicht mehr eingesetzt.

UMK0786-1Y

Die Kraftfahrzeughersteller sind verpflichtet, den Kraftstoffverbrauch der Fahrzeuge anzugeben. Dieser Wert wird beim Abgastest aus den Abgasemissionen ermittelt. Beim Abgastest wird ein definiertes Streckenprofil (Testzyklus) gefahren. Damit sind die Verbrauchswerte für alle Fahrzeuge vergleichbar.

Einen wesentlichen Beitrag zur Reduzierung des Kraftstoffverbrauchs leistet der einzelne Autofahrer selbst u.a. durch seine Fahrweise. Die Minderung des Kraftstoffverbrauchs, den er mit seinem Fahrzeug erzielen kann, hängt von einer Vielzahl von Faktoren ab.

Mit den unten aufgeführten Maßnahmen kann der Kraftstoffverbrauch eines „sparsamen" Fahrers gegenüber dem „Durchschnittsfahrer" im Alltagsbetrieb um 20...30 % reduziert werden. Die erreichbare Reduzierung des Kraftstoffverbrauchs durch die einzelnen Maßnahmen hängt von vielen Faktoren, u.a. wesentlich vom Streckenprofil (Stadtfahrt, Überlandfahrt) und von den Verkehrsbedingungen ab. Deshalb ist es nicht immer sinnvoll, Werte für die Kraftstoffeinsparung anzugeben.

Positive Einflüsse auf den Kraftstoffverbrauch

- Reifendruck: erhöhte Werte für voll beladenes Fahrzeug beachten (Ersparnis: ca. 5 %)
- Beschleunigen bei hoher Last und niedriger Drehzahl, Hochschalten bei 2000 min^{-1}
- Fahren im größtmöglichen Gang: auch bei Drehzahlen unter 2000 min^{-1} kann mit Volllast gefahren werden
- Vermeiden von Bremsen und wieder Beschleunigen durch vorausschauendes Fahren
- Ausnutzen der Schubabschaltung
- Motorstopp bei längeren Haltephasen, z.B. an Verkehrsampeln mit langen Rotphasen oder geschlossenen Bahnschranken (3 Minuten Leerlauf verbraucht so viel Kraftstoff wie 1 km Fahrt)
- Einsatz von Leichtlauf-Motorölen (Ersparnis ca. 2 % laut Herstellerangaben)

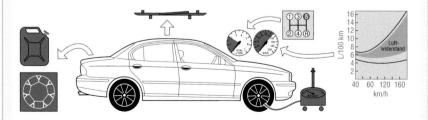

Negative Einflüsse auf den Kraftstoffverbrauch

- Erhöhtes Fahrzeuggewicht durch Ballast, z.B. im Kofferraum (zusätzlich ca. 0,3 *l*/100 km)
- hohe Fahrgeschwindigkeit
- erhöhter Luftwiderstand durch Dachaufbauten
- zusätzliche elektrische Verbraucher, z.B. Heckscheibenheizung, Nebelscheinwerfer (ca. 1 *l*/1 kW)
- verschmutzter Luftfilter

SMK1827D

Grundlagen des Ottomotors

Der Ottomotor ist eine Verbrennungskraftmaschine mit Fremdzündung, die ein
Luft-Kraftstoff-Gemisch verbrennt und
damit die im Kraftstoff gebundene chemische Energie freisetzt und in mechanische
Arbeit umwandelt. Hierbei wurde in der
Vergangenheit das brennfähige Arbeitsge-
misch durch einen Vergaser im Saugrohr
gebildet. Die Emissionsgesetzgebung
bewirkte die Entwicklung der Saugrohreinspritzung (SRE), welche die Gemischbildung übernahm. Weitere Steigerungen
von Wirkungsgrad und Leistung erfolgten
durch die Einführung der Benzin-Direkteinspritzung (BDE). Bei dieser Technologie
wird der Kraftstoff zum richtigen Zeitpunkt
in den Zylinder eingespritzt, sodass die
Gemischbildung im Brennraum erfolgt.

Arbeitsweise

Im Arbeitszylinder eines Ottomotors wird
periodisch Luft oder Luft-Kraftstoff-Gemisch angesaugt und verdichtet. Anschließend wird die Entzündung und Verbrennung des Gemisches eingeleitet, um durch
die Expansion des Arbeitsmediums (bei einer Kolbenmaschine) den Kolben zu bewe-
gen. Aufgrund der periodischen, linearen
Kolbenbewegung stellt der Ottomotor einen
Hubkolbenmotor dar. Das Pleuel setzt dabei
die Hubbewegung des Kolbens in eine Rotationsbewegung der Kurbelwelle um (Bild 1).

Viertakt-Verfahren

Die meisten in Kraftfahrzeugen eingesetzten
Verbrennungsmotoren arbeiten nach dem
Viertakt-Prinzip (Bild 1). Bei diesem Verfahren steuern Gaswechselventile den Ladungswechsel. Sie öffnen und schließen die
Ein- und Auslasskanäle des Zylinders und
steuern so die Zufuhr von Frischluft oder
-gemisch und das Ausstoßen der Abgase.

    Das verbrennungsmotorische Arbeitsspiel
stellt sich aus dem Ladungswechsel (Aus-
schiebetakt und Ansaugtakt), Verdichtung,

Bild 1
a Ansaugtakt
b Verdichtungstakt
c Arbeitstakt
d Ausstoßtakt

1 Auslassnockenwelle
2 Zündkerze
3 Einlassnockenwelle
4 Einspritzventil
5 Einlassventil
6 Auslassventil
7 Brennraum
8 Kolben
9 Zylinder
10 Pleuelstange
11 Kurbelwelle
12 Drehrichtung
M Drehmoment
α Kurbelwinkel
s Kolbenhub
V_h Hubvolumen
V_c Kompressions-
    volumen

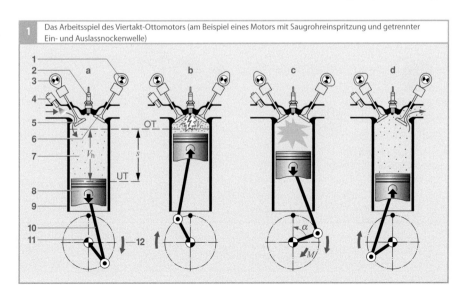

1 Das Arbeitsspiel des Viertakt-Ottomotors (am Beispiel eines Motors mit Saugrohreinspritzung und getrennter Ein- und Auslassnockenwelle)

Verbrennung und Expansion zusammen. Nach der Expansion im Arbeitstakt öffnen die Auslassventile kurz vor Erreichen des unteren Totpunkts, um die unter Druck stehenden heißen Abgase aus dem Zylinder strömen zu lassen. Der sich nach dem Durchschreiten des unteren Totpunkts aufwärts zum oberen Totpunkt bewegende Kolben stößt die restlichen Abgase aus.

Danach bewegt sich der Kolben vom oberen Totpunkt (OT) abwärts in Richtung unteren Totpunkt (UT). Dadurch strömt Luft (bei der Benzin-Direkteinspritzung) bzw. Luft-Kraftstoffgemisch (bei Saugrohreinspritzung) über die geöffneten Einlassventile in den Brennraum. Über eine externe Abgasrückführung kann der im Saugrohr befindlichen Luft ein Anteil an Abgas zugemischt werden. Das Ansaugen der Frischladung wird maßgeblich von der Gestalt der Ventilhubkurven der Gaswechselventile, der Phasenstellung der Nockenwellen und dem Saugrohrdruck bestimmt.

Nach Schließen der Einlassventile wird die Verdichtung eingeleitet. Der Kolben bewegt sich in Richtung des oberen Totpunkts (OT) und reduziert somit das Brennraumvolumen. Bei homogener Betriebsart befindet sich das Luft-Kraftstoff-Gemisch bereits zum Ende des Ansaugtaktes im Brennraum und wird verdichtet. Bei der geschichteten Betriebsart, nur möglich bei Benzin-Direkteinspritzung, wird erst gegen Ende des Verdichtungstaktes der Kraftstoff eingespritzt und somit lediglich die Frischladung (Luft und Restgas) komprimiert. Bereits vor Erreichen des oberen Totpunkts leitet die Zündkerze zu einem gegebenen Zeitpunkt (durch Fremdzündung) die Verbrennung ein. Um den höchstmöglichen Wirkungsgrad zu erreichen, sollte die Verbrennung kurz nach dem oberen Totpunkt abgelaufen sein. Die im Kraftstoff chemisch gebundene Energie wird durch die Verbrennung freigesetzt und

erhöht den Druck und die Temperatur der Brennraumladung, was den Kolben abwärts treibt. Nach zwei Kurbelwellenumdrehungen beginnt ein neues Arbeitsspiel.

Arbeitsprozess: Ladungswechsel und Verbrennung

Der Ladungswechsel wird üblicherweise durch Nockenwellen gesteuert, welche die Ein- und Auslassventile öffnen und schließen. Dabei werden bei der Auslegung der Steuerzeiten (Bild 2) die Druckschwingungen in den Saugkanälen zum besseren Füllen und Entleeren des Brennraums berücksichtigt. Die Kurbelwelle treibt die Nockenwelle über einen Zahnriemen, eine Kette oder Zahnräder an. Da ein durch die Nockenwellen zu steuerndes Viertakt-Arbeitsspiel zwei Kurbelwellenumdrehungen andauert, dreht sich die Nockenwelle nur halb so schnell wie die Kurbelwelle.

Ein wichtiger Auslegungsparameter für den Hochdruckprozess und die Verbrennung beim Ottomotor ist das Verdichtungsverhältnis ε, welches durch das Hubvolumen V_h und Kompressionsvolumen V_c folgendermaßen definiert ist:

$$\varepsilon = \frac{V_h + V_c}{V_c}. \qquad (1)$$

Dieses hat einen entscheidenden Einfluss auf den idealen thermischen Wirkungsgrad η_{th}, da für diesen gilt:

$$\eta_{th} = 1 - \frac{1}{\varepsilon^{\kappa-1}}, \qquad (2)$$

wobei κ der Adiabatenexponent ist [4]. Des Weiteren hat das Verdichtungsverhältnis Einfluss auf das maximale Drehmoment, die maximale Leistung, die Klopfneigung und die Schadstoffemissionen. Typische Werte beim Ottomotor in Abhängigkeit der Füllungssteuerung (Saugmotor, aufgeladener Motor) und der Einspritzart (Saugrohreinspritzung, Direkteinspritzung) liegen bei ca. 8 bis 13. Beim Dieselmotor liegen die Werte zwischen 14 und 22. Das Hauptsteuerelement der Verbrennung ist das Zündsignal, welches elektronisch in Abhängigkeit vom Betriebspunkt gesteuert werden kann.

Unterschiedliche Brennverfahren können auf Basis des ottomotorischen Prinzips dargestellt werden. Bei der Fremdzündung sind homogene Brennverfahren mit oder ohne Variabilitäten im Ventiltrieb (von Phase und Hub) möglich. Mit variablem Ventiltrieb wird eine Reduktion von Ladungswechselverlusten und Vorteile im Verdichtungs- und Arbeitstakt erzielt. Dies erfolgt durch erhöhte Verdünnung der Zylinderladung mit Abgas, welches mittels interner (oder auch externer) Rückführung in die Brennkammer gelangt. Diese Vorteile werden noch weiter durch das geschichtete Brennverfahren ausgenutzt. Ähnliche Potentiale kann die so genannte homogene Selbstzündung beim Ottomotor erreichen, aber mit erhöhtem

Regelungsaufwand, da die Verbrennung durch reaktionskinetisch relevante Bedingungen (thermischer Zustand, Zusammensetzung) und nicht durch einen direkt steuerbaren Zündfunken initiiert wird. Hierfür werden Steuerelemente wie die Ventilsteuerung und die Benzin-Direkteinspritzung herangezogen.

Darüber hinaus werden Ottomotoren je nach Zufuhr der Frischladung in Saugmotoren- und aufgeladene Motoren unterschieden. Bei letzteren wird die maximale Luftdichte, welche zur Erreichung des maximalen Drehmomentes benötigt wird, z. B. durch eine Strömungsmaschine erhöht.

Luftverhältnis und Abgasemissionen

Setzt man die pro Arbeitsspiel angesaugte Luftmenge m_L ins Verhältnis zur pro Arbeitsspiel eingespritzten Kraftstoffmasse m_K, so erhält man mit m_L/m_K eine Größe zur Unterscheidung von Luftüberschuss (großes m_L/m_K) und Luftmangel (kleines m_L/m_K). Der genau passende Wert von m_L/m_K für eine stöchiometrische Verbrennung hängt jedoch vom verwendeten Kraftstoff ab. Um eine kraftstoffunabhängige Größe zu erhalten, berechnet man das Luftverhältnis λ als Quotient aus der aktuellen pro Arbeitsspiel angesaugten Luftmasse m_L und der für eine stöchiometrische Verbrennung des Kraftstoffs erforderliche Luftmasse m_{Ls}, also

$$\lambda = \frac{m_L}{m_{Ls}}. \tag{3}$$

Für eine sichere Entflammung homogener Gemische muss das Luftverhältnis in engen Grenzen eingehalten werden. Des Weiteren nimmt die Flammengeschwindigkeit stark mit dem Luftverhältnis ab, so dass Ottomotoren mit homogener Gemischbildung nur in einem Bereich von $0,8 < \lambda < 1,4$ betrieben werden können, wobei der beste Wirkungs-

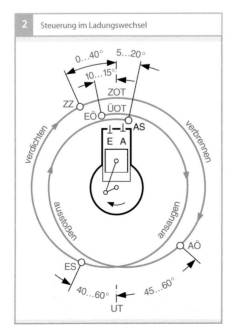

2 Steuerung im Ladungswechsel

Bild 2
Im Ventilsteuerzeiten-Diagramm sind die Öffnungs- und Schließzeiten der Ein- und Auslassventile aufgetragen.
E   Einlassventil
EÖ   Einlassventil öffnet
ES   Einlassventil schließt
A   Auslassventil
AÖ   Auslassventil öffnet
AS   Auslassventil schließt
OT   oberer Totpunkt
ÜOT Überschneidungs-OT
ZOT Zünd-OT
UT   unterer Totpunkt
ZZ   Zündzeitpunkt

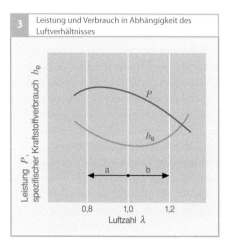

3 Leistung und Verbrauch in Abhängigkeit des Luftverhältnisses

Leistung P, spezifischer Kraftstoffverbrauch b_e

P

b_e

a ◄——•——► b

0,8   1,0   1,2
Luftzahl λ

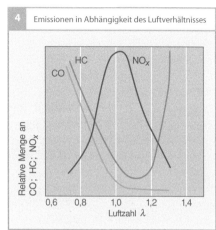

4 Emissionen in Abhängigkeit des Luftverhältnisses

Relative Menge an CO; HC; NO_x

CO   HC NO_x

0,6   0,8   1,0   1,2   1,4
Luftzahl λ

Bild 3
a fettes Gemisch (Luft-
   mangel)
b mageres Gemisch
   (Luftüberschuss)

grad im homogen mageren Bereich liegt ($1,3 < \lambda < 1,4$). Für das Erreichen der maximalen Last liegt andererseits das Luftverhältnis im fetten Bereich ($0,9 < \lambda < 0,95$), welches die beste Homogenisierung und Sauerstoffoxidation erlaubt, und dadurch die schnellste Verbrennung ermöglicht (Bild 3).

Wird der Emissionsausstoß in Abhängigkeit des Luft-Kraftstoff-Verhältnisses betrachtet (Bild 4), so ist erkennbar, dass im fetten Bereich hohe Rückstände an HC und CO verbleiben. Im mageren Bereich sind HC-Rückstände aus der langsameren Verbrennung und der erhöhten Verdünnung erkennbar, sowie ein hoher NO_x-Anteil, der sein Maximum bei $1 < \lambda < 1,05$ erreicht. Zur Erfüllung der Emissionsgesetzgebung beim Ottomotor wird ein Dreiwegekatalysator eingesetzt, welcher die HC- und CO-Emissionen oxidiert und die NO_x-Emissionen reduziert. Hierfür ist ein Luft-Kraftstoff-Verhältnis von $\lambda \approx 1$ notwendig, das durch eine entsprechende Gemischregelung eingestellt wird.

Weitere Vorteile können aus dem Hochdruckprozess im mageren Bereich ($\lambda > 1$) nur mit einem geschichteten Brennverfahren gewonnen werden. Hierbei werden weiterhin HC- und CO-Emissionen im Dreiwegekatalysator oxidiert. Die NO_x-Emissionen

müssen über einen gesonderten NO_x-Speicherkatalysator gespeichert und nachträglich durch Fett-Phasen reduziert oder über einen kontinuierlich reduzierenden Katalysator mittels zusätzlichem Reduktionsmittel (durch selektive katalytische Reduktion) konvertiert werden.

Gemischbildung

Ein Ottomotor kann eine äußere (mit Saugrohreinspritzung) oder eine innere Gemischbildung (mit Direkteinspritzung) aufweisen (Bild 5). Bei Motoren mit Saugrohreinspritzung liegt das Luft-Kraftstoff-Gemisch im gesamten Brennraum homogen verteilt mit dem gleichen Luftverhältnis λ vor (Bild 5a). Dabei erfolgt üblicherweise die Einspritzung ins Saugrohr oder in den Einlasskanal schon vor dem Öffnen der Einlassventile.

Neben der Gemischhomogenisierung muss das Gemischbildungssystem geringe Abweichungen von Zylinder zu Zylinder sowie von Arbeitsspiel zu Arbeitsspiel garantieren. Bei Motoren mit Direkteinspritzung sind sowohl eine homogene als auch eine heterogene Betriebsart möglich. Beim homogenen Betrieb wird eine saughubsynchrone Einspritzung durchgeführt, um eine

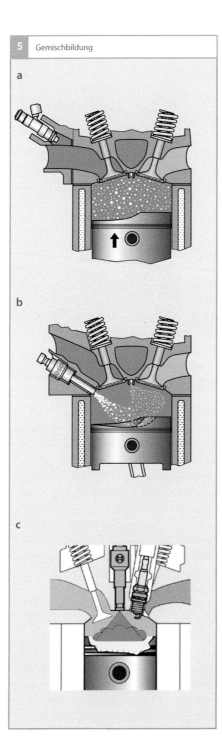

5 Gemischbildung

a

b

c

Bild 5
a homogene Gemisch-
   verteilung (mit
   Saugrohreinsprit-
   zung)
b Schichtladung,
   wand- und luftge-
   führtes Brenn-
   verfahren
c Schichtladung,
   strahlgeführtes
   Brennverfahren

Die homogene
Gemischverteilung
kann sowohl mit der
Saugrohreinspritzung
(Bildteil a) als auch mit
der Direkteinspritzung
(Bildteil c) realisiert
werden.

möglichst schnelle Homogenisierung zu erreichen. Beim heterogenen Schichtbetrieb
befindet sich eine brennfähige Gemischwol-
ke mit $\lambda \approx 1$ als Schichtladung zum Zündzeitpunkt im Bereich der Zündkerze. **Bild 5**
zeigt die Schichtladung für wand- und luft-
geführte (**Bild 5b**) sowie für das strahlge-
führte Brennverfahren (**Bild 5c**). Diese
Brennverfahren werden im Abschnitt →
Einspritzung genauer erklärt. Der restliche
Brennraum ist mit Luft oder einem sehr mageren Luft-Kraftstoff-Gemisch gefüllt, was
über den gesamten Zylinder gemittelt ein
mageres Luftverhältnis ergibt. Der Ottomotor kann dann ungedrosselt betrieben werden. Infolge der Innenkühlung durch die direkte Einspritzung können solche Motoren
höher verdichten. Die Entdrosselung und
das höhere Verdichtungsverhältnis führen zu
höheren Wirkungsgraden.

Zündung und Entflammung
Das Zündsystem einschließlich der Zündkerze entzündet das Gemisch durch eine
Funkenentladung zu einem vorgegebenen
Zeitpunkt. Die Entflammung muss auch bei
instationären Betriebszuständen hinsichtlich
wechselnder Strömungseigenschaften und
lokaler Zusammensetzung gewährleistet
werden. Durch die Anordnung der Zündkerze kann die sichere Entflammung insbesondere bei geschichteter Ladung oder im
mageren Bereich optimiert werden.
   Die notwendige Zündenergie ist grundsätzlich vom Luft-Kraftstoff-Verhältnis abhängig. Im stöchiometrischen Bereich wird
die geringste Zündenergie benötigt, dagegen
erfordern fette und magere Gemische eine
deutlich höhere Energie für eine sichere Entflammung. Der sich einstellende Zündspan-
nungsbedarf ist hauptsächlich von der im
Brennraum herrschenden Gasdichte abhängig und steigt nahezu linear mit ihr an. Der
Energieeintrag des durch den Zündfunken

entflammten Gemisches muss ausreichend groß sein, um die angrenzenden Bereiche entflammen zu können und somit eine Flammenausbreitung zu ermöglichen.

Der Zündwinkelbereich liegt in der Teillast bei einem Kurbelwinkel von ca. 50 bis 40 ° vor ZOT (vgl. Bild 2) und bei Saugmotoren in der Volllast bei ca. 20 bis 10 ° vor ZOT. Bei aufgeladenen Motoren im Volllastbetrieb liegt der Zündwinkel wegen erhöhter Klopfneigung bei ca. 10 ° vor ZOT bis 10 ° nach ZOT. Üblicherweise werden im Motorsteuergerät die positiven Zündwinkel als Winkel vor ZOT definiert.

Zylinderfüllung

Eine wichtige Phase des Arbeitspiels wird von der Verbrennung gebildet. Für den Verbrennungsvorgang im Zylinder ist ein Luft-Kraftstoff-Gemisch erforderlich. Das Gasgemisch, das sich nach dem Schließen der Einlassventile im Zylinder befindet, wird als Zylinderfüllung bezeichnet. Sie besteht aus der zugeführten Frischladung (Luft und gegebenenfalls Kraftstoff) und dem Restgas (Bild 6).

Bestandteile

Die Frischladung besteht aus Luft, und bei Ottomotoren mit Saugrohreinspritzung (SRE) dem dampfförmigen oder flüssigen Kraftstoff. Bei Ottomotoren mit Benzindirekteinspritzung (BDE) wird der für das Arbeitsspiel benötigte Kraftstoff direkt in den Zylinder eingespritzt, entweder während des Ansaugtaktes für das homogene Verfahren oder – bei einer Schichtladung – im Verlauf der Kompression.

Der wesentliche Anteil an Frischluft wird über die Drosselklappe angesaugt. Zusätzliches Frischgas kann über das Kraftstoffverdunstungs-Rückhaltesystem angesaugt

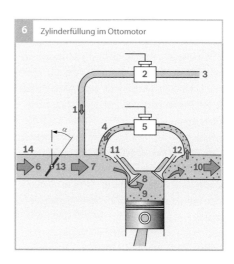

werden. Die nach dem Schließen der Einlassventile im Zylinder befindliche Luftmasse ist eine entscheidende Größe für die während der Verbrennung am Kolben verrichtete Arbeit und damit für das vom Motor abgegebene Drehmoment. Maßnahmen zur Steigerung des maximalen Drehmomentes und der maximalen Leistung des Motors bedingen eine Erhöhung der maximal möglichen Füllung. Die theoretische Maximalfüllung ist durch den Hubraum, die Ladungswechselaggregate und ihre Variabilität begrenzt. Bei aufgeladenen Motoren markiert der erzielbare Ladedruck zusätzlich die Drehmomentausbeute.

Aufgrund des Totvolumens verbleibt stets zu einem kleinen Teil Restgas aus dem letzten Arbeitszyklus (internes Restgas) im Brennraum. Das Restgas besteht aus Inertgas und bei Verbrennung mit Luftüberschuss (Magerbetrieb) aus unverbrannter Luft. Wichtig für die Prozessführung ist der Anteil des Inertgases am Restgas, da dieses keinen Sauerstoff mehr enthält und an der Verbrennung des folgenden Arbeitsspiels nicht teilnimmt.

Bild 6
1 Luft- und Kraftstoffdämpfe (aus Kraftstoffverdunstungs-Rückhaltesystem)
2 Regenerierventil mit variablem Ventilöffnungsquerschnitt
3 Verbindung zum Kraftstoffverdunstungs-Rückhaltesystem
4 rückgeführtes Abgas
5 Abgasrückführventil (AGR-Ventil) mit variablem Ventilöffnungsquerschnitt
6 Luftmassenstrom (mit Umgebungsdruck p_u)
7 Luftmassenstrom (mit Saugrohrdruck p_s)
8 Frischgasfüllung (mit Brennraumdruck p_B)
9 Restgasfüllung (mit Brennraumdruck p_B)
10 Abgas (mit Abgasgegendruck p_A)
11 Einlassventil
12 Auslassventil
13 Drosselklappe
14 Ansaugrohr
a Drosselklappenwinkel

Ladungswechsel

Der Austausch der verbrauchten Zylinderfüllung gegen Frischgas wird Ladungswechsel genannt. Er wird durch das Öffnen und das Schließen der Einlass- und Auslassventile im Zusammenspiel mit der Kolbenbewegung gesteuert. Die Form und die Lage der Nocken auf der Nockenwelle bestimmen den Verlauf der Ventilerhebung und beeinflussen dadurch die Zylinderfüllung. Die Zeitpunkte des Öffnens und des Schließens der Ventile werden Ventil-Steuerzeiten genannt. Die charakteristischen Größen des Ladungswechsels werden durch Auslass-Öffnen (AÖ), Einlass-Öffnen (EÖ), Auslass-Schließen (AS), Einlass-Schließen (ES) sowie durch den maximalen Ventilhub gekennzeichnet. Realisiert werden Ottomotoren sowohl mit festen als auch mit variablem Steuerzeiten und Ventilhüben (→ **Füllungsteuerung**).

Die Qualität des Ladungswechsels wird mit den Größen Luftaufwand, Liefergrad und Fanggrad beschrieben. Zur Definition dieser Kennzahlen wird die Frischladung herangezogen. Bei Systemen mit Saugrohreinspritzung entspricht diese dem frisch eintretenden Luft-Kraftstoff-Gemisch, bei Ottomotoren mit Benzindirekteinspritzung und Einspritzung in den Verdichtungstakt (nach ES) wird die Frischladung lediglich durch die angesaugte Luftmasse bestimmt. Der Luftaufwand beschreibt die gesamte während des Ladungswechsels durchgesetzte Frischladung bezogen auf die durch das Hubvolumen maximal mögliche Zylinderladung. Im Luftaufwand kann somit zusätzlich jene Masse an Frischladung enthalten sein, welche während einer Ventilüberschneidung direkt in den Abgastrakt überströmt. Der Liefergrad hingegen stellt das Verhältnis der im Zylinder tatsächlich verbliebenen Frischladung nach Einlass-Schließen zur theoretisch maximal möglichen Ladung dar. Der Fangrad, definiert als das Verhältnis von Liefergrad zum Luftaufwand, gibt den Anteil der durchgesetzten Frischladung an, welcher nach Abschluss des Ladungswechsels im Zylinder eingeschlossen wird. Zusätzlich ist als weitere wichtige Größe für die Beschreibung der Zylinderladung der Restgasanteil als das Verhältnis aus der sich zum Einlassschluss im Zylinder befindlichen Restgasmasse zur gesamt eingeschlossenen Masse an Zylinderladung definiert.

Um im Ladungswechsel das Abgas durch das Frischgas zu ersetzen, ist ein Arbeitsaufwand notwendig. Dieser wird als Ladungswechsel- oder auch Pumpverlust bezeichnet. Die Ladungswechselverluste verbrauchen einen Teil der umgewandelten mechanischen Energie und senken daher den effektiven Wirkungsgrad des Motors. In der Ansaugphase, also während der Abwärtsbewegung des Kolbens, ist im gedrosselten Betrieb der Saugrohrdruck kleiner als der Umgebungsdruck und insbesondere kleiner als der Druck im Kurbelgehäuse (Kolbenrückraum). Zum Ausgleich dieser Druckdifferenz wird Energie benötigt (Drosselverluste). Insbesondere bei hohen Drehzahlen und Lasten (im entdrosselten Betrieb) tritt beim Ausstoßen des verbrannten Gases während der Aufwärtsbewegung des Kolbens ein Staudruck im Brennraum auf, was wiederum zu zusätzlichen Energieverlusten führt, welche Ausschiebeverluste genannt werden.

Steuerung der Luftfüllung

Der Motor saugt die Luft über den Luftfilter und den Ansaugtrakt an (Bilder 7 und 8), wobei die Drosselklappe aufgrund ihrer Verstellbarkeit für eine dosierte Luftzufuhr sorgt und somit das wichtigste Stellglied für den Betrieb des Ottomotors darstellt. Im weiteren Verlauf des Ansaugtraktes erfährt der angesaugte Luftstrom die Beimischung von Kraftstoffdampf aus dem Kraftstoffverdunstungs-Rückhaltesystem sowie von rückgeführtem Abgas (AGR). Mit diesem kann zur Entdrosselung des Arbeitsprozesses – und damit einer Wirkungsgradsteigerung im Teillastbereich – der Anteil des Restgases an der Zylinderfüllung erhöht werden. Die äußere Abgasrückführung führt das ausgestoßene Restgas vom Abgassystem zurück in den Saugkanal. Dabei kann ein zusätzlich installierter AGR-Kühler das rückgeführte Abgas vor dem Eintritt in das Saugrohr auf ein niedrigeres Temperaturniveau kühlen und damit die Dichte der Frischladung erhöhen. Zur Dosierung der äußeren Abgasrückführung wird ein Stellventil verwendet.

Der Restgasanteil der Zylinderladung kann jedoch im großen Maße ebenfalls durch die Menge der im Zylinder verbleibenden Restgasmasse geändert werden. Zu deren Steuerung können Variabilitäten im Ventiltrieb eingesetzt werden. Zu nennen sind hier insbesondere Phasensteller der Nockenwellen, durch deren Anwendung die Steuerzeiten im breiten Bereich beeinflusst werden können und dadurch das Einbehalten einer gewünschten Restgasmasse ermöglichen. Durch eine Ventilüberschneidung kann beispielsweise der Restgasanteil für das folgende Arbeitsspiel wesentlich beeinflusst werden. Während der Ventilüberschneidung sind Ein- und Auslassventil gleichzeitig geöffnet, d. h., das Einlassventil öffnet, bevor das Auslassventil schließt. Ist in der Überschneidungsphase der Druck im Saugrohr niedriger als im Abgastrakt, so tritt eine Rückströmung des Restgases in das Saugrohr auf. Da das so ins Saugrohr gelangte Restgas nach dem Auslass-Schließen wieder angesaugt wird, führt dies zu einer Erhöhung des Restgasgehalts.

Der Einsatz von variablen Ventiltrieben ermöglicht darüber hinaus eine Vielzahl an Verfahren, mit welchen sich die spezifische Leistung und der Wirkungsgrad des Ottomotors weiter steigern lassen. So ermöglicht eine verstellbare Einlassnockenwelle beispielsweise die Anpassung der Steuerzeit für die Einlassventile an die sich mit der Drehzahl veränderliche Gasdynamik des Saugtraktes, um in Volllastbetrieb die optimale Füllung der Zylinder zu ermöglichen.

Zur Wirkungsgradsteigerung im gedrosselten Betrieb bei Teillast ist zudem die Anwendung vom späten oder frühen Schließen der Einlassventile möglich. Beim Atkinson-Verfahren wird durch spätes Schließen der Einlassventile ein Teil der angesaugten Ladung wieder aus dem Zylinder in das Saugrohr verdrängt. Um die Ladungsmasse der Standardsteuerzeit im Zylinder einzuschließen, wird der Motor weiter entdrosselt und damit der Wirkungsgrad erhöht. Aufgrund der langen Öffnungsdauer der Einlassventile beim Atkinson-Verfahren können insbesondere bei Saugmotoren zudem gasdynamische Effekte ausgenutzt werden.

Das Miller-Verfahren hingegen beschreibt ein frühes Schließen der Einlassventile. Dadurch wird die im Zylinder eingeschlossene Ladung im Fortgang der Abwärtsbewegung des Kolbens (Saugtakt) expandiert. Verglichen mit der Standard-Steuerzeit erfolgt die darauf folgende Kompression auf einem niedrigeren Druck- und Temperaturniveau. Um das gleiche Moment zu erzeugen und hierfür die gleiche Masse an Frischladung im Zylinder einzuschließen, muss der Arbeitsprozess (wie auch beim Atkinson-Verfahren) entdrosselt werden, was den Wirkungsgrad erhöht. Aufgrund der weitgehenden Bremsung der Ladungsbewegung während der Expansion vor dem Verdichtungstakt wird allerdings die Verbrennung verlangsamt und das theoretische Wirkungsgradpotential daher zum großen Teil wieder kompensiert. Da beide Verfahren die Temperatur der Zylinderladung während der Kompression senken, können sie insbesondere bei aufgelade-

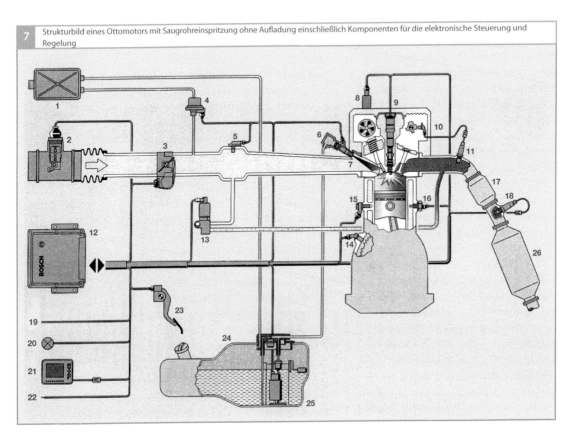

7 Strukturbild eines Ottomotors mit Saugrohreinspritzung ohne Aufladung einschließlich Komponenten für die elektronische Steuerung und Regelung

Bild 7
1 Aktivkohlebehälter
2 Heißfilm-Luftmassenmesser (HFM) mit integriertem Temperatursensor
3 Drosselvorrichtung (EGAS)
4 Tankentlüftungsventil
5 Saugrohrdrucksensor
6 Kraftstoffverteilerstück
7 Einspritzventil
8 Aktoren und Sensoren für variable Nockenwellensteuerung
9 Zündkerze mit aufgesteckter Zündspule
10 Nockenwellen-Phasensensor
11 λ-Sonde vor dem Vorkatalysator
12 Motorsteuergerät
13 Abgasrückführventil
14 Drehzahlsensor
15 Klopfsensor
16 Motortemperatursensor

17 Vorkatalysator (Dreiwegekatalysator)
18 λ-Sonde nach dem Vorkatalysator
19 CAN-Schnittstelle
20 Motorkontrollleuchte
21 Diagnoseschnittstelle
22 Schnittstelle zur Wegfahrsperre
23 Fahrpedalmodul mit Pedalwegsensor
24 Kraftstoffbehälter
25 Tankeinbaueinheit mit Elektrokraftstoffpumpe, Kraftstofffilter und Kraftstoffregler
26 Hauptkatalysator (Dreiwegekatalysator)

Der in Bild 7 dargestellte Systemumfang bezüglich der On-Board-Diagnose entspricht den Anforderungen der EOBD.

nen Ottomotoren an der Volllast ebenfalls zur Senkung der Klopfneigung und damit zur Steigerung der spezifischen Leistung verwendet werden.

Die Anwendung variabler Ventilhubverfahren ermöglicht durch die Darstellung von Teilhüben der Einlassventile ebenfalls eine Entdrosselung des Motors an der Drosselklappe und damit eine Wirkungsgradsteigerung. Zudem kann durch unterschiedliche Hubverläufe der Einlassventile eines Zylinders die Ladungsbewegung deutlich erhöht werden, was insbesondere im Bereich niedriger Lasten die Verbrennung deutlich stabilisiert und damit die Anwendung hoher Restgasraten erleichtert. Eine weitere Möglichkeit zur Steuerung der Ladungsbewegung bilden Ladungsbewegungsklappen,

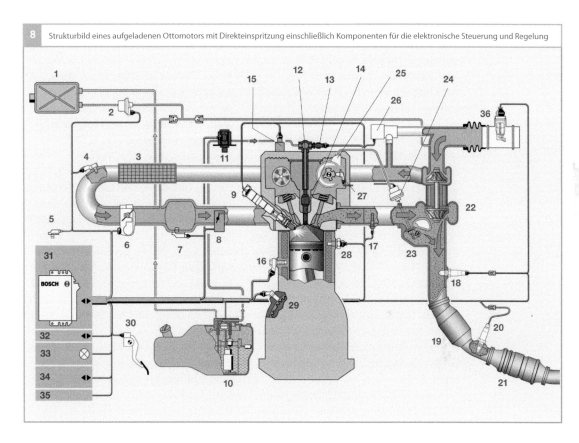

Strukturbild eines aufgeladenen Ottomotors mit Direkteinspritzung einschließlich Komponenten für die elektronische Steuerung und Regelung

welche durch ihre Stellung im Saugkanal des Zylinderkopfs die Strömungsbewegung beeinflussen. Allerdings ergibt sich hier aufgrund der höheren Strömungsverluste auch eine Steigerung der Ladungswechselarbeit.

Insgesamt lassen sich durch die Anwendung variabler Ventiltriebe, welche eine Kombination aus Steuerzeit- und Ventilhubverstellung bis hin zu voll-variablen Systemen umfassen, beträchtliche Steigerungen der spezifischen Leistung sowie des Wirkungsgrades erreichen. Auch die Anwendung eines geschichteten Brennverfahrens erlaubt aufgrund des hohen Luftüberschusses einen weitgehend ungedrosselten Betrieb, welcher insbesondere in der Teillast des Ottomotors zur einer erheblichen Steigerung des effektiven Wirkungsgrades führt.

Bild 8
1 Aktivkohlebehälter
2 Tankentlüftungsventil
3 Heißfilm-Luftmassenmesser
4 kombinierter Ladedruck- und Ansauglufttemperatursensor
5 Umgebungsdrucksensor
6 Drosselvorrichtung (EGAS)
7 Saugrohrdrucksensor
8 Ladungsbewegungsklappe
9 Zündspule mit Zündkerze
10 Kraftstofffördermodul mit Elektrokraftstoffpumpe
11 Hochdruckpumpe
12 Kraftstoff-Verteilerrohr
13 Hochdrucksensor
14 Hochdruck-Einspritzventil
15 Nockenwellenversteller
16 Klopfsensor
17 Abgastemperatursensor

18 λ-Sonde
19 Vorkatalysator
20 λ-Sonde
21 Hauptkatalysator
22 Abgasturbolader
23 Waste-Gate
24 Waste-Gate-Steller
25 Vakuumpumpe
26 Schub-Umluftventil
27 Nockenwellen-Phasensensor
28 Motortemperatursensor
29 Drehzahlsensor
30 Fahrpedalmodul
31 Motorsteuergerät
32 CAN-Schnittstelle
33 Motorkontrollleuchte
34 Diagnoseschnittstelle
35 Schnittstelle zur Wegfahrsperre

Das bei homogener, stöchiometrischer Gemischverteilung erreichbare Drehmoment ist proportional zu der Frischgasfüllung. Daher kann das maximale Drehmoment lediglich durch die Verdichtung der Luft vor Eintritt in den Zylinder (Aufladung) gesteigert werden. Mit der Aufladung kann der Liefergrad, bezogen auf Normbedingungen, auf Werte größer als eins erhöht werden. Eine Aufladung kann bereits allein durch Nutzung gasdynamischer Effekte im Saugrohr erzielt werden (gasdynamische Aufladung). Der Aufladungsgrad hängt von der Gestaltung des Saugrohrs sowie vom Betriebspunkt des Motors ab, im Wesentlichen von der Drehzahl, aber auch von der Füllung. Mit der Möglichkeit, die Saugrohrgeometrie während des Fahrbetriebs beispielsweise durch eine variable Saugrohrlänge zu ändern, kann die gasdynamische Aufladung in einem weiten Betriebsbereich für eine Steigerung der maximalen Füllung herangezogen werden.

Eine weitere Erhöhung der Luftdichte erzielen mechanisch angetriebene Verdichter bei der mechanischen Aufladung, welche von der Kurbelwelle des Motors angetrieben werden. Die komprimierte Luft wird dabei durch das Ansaugsystem, welches dann zugunsten eines schnellen Ansprechverhaltens des Motors mit kleinem Sammlervolumen und kurzen Saugrohrlängen ausgeführt wird, in die Zylinder gepumpt.

Bei der Abgasturboaufladung wird im Unterschied zur mechanischen Aufladung der Verdichter des Abgasturboladers nicht von der Kurbelwelle angetrieben, sondern von einer Abgasturbine, welche sich im Abgastrakt befindet und die Enthalpie des Abgases ausnutzt. Die Enthalpie des Abgases kann zusätzlich erhöht werden, in dem durch die Anwendung einer Ventilüberschneidung ein Teil der Frischladung durch die Zylinder gespült (Scavenging) und damit der Massen-strom an der Abgasturbine erhöht wird. Zusätzlich sorgt eine hohe Spülrate für niedrige Restgasanteile. Da bei Motoren mit Abgasturboaufladung im unteren Drehzahlbereich an der Volllast ein positives Druckgefälle über dem Zylinder gut eingestellt werden kann, erhöht dieses Verfahren wesentlich das maximale Drehmoment in diesem Betriebsbereich (Low-End-Torque).

Füllungserfassung und Gemischregelung
Beim Ottomotor wird die zugeführte Kraftstoffmenge in Abhängigkeit der angesaugten Luftmasse eingestellt. Dies ist nötig, weil sich nach einer Änderung des Drosselklappenwinkels die Luftfüllung erst allmählich ändert, während die Kraftstoffmenge arbeitsspielindividuell variiert werden kann. In der Motorsteuerung muss daher für jedes Arbeitsspiel je nach der Betriebsart (Homogen, Homogen-mager, Schichtbetrieb) die aktuell vorhandene Luftmasse bestimmt werden (durch Füllungserfassung). Es gibt grundsätzlich drei Verfahren, mit welchen dies erfolgen kann. Das erste Verfahren arbeitet folgendermaßen: Über ein Kennfeld wird in Abhängigkeit von Drosselklappenwinkel α und Drehzahl n der Volumenstrom bestimmt, der über geeignete Korrekturen in einem Luftmassenstrom umgerechnet wird. Die auf diesem Prinzip arbeitenden Systeme heißen α-n-Systeme.

Beim zweiten Verfahren wird über ein Modell (Drosselklappenmodell) aus der Temperatur vor der Drosselklappe, dem Druck vor und nach der Drosselklappe sowie der Drosselklappenstellung (Winkel α) der Luftmassenstrom berechnet. Als Erweiterung dieses Modells kann zusätzlich aus der Motordrehzahl n, dem Druck p im Saugrohr (vor dem Einlassventil), der Temperatur im Einlasskanal und weiteren Einflüssen (Nockenwellen- und Ventilhubverstellung, Saugrohrumschaltung, Position der Ladungsbewegungsklappe) die vom Zylinder angesaugte Frischluft berechnet werden. Nach diesem Prinzip arbeitende Systeme werden *p-n*-Systeme genannt. Je nach Komplexität des Motors, insbesondere die Variabilitäten des Ventiltriebs betreffend, können hierfür aufwendige Modelle notwendig sein. Das dritte Verfahren besteht darin, dass ein Heißfilm-Luftmassenmesser (HFM) direkt den in das Saugrohr einströmenden Luftmassenstrom misst. Weil mittels eines Heißfilm-Luftmassenmessers oder eines Drosselklappenmodells nur der in das Saugrohr einfließende Massenstrom bestimmt werden kann, liefern diese beiden Systeme nur im stationären Motorbetrieb einen gültigen Wert für die Zylinderfüllung. Ein stationärer Betrieb setzt die Annahme eines konstanten Saugrohrdrucks voraus, so dass die dem Saugrohr zufließenden und den Motor verlassenden Luftmassenströme identisch sind. Die Anwendung sowohl des Heißfilm-Luftmassenmessers als auch des Drosselklap-

penmodells liefert bei einem plötzlichen Lastwechsel (d. h. bei einer plötzlichen Änderung des Drosselklappenwinkels) eine augenblickliche Änderung des dem Saugrohr zufließenden Massenstroms, während sich der in den Zylinder eintretende Massenstrom und damit die Zylinderfüllung erst ändern, wenn sich der Saugrohrdruck erhöht oder erniedrigt hat. Daher muss für die richtige Abbildung transienter Vorgänge entweder das *p-n*-System verwendet oder eine zusätzliche Modellierung des Speicherverhaltens im Saugrohr (Saugrohrmodell) erfolgen.

Kraftstoffe

Für den ottomotorischen Betrieb werden Kraftstoffe benötigt, welche aufgrund ihrer Zusammensetzung eine niedrige Neigung zur Selbstzündung (hohe Klopffestigkeit) aufweisen. Andernfalls kann die während der Kompression nach einer Selbstzündung erfolgte, schlagartige Umsetzung der Zylin-

Tabelle 1
Eigenschaftswerte flüssiger Kraftstoffe.
Die Viskosität bei 20 °C liegt für Benzin bei etwa 0,6 mm²/s, für Methanol bei etwa 0,75 mm²/s, für Ethanol bei etwa 1,5 mm²/s.

Stoff	Dichte in kg/*l*	Hauptbestandteile in Gewichtsprozent	Siedetemperatur in °C	Spezifische Verdampfungswärme in kJ/kg	Spezifischer Heizwert in MJ/kg	Zündtemperatur in °C	Luftbedarf, stöchiometrisch in kg/kg	Zündgrenze in Volumenprozent Gas in Luft	
								untere	obere
Ottokraftstoff									
Normal	0,720...0,775	86 C, 14 H	25...210	380...500	41,2...41,9	≈ 300	14,8	≈ 0,6	≈ 8
Super	0,720...0,775	86 C, 14 H	25...210	–	40,1...41,6	≈ 400	14,7	–	–
Flugbenzin	0,720	85 C, 15 H	40...180	–	43,5	≈ 500	–	≈ 0,7	≈ 8
Kerosin	0,77...0,83	87 C, 13 H	170...260	–	43	≈ 250	14,5	≈ 0,6	≈ 7,5
Dieselkraftstoff	0,820...0,845	86 C, 14 H	180...360	≈ 250	42,9...43,1	≈ 250	14,5	≈ 0,6	≈ 7,5
Ethanol C_2H_5OH	0,79	52 C, 13 H, 35 O	78	904	26,8	420	9	3,5	15
Methanol CH_3OH	0,79	38 C, 12 H, 50 O	65	1 110	19,7	450	6,4	5,5	26
Rapsöl	0,92	78 C, 12 H, 10 O	–	–	38	≈ 300	12,4	–	–
Rapsölmethylester (Biodiesel)	0,88	77 C, 12 H, 11 O	320...360	–	36,5	283	12,8	–	–

Stoff	Dichte bei 0 °C und 1 013 mbar in kg/m³	Hauptbe- standteile in Gewichts- prozent	Siedetempera- tur bei 1 013 mbar in °C	Spezifischer Heizwert		Zünd- temperatur in °C	Luftbedarf, stöchio- metrisch in kg/kg	Zündgrenze	
				Kraftstoff in MJ/kg	Luft-Krafts- stoff-Gemisch in MJ/m³			untere in Volumenprozent Gas in Luft	obere
Flüssiggas (Autogas)	2,25	C_3H_8, C_4H_{10}	−30	46,1	3,39	≈ 400	15,5	1,5	15
Erdgas H (Nordsee)	0,83	87 CH_4, 8 C_2H_6, 2 C_3H_8, 2 CO_2, 1 N_2	−162 (CH_4)	46,7	–	584	16,1	4,0	15,8
Erdgas H (Russland)	0,73	98 CH_4, 1 C_2H_6, 1 N_2	−162 (CH_4)	49,1	3,4	619	16,9	4,3	16,2
Erdgas L	0,83	83 CH_4, 4 C_2H_6, 1 C_3H_8, 2 CO_2, 10 N_2	−162 (CH_4)	40,3	3,3	≈ 600	14,0	4,6	16,0

Tabelle 2
Eigenschaftswerte gas-
förmiger Kraftstoffe. Das
als Flüssiggas bezeich-
nete Gasgemisch ist bei
0 °C und 1 013 mbar
gasförmig; in flüssiger
Form hat es eine Dichte
von 0,54 kg/l.

derladung zu mechanischen Schäden des
Ottomotors bis hin zu seinem Totalausfall
führen. Die Klopffestigkeit eines Ottokraft-
stoffes wird durch die Oktanzahl beschrieben. Die Höhe der Oktanzahl bestimmt die
spezifische Leistung des Ottomotors. An der
Volllast wird aufgrund der Gefahr von Mo-
torschäden die Lage der Verbrennung durch
das Motorsteuergerät über einen Zündwin-
keleingriff (durch die Klopfregelung) so eingestellt, dass – durch Senkung der Verbrennungstemperatur durch eine späte Lage der
Verbrennung – keine Selbstzündung der
Frischladung erfolgt. Dies begrenzt jedoch
das nutzbare Drehmoment des Motors. Je
höher die verwendete Oktanzahl ist, desto
höher fällt, bei einer entsprechenden Beda-
tung des Motorsteuergeräts, die spezifische
Leistung aus.

In den Tabellen 1 und 2 sind die Stoffwerte der wichtigsten Kraftstoffe zusammengefasst. Verwendung findet meist Benzin, welches durch Destillation aus Rohöl gewonnen
und zur Steigerung der Klopffestigkeit mit
geeigneten Komponenten versetzt wird. So

wird bei Benzinkraftstoffen in Deutschland
zwischen Super und Super-Plus unterschieden, einige Anbieter haben ihre Super-Plus-
Kraftstoffe durch 100-Oktan-Benzine ersetzt.
Seit Januar 2011 enthält der Super-Kraftstoff
bis zu 10 Volumenprozent Ethanol (E10),
alle anderen Sorten sind mit max. 5 Volu-
menprozent Ethanol (E5) versetzt. Die
Abkürzung E10 bezeichnet dabei einen
Ottokraftstoff mit einem Anteil von 90 Volu-
menprozent Benzin und 10 Volumenprozent
Ethanol. Die ottomotorische Verwendung
von reinen Alkoholen (Methanol M100,
Ethanol E100) ist bei Verwendung geeigne-
ter Kraftstoffsysteme und speziell adaptierter
Motoren möglich, da aufgrund des höheren
Sauerstoffgehalts ihre Oktanzahl die des
Benzins übersteigt.

Auch der Betrieb mit gasförmigen Kraft-
stoffen ist beim Ottomotor möglich. Verwendung findet als serienmäßige Ausstat-
tung (in bivalenten Systemen mit Benzin-
und Gasbetrieb) in Europa meist Erdgas
(Compressed Natural Gas CNG), welches
hauptsächlich aus Methan besteht. Aufgrund

des höheren Wasserstoff-Kohlenstoff-Verhältnisses entsteht bei der Verbrennung von Erdgas weniger CO_2 und mehr Wasser als bei Verbrennung von Benzin. Ein auf Erdgas eingestellter Ottomotor erzeugt bereits ohne weitere Optimierung ca. 25 % weniger CO_2-Emissionen als beim Einsatz von Benzin. Durch die sehr hohe Oktanzahl (ROZ 130) eignet sich der mit Erdgas betriebene Ottomotor ideal zur Aufladung und lässt zudem eine Erhöhung des Verdichtungsverhältnisses zu. Durch den monovalenten Gaseinsatz in Verbindung mit einer Hubraumverkleinerung (Downsizing) kann der effektive Wirkungsgrad des Ottomotors erhöht und seine CO_2-Emission gegenüber dem konventionellen Benzin-Betrieb maßgeblich verringert werden.

Häufig, insbesondere in Anlagen zur Nachrüstung, wird Flüssiggas (Liquid Petroleum Gas LPG), auch Autogas genannt, eingesetzt. Das verflüssigte Gasgemisch besteht aus Propan und Butan. Die Oktanzahl von Flüssiggas liegt mit ROZ 120 deutlich über dem Niveau von Super-Kraftstoffen, bei seiner Verbrennung entstehen ca. 10 % weniger CO_2-Emissionen als im Benzinbetrieb.

Auch die ottomotorische Verbrennung von reinem Wasserstoff ist möglich. Aufgrund des Fehlens an Kohlenstoff entsteht bei der Verbrennung von Wasserstoff kein Kohlendioxid, als „CO_2-frei" darf dieser Kraftstoff dennoch nicht gelten, wenn bei seiner Herstellung CO_2 anfällt. Aufgrund seiner sehr hohen Zündwilligkeit ermöglicht der Betrieb mit Wasserstoff eine starke Abmagerung und damit eine Steigerung des effektiven Wirkungsgrades des Ottomotors.

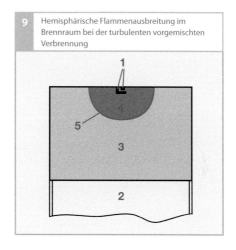

9 Hemisphärische Flammenausbreitung im Brennraum bei der turbulenten vorgemischten Verbrennung

Bild 9
1 Elektroden der Zündkerze
2 Kolben
3 Gemisch mit λ_g
4 Verbranntes Gas mit $\lambda_v \approx \lambda_g$
5 Flammenfront

λ bezeichnet die Luftzahl.

Verbrennung

Turbulente vorgemischte Verbrennung

Das homogene Brennverfahren stellt die Referenz bei der ottomotorischen Verbrennung dar. Dabei wird ein stöchiometrisches, homogenes Gemisch während der Verdichtungsphase durch einen Zündfunken entflammt. Der daraus entstehende Flammkern geht in eine turbulente, vorgemischte Verbrennung mit sich nahezu hemisphärisch (halbkugelförmig) ausbreitender Flammenfront über (Bild 9).

Hierzu wird eine zunächst laminare Flammenfront, deren Fortschrittgeschwindigkeit von Druck, Temperatur und Zusammensetzung des Unverbrannten abhängt, durch viele kleine, turbulente Wirbel zerklüftet. Dadurch vergrößert sich die Flammenoberfläche deutlich. Das wiederum erlaubt einen erhöhten Frischladungseintrag in die Reaktionszone und somit eine deutliche Erhöhung der Flammenfortschrittsgeschwindigkeit. Hieraus ist ersichtlich, dass die Turbulenz der Zylinderladung einen sehr relevanten Faktor zur Verbrennungsoptimierung darstellt.

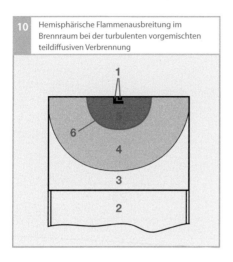

10 Hemisphärische Flammenausbreitung im Brennraum bei der turbulenten vorgemischten teildiffusiven Verbrennung

Bild 10
1 Elektroden der Zündkerze
2 Kolben
3 Luft (und Restgas) mit $\lambda \rightarrow \infty$
4 Gemisch mit $\lambda_g \approx 1$
5 Verbranntes Gas mit $\lambda_v \approx 1$
6 Flammenfront

Über den gesamten Brennraum gemittelt ergibt sich eine Luftzahl über eins.

Turbulente vorgemischte teildiffusive Verbrennung

Zur Senkung des Kraftstoffverbrauchs und somit der CO_2-Emission ist das Verfahren der geschichteten Fremdzündung beim Ottomotor, auch Schichtbetrieb genannt, ein vielversprechender Ansatz.

Bei der geschichteten Fremdzündung wird im Extremfall lediglich die Frischluft verdichtet und erst in Nähe des oberen Totpunkts der Kraftstoff eingespritzt sowie zeitnah von der Zündkerze gezündet. Dabei entsteht eine geschichtete Ladung, welche idealerweise in der Nähe der Zündkerze ein Luft-Kraftstoff-Verhältnis von $\lambda \approx 1$ besitzt, um die optimalen Bedingungen für die Entflammung und Verbrennung zu ermöglichen (Bild 10). In der Realität jedoch ergeben sich aufgrund der stochastischen Art der Zylinderinnenströmung sowohl fette als auch magere Gemisch-Zonen in der Nähe der Zündkerze. Dies erfordert eine höhere geometrische Genauigkeit in der Abstimmung der idealen Injektor- und Zündkerzenposition, um die Entflammungsrobustheit sicher zu stellen.

Nach erfolgter Zündung stellt sich eine überwiegend turbulente, vorgemischte Ver-

brennung ein, und zwar dort, wo der Kraftstoff schon verdampft innerhalb eines Luft-Kraftstoff-Gemisches vorliegt. Des Weiteren verläuft die Umsetzung eines Teils des Kraftstoffs an der Luft-Kraftstoff-Grenze verdampfender Tropfen als diffusive Verbrennung. Ein weiterer wichtiger Effekt liegt beim Verbrennungsende. Hierbei erreicht die Flamme sehr magere Bereiche, die früher ins Quenching führen, d. h. in den Zustand, bei welchem die thermodynamischen Bedingungen wie Temperatur und Gemischqualität nicht mehr ausreichen, die Flamme weiter fortschreiten zu lassen. Hieraus können sich erhöhte HC- und CO-Emissionen ergeben. Die NO_x-Bildung ist für dieses entdrosselte und verdünnte Brennverfahren im Vergleich zur homogenen stöchiometrischen Verbrennung relativ gering. Der Dreiwegekatalysator ist jedoch wegen des mageren Abgases nicht in der Lage, selbst die geringe NO_x-Emission zu reduzieren. Dies macht eine spezifische Nachbehandlung der Abgase erforderlich, z. B. durch den Einsatz eines NO_x-Speicherkatalysators oder durch die Anwendung der selektiven katalytischen Reduktion unter Verwendung eines geeigneten Reduktionsmittels.

Homogene Selbstzündung

Vor dem Hintergrund einer verschärften Abgasgesetzgebung bei gleichzeitiger Forderung nach geringem Kraftstoffverbrauch ist das Verfahren der homogenen Selbstzündung beim Ottomotor, auch HCCI (Homogeneous Charge Compression Ignition) genannt, eine weitere interessante Alternative. Bei diesem Brennverfahren wird ein stark mit Luft oder Abgas verdünntes Kraftstoffdampf-Luft-Gemisch im Zylinder bis zur Selbstzündung verdichtet. Die Verbrennung erfolgt als Volumenreaktion ohne Ausbildung einer turbulenten Flammenfront oder einer Diffusionsverbrennung (Bild 11).

Die thermodynamische Analyse des Arbeitsprozesses verdeutlicht die Vorteile des HCCI-Verfahrens gegenüber der Anwendung anderer ottomotorischer Brennverfahren mit konventioneller Fremdzündung: Die Entdrosselung (hoher Massenanteil, der am thermodynamischen Prozess teilnimmt und drastische Reduktion der Ladungswechselverluste), kalorische Vorteile bedingt durch die Niedrigtemperatur-Umsetzung und die schnelle Wärmefreisetzung führen zu einer Annäherung an den idealen Gleichraumprozess und somit zur Steigerung des thermischen Wirkungsgrades. Da die Selbstzündung und die Verbrennung an unterschiedlichen Orten im Brennraum gleichzeitig beginnen, ist die Flammenausbreitung im Gegensatz zum fremdgezündeten Betrieb nicht von lokalen Randbedingungen abhängig, so dass geringere Zyklusschwankungen auftreten.

Die kontrollierte Selbstzündung bietet die Möglichkeit, den Wirkungsgrad des Arbeitsprozesses unter Beibehaltung des klassischen Dreiwegekatalysators ohne zusätzliche Abgasnachbehandlung zu steigern. Die überwiegend magere Niedrigtemperatur-Wärmefreisetzung bedingt einen sehr niedrigen NO_x-Ausstoß bei ähnlichen HC-Emissionen und reduzierter CO-Bildung im Vergleich zum konventionellen fremdgezündeten Betrieb.

Irreguläre Verbrennung
Unter irregulärer Verbrennung beim Ottomotor versteht man Phänomene wie die klopfende Verbrennung, Glühzündung oder andere Vorentflammungserscheinungen. Eine klopfende Verbrennung äußert sich im Allgemeinen durch ein deutlich hörbares, metallisches Geräusch (Klingeln, Klopfen). Die schädigende Wirkung eines dauerhaften Klopfens kann zum völligen Ausfall des Mo-

11 Volumenreaktion im Brennraum bei der homogenen Selbstzündung

Gemisch mit $\lambda \geq 1$

Kolben

tors führen. In heutigen Serienmotoren dient eine Klopfregelung dazu, den Motor bei Volllast gefahrlos an der Klopfgrenze zu betreiben. Hierzu wird die klopfende Verbrennung durch einen Sensor detektiert und der Zündwinkel vom Steuergerät entsprechend angepasst. Durch die Anwendung der Klopfregelung ergeben sich weitere Vorteile, insbesondere die Reduktion des Kraftstoffverbrauchs, die Erhöhung des Drehmoments sowie die Darstellung des Motorbetriebs in einem vergrößerten Oktanzahlbereich. Eine Klopfregelung ist allerdings nur dann anwendbar, wenn das Klopfen ein reproduzierbares und wiederkehrendes Phänomen ist.

Der Unterschied zwischen einer regulären und einer klopfenden Verbrennung ist in (Bild 12) dargestellt. Aus dieser wird deutlich, dass der Zylinderdruck bereits vor Klopfbeginn infolge hochfrequenter Druckwellen, welche durch den Brennraum pulsieren, im Vergleich zum nicht klopfenden Arbeitsspiel deutlich ansteigt. Bereits die frühe Phase der klopfenden Verbrennung zeichnet sich also gegenüber dem mittleren Arbeitsspiel (in Bild 12 als reguläre Verbrennung gekennzeichnet) durch einen schnelleren Massenumsatz aus. Beim Klopfen kommt es

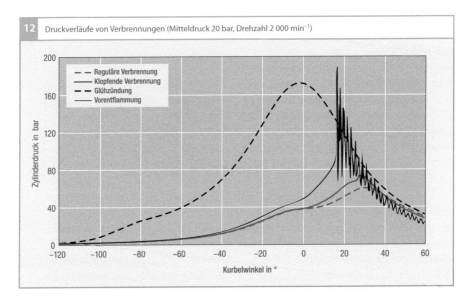

12 Druckverläufe von Verbrennungen (Mitteldruck 20 bar, Drehzahl 2 000 min⁻¹)

- - - Reguläre Verbrennung
——— Klopfende Verbrennung
- - - Glühzündung
——— Vorentflammung

Zylinderdruck in bar

Kurbelwinkel in °

Bild 12
Der Kurbelwinkel ist auf
den oberen Totpunkt in
der Kompressionsphase
(ZOT) bezogen.

zur Selbstzündung in den noch nicht von der Flamme erfassten Endgaszonen. Die stehenden Wellen, die anschließend durch den Brennraum fortschreiten, verursachen das hörbare, klingelnde Geräusch. Im Motorbetrieb wird das Eintreten von Klopfen durch eine Spätverstellung des Zündwinkels vermieden. Dies führt, je nach resultierender Schwerpunktslage der Verbrennung, zu einem nicht unerheblichen Wirkungsgradverlust.

Die Glühzündung führt gewöhnlich zu einer sehr hohen mechanischen Belastung des Motors. Die Entflammung des Frischgemischs erfolgt hierbei teilweise deutlich vor dem regulären Auslösen des Zündfunkens. Häufig kommt es zu einem sogenannten Run-on, wobei nach starkem Klopfen der Zeitpunkt der Entzündung mit jedem weiteren Arbeitsspiel früher erfolgt. Dabei wird ein Großteil des Frischgemisches bereits deutlich vor dem oberen Totpunkt in der Kompressionsphase umgesetzt (Bild 12). Druck und Temperatur im Brennraum steigen dabei aufgrund der noch ablaufenden

Kompression stark an. Hat sich die Glühzündung erst eingestellt, kommt es im Gegensatz zur klopfenden Verbrennung zu keinem wahrnehmbaren Geräusch, da die pulsierenden Druckwellen im Brennraum ausbleiben. Solch eine extrem frühe Glühzündung führt meistens zum sofortigen Ausfall des Motors. Bevorzugte Stellen, an denen eine Oberflächenzündung beginnen kann, sind überhitzte Ventile oder Zündkerzen, glühende Verbrennungsrückstände oder sehr heiße Stellen im Brennraum wie beispielsweise Kanten von Kolbenmulden. Eine Oberflächenzündung kann durch entsprechende Auslegung der Kühlkanäle im Bereich des Zylinderkopfs und der Laufbuchse in den meisten Fällen vermieden werden.

Eine Vorentflammung zeichnet sich durch eine unkontrollierte und sporadisch auftretende Selbstentflammung aus, welche vor allem bei kleinen Drehzahlen und hohen Lasten auftritt. Der Zeitpunkt der Selbstentflammung kann dabei von deutlich vor bis zum Zeitpunkt der Zündeinleitung selbst variieren. Betroffen von diesem Phänomen sind generell hoch aufgeladene Motoren mit hohen Mitteldrücken im unteren Drehzahlbereich (Low-End-Torque). Hier entfällt bis heute die Möglichkeit zur effektiven Regelung, die dem Auftreten der Vorentflammung entgegenwirken könnte, da die Ereignisse meist einzeln auftreten und nur selten unmittelbar in mehreren Arbeitsspielen aufeinander folgen. Als Reaktion wird bei Serienmotoren nach heutigem Stand zunächst der Ladedruck reduziert. Tritt weiterhin ein Vorentflammungsereignis auf, wird als letzte Maßnahme die Einspritzung ausgeblendet. Die Folge einer Vorentflammung ist eine schlagartige Umsetzung der verbliebenen Zylinderladung mit extremen Druckgradienten und sehr hohen Spitzendrücken, die teilweise 300 bar erreichen. Im Allgemeinen führt ein Vorentflammungsereignis daraufhin immer zu extremem Klopfen und gleicht vom Ablauf her einer Verbrennung, wie sie sich bei extrem früher Zündeinleitung (Überzündung) darstellt. Die Ursache hierfür ist noch nicht vollends geklärt. Vielmehr existieren auch hier mehrere Erklärungsversuche. Die Direkteinspritzung spielt hier eine relevante Rolle, da zündwillige Tropfen und zündwilliger Kraftstoffdampf in den Brennraum gelangen können. Unter anderem stehen Ablagerungen (Partikel, Ruß usw.) im Verdacht, da sie sich von der Brennraumwand lösen und als Initiator in Betracht kommen. Ein weiterer Erklärungsversuch geht davon aus, dass Fremdmedien (z. B. Öl) in den Brennraum gelangen, welche eine kürzere Zündverzugszeit aufweisen als übliche Kohlenwasserstoff-Bestandteile im Ottokraftstoff und damit das Reaktionsniveau entsprechend herabsetzen. Die Vielfalt des Phänomens ist stark motorabhängig und lässt sich kaum auf eine allgemeine Ursache zurückführen.

Drehmoment, Leistung und Verbrauch

Drehmomente am Antriebsstrang

Die von einem Ottomotor abgegebene Leistung P wird durch das verfügbare Kupplungsmoment M_k und die Motordrehzahl n bestimmt. Das an der Kupplung verfügbare Moment (Bild 13) ergibt sich aus dem durch den Verbrennungsprozess erzeugten Drehmoment, abzüglich der Ladungswechselverluste, der Reibung und dem Anteil zum Betrieb der Nebenaggregate. Das Antriebsmoment ergibt sich aus dem Kupplungsmoment abzüglich der an der Kupplung und im Getriebe auftretenden Verluste.

Das aus dem Verbrennungsprozess erzeugte Drehmoment wird im Arbeitstakt (Verbrennung und Expansion) erzeugt und ist bei Ottomotoren hauptsächlich abhängig von:

- der Luftmasse, die nach dem Schließen der Einlassventile für die Verbrennung zur Verfügung steht – bei homogenen Brennverfahren ist die Luft die Führungsgröße,
- die Kraftstoffmasse im Zylinder – bei geschichteten Brennverfahren ist die Kraftstoffmasse die Führungsgröße,
- dem Zündzeitpunkt, zu welchem der Zündfunke die Entflammung und Verbrennung des Luft-Kraftstoff-Gemisches einleitet.

Definition von Kenngrößen

Das instationäre innere Drehmoment M_i im Verbrennungsmotor ergibt sich aus dem Produkt von resultierender tangentialer Kraft F_T und Hebelarm r an der Kurbelwelle:

$$M_i = F_T r. \tag{4}$$

Die am Kurbelradius r wirkende Tangentialkraft F_T (Bild 14) resultiert aus der Kolbenkraft des Zylinders F_z, dem Kurbelwinkel φ und dem Pleuelschwenkwinkel β zu:

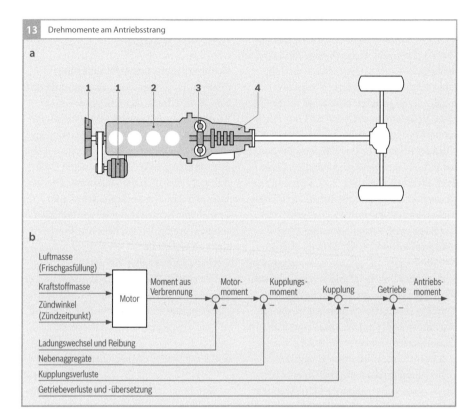

13 Drehmomente am Antriebsstrang

a

b

Bild 13
a schematische An-
ordnung der Kom-
ponenten
b Drehmomente am
Antriebsstrang

1 Nebenaggregate
(Generator, Klima-
kompressor usw.)
2 Motor
3 Kupplung
4 Getriebe

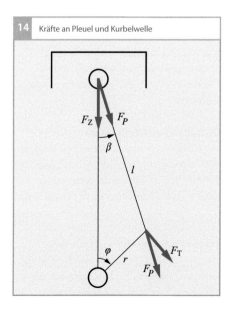

14 Kräfte an Pleuel und Kurbelwelle

Bild 14
l Pleuellänge
r Kurbelradius
φ Kurbelwinkel
β Pleuelschwenk-
winkel
F_Z Kolbenkraft
F_p Pleuelstangenkraft
F_T Tagentialkraft

$$F_T = F_z \frac{\sin(\varphi + \beta)}{\cos\beta}. \tag{5}$$

Mit

$$r\sin\varphi = l\sin\beta \tag{6}$$

und der Einführung des Schubstangenver-
hältnisses λ_l

$$\lambda_l = \frac{r}{l} \tag{7}$$

ergibt sich für die Tangentialkraft:

$$F_T = F_z\left(\sin\varphi + \lambda_l \frac{\sin\varphi\cos\varphi}{\sqrt{1-\lambda_l^{\,2}\sin^2\varphi}}\right). \tag{8}$$

Die Kolbenkraft F_z ist ihrerseits bestimmt
durch das Produkt aus der lichten Kolbenflä-

che A, die sich aus dem Kolbenradius r_K zu

$$A_K = r_K^2 \pi \qquad (9)$$

ergibt und dem Differenzdruck am Kolben, welcher durch den Brennraumdruck p_Z und dem Druck p_K im Kurbelgehäuse gegeben ist:

$$F_Z = A_K(p_Z - p_K) = r_K^2 \pi (p_Z - p_K). \qquad (10)$$

Für das instationäre innere Drehmoment M_i ergibt sich schließlich in Abhängigkeit der Stellung der Kurbelwelle:

$$M_i = r_K^2 \pi (p_Z - p_K)$$

$$\left(\sin \varphi + \lambda_l \frac{\sin \varphi \cos \varphi}{\sqrt{1 - \lambda_l^2 \sin^2 \varphi}} \right) r.$$

$$(11)$$

Für die Hubfunktion s, welche die Bewegung des Kolbens bei einem nicht geschränktem Kurbeltrieb beschreibt, folgt aus der Beziehung

$$s = r(1 - \cos \varphi) + l(1 - \cos \beta) \qquad (12)$$

der Ausdruck:

$$s = \left(1 + \frac{1}{\lambda_l} - \cos \varphi - \sqrt{\frac{1}{\lambda_l^2} - \sin^2 \varphi} \right) r. \qquad (13)$$

Damit ist die augenblickliche Stellung des Kolbens durch den Kurbelwinkel φ, durch den Kurbelradius r und durch das Schubstangenverhältnis λ_l beschrieben. Das momentane Zylindervolumen V ergibt sich aus der Summe von Kompressionsendvolumen V_K und dem Volumen, welches sich über die Kolbenbewegung s mit der lichten Kolbenfläche A_K ergibt:

$$V = V_K + A_K s = V_K +$$

$$r_K^2 \pi \left(1 + \frac{1}{\lambda_l} - \cos \varphi - \sqrt{\frac{1}{\lambda_l^2} - \sin^2 \varphi} \right) r. \qquad (14)$$

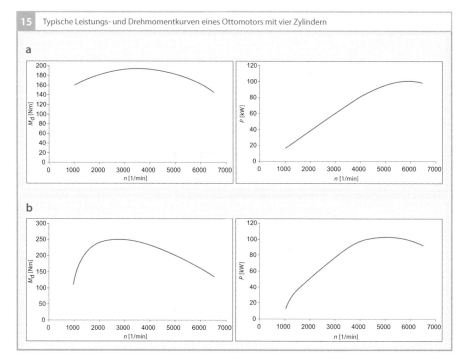

15 Typische Leistungs- und Drehmomentkurven eines Ottomotors mit vier Zylindern

Bild 15
a 1,9 l Hubraum ohne Aufladung
b 1,4 l Hubraum mit Aufladung
n Drehzahl
M_d Drehmoment
P Leistung

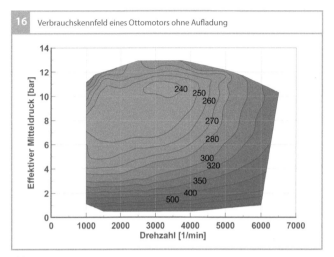

16   Verbrauchskennfeld eines Ottomotors ohne Aufladung

Bild 16
Die Zahlen geben den
Wert für b_e in g/kWh an.

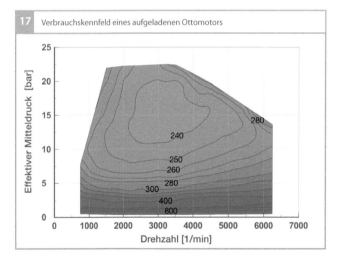

17   Verbrauchskennfeld eines aufgeladenen Ottomotors

Bild 17
Die Zahlen geben
den spezifischen Kraft-
stoffverbrauch b_e
in g/kWh an.

Das am Kurbeltrieb erzeugte Drehmoment kann in Abhängigkeit des Fahrerwunsches durch Einstellen von Qualität und Quantität des Luft-Kraftstoff-Gemisches sowie des Zündwinkels geregelt werden. Das maximal erreichbare Drehmoment wird durch die maximale Füllung und die Konstruktion des Kurbeltriebs und Zylinderkopfes begrenzt.

Das effektive Drehmoment an der Kurbelwelle M_d entspricht der inneren technischen Arbeit abzüglich aller Reibungs- und Aggregateverluste. Üblicherweise erfolgt die Auslegung des maximalen Drehmomentes für niedrige Drehzahlen ($n \approx 2\,000$ min^{-1}), da in diesem Bereich der höchste Wirkungsgrad des Motors erreicht wird.

Die innere technische Arbeit W_i kann direkt aus dem Druck im Zylinder und der Volumenänderung während eines Arbeitsspiels in Abhängigkeit der Taktzahl n_T berechnet werden:

$$W_i = \int_{0°}^{\varphi_T} p\frac{dV}{d\varphi}\,d\varphi, \tag{15}$$

wobei

$$\varphi_T = n_T \cdot 180° \tag{16}$$

beträgt.

Unter Verwendung des an der Kurbelwelle des Motors abgegebenen Drehmomentes M_d und der Taktzahl n_T ergibt sich für die effektive Arbeit:

$$W_e = 2\pi\frac{n_T}{2}M_d. \tag{17}$$

Die auftretenden Verluste durch Reibung und Nebenaggregate können als Differenz zwischen der inneren Arbeit W_i und der effektiven Nutzarbeit W_e als Reibarbeit W_R angegeben werden:

$$W_R = W_i - W_e. \tag{18}$$

Eine Drehmomentgröße, die das Vergleichen der Last unterschiedlicher Motoren erlaubt, ist die spezifische effektive Arbeit w_e, welche die effektive Arbeit W_e auf das Hubvolumen des Motors bezieht:

$$w_e = \frac{W_e}{V_H}. \tag{19}$$

Da es sich bei dieser Größe um den Quotienten aus Arbeit und Volumen handelt, wird diese oft als effektiver Mitteldruck p_{me} bezeichnet.

Die effektiv vom Motor abgegebene Leistung P resultiert aus dem erreichten Drehmoment M_d und der Motordrehzahl n zu:

$$P = 2\pi M_d n. \tag{20}$$

Die Motorleistung steigt bis zur Nenndrehzahl. Bei höheren Drehzahlen nimmt die Leistung wieder ab, da in diesem Bereich das Drehmoment stark abfällt.

Verläufe

Typische Leistungs- und Drehmomentkurven je eines Motors ohne und mit Aufladung, beide mit einer Leistung von 100 kW, werden in Bild 15 dargestellt.

Spezifischer Kraftstoffverbrauch

Der spezifische Kraftstoffverbrauch b_e stellt den Zusammenhang zwischen dem Kraftstoffaufwand und der abgegebenen Leistung des Motors dar. Er entspricht damit der Kraftstoffmenge pro erbrachte Arbeitseinheit und wird in g/kWh angegeben. Die Bilder 16 und 17 zeigen typische Werte des spezifischen Kraftstoffverbrauchs im homogenen, fremdgezündeten Betriebskennfeld eines Ottomotors ohne und mit Aufladung.

Thermodynamische Grundlagen: Analyse und Simulation

Systembetrachtung und Definition

Zur thermodynamischen Beschreibung der innermotorischen Vorgänge [8] ist die Definition eines Systems notwendig. Zweckmäßigerweise wird hierzu der Brennraum herangezogen, die Systemgrenze bilden die den Brennraum umgebenden Wände (Bild 18). Das System kann in Abhängigkeit der betrachteten Teilprozesse thermodynamisch offen oder geschlossen sein.

Energiebilanz

Zur Analyse des Arbeitsprozesses wird auf das System Brennraum der 1. Hauptsatz der Thermodynamik in seiner differentiellen Form angewandt. Die Änderungen beziehen sich dabei auf ein Inkrement des Kurbelwinkels φ:

$$\frac{dQ_B}{d\varphi} + \frac{dQ_W}{d\varphi} - p\frac{dV}{d\varphi} + \frac{dH}{d\varphi} = \frac{dU}{d\varphi}. \tag{21}$$

Dabei ist U die Energie der Zylinderladung, Q_B die der Zylinderladung über die Verbrennung zugeführte Wärme, die Brennwärme, Q_W die über die Zylinderwände abtransportierte Wärme, die Wandwärme, und $-p\,dV$ die Volumenänderungsarbeit (vgl. Bild 18).

Bild 18
h_e spezifische Enthalpie des Frischgasmassenstroms
h_a spezifische Enthalpie des Abgasmassenstroms
h_K spezifische Enthalpie des Kraftstoffdampfs bei Direkteinspritzung
h_l spezifische Enthalpie des Leckage-Massenstroms
dm_e differentielle Masse des Frischgasstroms
dm_k differentielle Masse des Kraftstoffdampfs bei Direkteinspritzung
dm_a differentielle Masse des Abgasmassenstroms
dm_l differentielle Masse des Leckage-Massenstroms
p momentaner Druck im Zylinder
V momentanes Zylindervolumen
T momentane Temperatur der Zylinderladung
m Masse der Zylinderladung
Q_B Brennwärme
Q_W Wandwärme
$-p\,dV$ Volumenänderungsarbeit

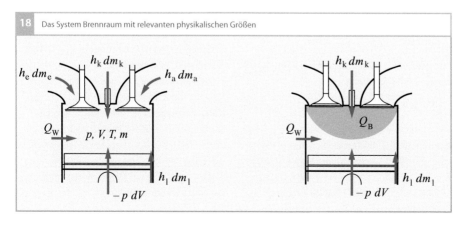

18 Das System Brennraum mit relevanten physikalischen Größen

Beim Ladungswechsel erfolgt eine Zu- und Abfuhr von Masse der Zylinderladung. Die entsprechende Änderung der Energie wird über die über die Systemgrenze strömende Enthalpie H berücksichtigt (siehe z. B. [1, 2, 7]). Sie ergibt sich zu:

$$\frac{dH}{d\varphi} = h_e \frac{dm_e}{d\varphi} + h_a \frac{dm_a}{d\varphi} + h_l \frac{dm_l}{d\varphi} + h_K \frac{dm_K}{d\varphi}.$$

(22)

Bei der Bestimmung der Enthalpieströme werden die Änderungen der Systemmasse über die Ein- und Auslassventile dm_e bzw. dm_a sowie die auftretende Leckage an den Kolbenringen dm_l mit ihren jeweiligen spezifischen Enthalpien h_e, h_a, h_l, h_K berücksichtigt. Bei Ottomotoren mit Benzin-Direkteinspritzung ist bei der Aufstellung der Energiebilanz darüber hinaus die Einspritzung der Kraftstoffmasse dm_K mit einzubeziehen. Dabei ist aufgrund des sehr kleinen Volumenanteils der Flüssigphase lediglich der Kraftstoffdampf thermodynamisch relevant.

Die Änderung der Systemmasse während des Arbeitsprozesses ergibt sich aus den Massenströmen über die Ein- und Auslassventile, dem Leckagemassenstrom sowie der Berücksichtigung der Einspritzrate des eingespritzten Kraftstoffs und resultiert in der Massenbilanz:

$$\frac{dm}{d\varphi} = \frac{dm_e}{d\varphi} + \frac{dm_a}{d\varphi} + \frac{dm_l}{d\varphi} + \frac{dm_K}{d\varphi}.$$ (23)

Der Zustand der Zylinderladung kann durch die Zustandsgleichung

$$pV = mRT$$ (24)

beschrieben werden. Dabei bezeichnet p den momentanen Zylinderdruck, V das momentane Zylindervolumen, m die Systemmasse, R die Realgaskonstante und T die momentane Massenmitteltemperatur. Mit diesen Grundgleichungen ist das thermodynami-

sche System „Brennraum" mathematisch bestimmt. Zu deren Lösung werden neben den kalorischen Daten des Arbeitsmediums je nach Anwendung Messdaten, Annahmen und geeignete Ansätze für die jeweiligen Verlustterme benötigt. Hierbei finden sowohl physikalisch basierte als auch empirische Modelle Anwendung.

Druckverlaufsanalyse

Bei der Druckverlaufsanalyse werden gemessene Druckverläufe für die Analyse des Prozesses herangezogen. Hierbei wird der Gesamtprozess in den Niederdruckprozess und den Hochdruckprozess unterteilt. Der Niederdruckprozess wird auch Ladungswechsel genannt und besteht im Wesentlichen aus dem Ein- und dem Auslasstakt. Der Hochdruckprozess heißt auch Verbrennungsprozess und umfasst im Wesentlichen den Kompressions- und den Expansionstakt.

Bei der Analyse des Ladungswechsels steht die Beurteilung seines Erfolges im Vordergrund und damit vornehmlich die Berechnung des Liefergrades und des Restgasgehalts; also die Bestimmung von Größen, welche messtechnisch lediglich unter sehr hohem Aufwand erfassbar sind. Darüber hinaus liefert die Berechnung den thermischen Zustand (Druck, Temperatur) und die Zusammensetzung (Luft, Kraftstoff, Restgas) der Zylinderladung zum Zeitpunkt „Einlass schließt" (Beginn der Kompression) als wichtige Anfangsbedingung für die Analyse des Hochdruckprozesses.

Die Berechnungsgrundgleichung ergibt sich für den Ladungswechsel aus Gl. (21) unter der Annahme nicht stattfindender Verbrennung und Vernachlässigung der Leckage, jedoch unter Berücksichtigung der direkt in den Zylinder erfolgenden Kraftstoffeinspritzung bei Ottomotoren mit Benzin-Direkteinspritzung:

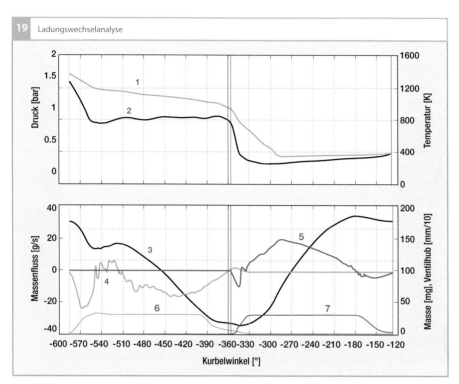

19   Ladungswechselanalyse

$$\frac{dU}{d\varphi} = \frac{dQ_{\mathrm{W}}}{d\varphi} - p\frac{dV}{d\varphi} + h_{\mathrm{a}}\frac{dm_{\mathrm{a}}}{d\varphi} + h_{\mathrm{e}}\frac{dm_{\mathrm{e}}}{d\varphi}$$

$$+ h_{\mathrm{K}}\frac{dm_{\mathrm{K}}}{d\varphi}. \tag{25}$$

Handelt es sich bei der Analyse um ein System mit Saugrohreinspritzung, so wird der Kraftstoff der Frischladung zugeschlagen. Zur Berechnung werden des Weiteren die bereits erwähnte Massenbilanz (23) und die thermische Zustandsgleichung (24) verwendet. Die über die Ein- und Auslassventile strömenden Massen werden unter Annahme einer adiabaten, isentropen Strömung mit Hilfe der Drosselgleichung [8] bestimmt. Der hierzu benötigte wirksame Strömungsquerschnitt der Ventilöffnung wird zumeist in einem „Strömungsversuch" ermittelt. Dabei wird die sich ergebende effektive Strö-

mungsfläche als Funktion des Ventilhubs bestimmt und auf ein festes Maß (z. B. Kolbenquerschnitt) bezogen. Dieser „Durchflussbeiwert" wird in der Berechnung entsprechend dem Ventilhub herangezogen, um den Massenstrom für das jeweilige Ventil zu ermitteln. Zur Bestimmung des Druckgefälles über den Ventilen kann vornehmlich eine Messung des Druckes in den Ein- und Auslasskanälen des Zylinderkopfes dienen. Ist diese nicht verfügbar, so kann die Analyse des Ladungswechsels unter Annahme eines konstanten Druckniveaus an den Ventilen idealisiert angestellt werden. Die Einspritzung des Kraftstoffes bei Motoren mit Direkteinspritzung, sofern diese im Ladungswechsel erfolgt (beim homogenen Brennverfahren), wird mit Hilfe von halbempirischen Verdampfungsmodellen anhand der Einspritzrate berücksichtigt, da der

Kraftstoff thermodynamisch aufgrund des sehr kleinen Volumenanteils der Flüssigphase nennenswert erst in der Dampfphase in Erscheinung tritt.

Die Änderung des Brennraumvolumens als Folge der Kurbelwellendrehung ergibt sich aus der Hubfunktion (13). Zur Ermittlung des auftretenden Wandwärmestromes wird ein phänomenologisch basiertes Modell nach [10] herangezogen, welches den Wandwärmeübergang im Ladungswechsel beschreibt. Die Abhängigkeit der kalorischen Daten (spezifische Wärmekapazität, reale Gaskonstante) der Luft, des Rauchgases sowie des Kraftstoffdampfes von den Zustandsgrößen und der Zusammensetzung kann tabellarischen Werken oder polynomischen Ansätzen entnommen werden [8]. Weiterführende Arbeiten [2] bestimmen ebenfalls die kalorischen Größen des Rauchgases direkt aus dem entsprechenden Gleichgewichtszustand für beliebige Kraftstoffe. Die Ermittlung der Größen für die gesamte Zylinderladung (Mischung aus Luft, Kraftstoffdampf, Restgas) erfolgt nach der Mischungsregel [8] unter Berücksichtigung der jeweiligen Massenanteile.

Bild 19 zeigt als Beispiel die Ergebnisse einer Ladungswechselanalyse unter Verwendung gemessener Druckverläufe im Ein- und Auslasskanal. Als Funktion des Kurbelwinkels können die Verläufe der ein- und austretenden Massenströme, der Gesamtmasse oder der durch das System gespülten Frischladung und die momentanen Werte der Zustandgrößen betrachtet werden. Als zylinderspezifische Ergebnisse resultieren neben der für den Ladungswechsel aufzuwendenden Arbeit wichtige Kenngrößen zu dessen Beurteilung (z. B. Liefergrad, Spülgrad) sowie die Zusammensetzung der Ladung und deren thermischer Zustand zu Beginn des Verdichtungstaktes. Zweck der Analyse des Hochdruckprozesses ist neben

der Bestimmung der erzielten technischen Arbeit die Ermittlung des Brennverlaufs, also des zeitlichen Fortschritts der Umsetzung der im Kraftstoff gebundenen chemischen Energie in Wärme. Dazu findet die Berechnung der Zustandsgrößen der Zylinderladung statt, die als Randbedingung zur Bestimmung der thermischen Belastung von Bauteilen oder zur Abschätzung der im Prozess anfallenden Emissionen dienen. Darüber hinaus ergeben sich bei der Hochdruckanalyse einzelne Energieanteile des Arbeitsprozesses, welche zusammen mit den Ergebnissen der Ladungswechselanalyse die Durchführung einer Verlustteilung erlauben und somit eine effiziente Optimierung des Gesamtprozesses ermöglichen. Die Analyse des Hochdruckprozesses setzt die Messung des Brennkammerdrucks voraus. Die Grundgleichung zur Analyse des Hochdruckprozesses ergibt sich aus Gl. (21) für $dH/d\varphi = 0$ (Ventile sind geschlossen):

$$\frac{dQ_b}{d\varphi} = \frac{dU}{d\varphi} - \frac{dQ_W}{d\varphi} + p\,\frac{dV}{d\varphi} - h_l\,\frac{dm_l}{d\varphi}$$

$$- h_K\,\frac{dm_K}{d\varphi}. \tag{26}$$

Ergänzt wird die Gleichung durch die entsprechende Massenbilanz und die Anwendung von Gl. (24). Sowohl die Berechnung der Volumenfunktion gemäß Gl. (14) als auch die Ermittlung der kalorischen Daten der Zylinderladung erfolgt analog zu der Ladungswechselanalyse, ebenso die Berücksichtigung der Kraftstoffeinspritzung, wenn diese im Verdichtungstakt erfolgt (beim Schichtbetrieb). Die Berechnung des auftretenden Leckagemassenstroms erfolgt mit Hilfe der Drosselgleichung (adiabate, isentrope Strömung, [8]) unter Verwendung eines empirischen Modells zur Ermittlung des effektiven Strömungsquerschnittes an den Kolbenringen [6]. Für die Bestimmung des

anfallenden Wandwärmestromes im Hoch-
druckteil sind mehrere Ansätze bekannt,
welche entweder phänomenologisch oder
physikalisch (mit hohem Rechenaufwand)
basiert und für den ottomotorischen Einsatz
verifiziert sind [8].

In Bild 20 sind beispielhaft die Ergebnisse
einer Hochdruckanalyse dargestellt. Neben
der Ermittlung zeitlicher Verläufe der Zustandsgrößen sowie zylinderspezifischer
Werte erlaubt insbesondere der Brennverlauf
eine Interpretation der Wärmefreisetzung
hinsichtlich ihrer Lage (Umsatzschwer-
punkt) und Charakteristik (max. Umsatzra-
te, Dauer). Eine solche Brennverlaufsanalyse
liefert wertvolle Informationen zur Beurteilung der Verbrennung und damit der Optimierung des Hochdruckprozesses. Die mit
der Brennverlaufsanalyse ermittelte, gesamte
umgesetzte Brennwärme lässt sich mit der
Energie des eingespritzten Kraftstoffs vergleichen. Diese Bilanzierung erlaubt zusätzlich eine Aussage über die Güte der Analyse.

Die Druckverlaufsanalyse des Arbeitsprozesses ist bei entsprechend durchgeführter,
zeitlich aufgelöster Messung der Druckverläufe auch transient auf Zeitbasis durchführ-
bar. Insbesondere bei sich stark ändernder
Drehzahl innerhalb des Arbeitsspiels, wie
dies beispielsweise beim Start des Verbrennungsmotors der Fall ist, stellt erst eine tran-
siente Betrachtung die Vergleichbarkeit der
erhaltenen Ergebnisse sicher. Je nach Anwendung werden für die zeitlich basierte
Analyse zur Bestimmung der Verlustterme
Wandwärme und Leckage entsprechend modifizierte Modelle [5] verwendet.

Arbeitsprozessrechnung

Die aufgestellten Bestimmungsgleichungen
können umgekehrt unter Vorgabe entsprechender Randbedingungen (Motorgeomet-
rie, Ansaug-, Auslassbedingung) und Annahme einer Brennrate (Ersatzbrennverlauf)

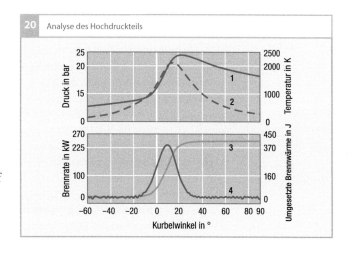

20   Analyse des Hochdruckteils

zur Berechnung der Prozessgrößen verwendet werden. Diese so genannte Arbeitsprozessrechnung (0D-Simulation) erlaubt die
Vorhersage von Leistungsdaten und Wirkungsgrad eines Motors unter den gegebenen Randbedingungen. Ebenfalls möglich
sind, auch basierend auf bestehenden Systemen, Parametervariationen unter Separierung externer Einflüsse, welche eine Potentialabschätzung neuer Konzepte erlauben.

Für die Rechnung werden sowohl für den
Ladungswechsel als auch für den Hoch-
druckteil die Bestimmungsgleichungen ver-
wandt. Die Berechnung des Wandwärme-
stroms, der Leckage oder die Ermittlung der
kalorischen Daten der Zylinderladung erfolgt analog zu den Ansätzen, welche bei der
Druckverlaufsanalyse Anwendung finden.
Zur Vorgabe einer Brennrate hat sich der Ersatzbrennverlauf nach Vibe [9], nicht zuletzt
wegen seiner Parametrierbarkeit und einfa-
chen Anwendung, etabliert. Für die Darstellung der Wärmefreisetzung neuer Verbren-
nungskonzepte (Schichtbetrieb, homogene
Selbstzündung, …) ist auch eine Kombination zweier oder mehrerer Vibe-Funktionen
verwendbar [8]. Zur Vorausberechnung der
Verbrennung können Modelle dienen, wel-

Bild 20
1   Temperatur
2   Druck
3   umgesetzte Brenn-
    wärme
4   Brennrate

che basierend auf einer hemisphärischen Flammenausbreitung unter einer vereinfachten Bestimmung der Flammengeschwindigkeit mit Turbulenzmodellen die Ermittlung einer Brennrate in Abhängigkeit der Brennraumgeometrie und des Ladungszustands (Druck, Temperatur, Zusammensetzung) erlauben.

Als Resultate ergeben sich alle wesentlichen Größen des Arbeitsprozesses. Neben der Berechnung von Zustandsgrößen und zylinderspezifischen Kennwerten ist innerhalb der Arbeitsprozessrechnung ebenfalls die Aufstellung einer Verlustteilung möglich. Unter Verwendung von Klopfmodellen wird eine Aussage über das Volllastverhalten des Ottomotors möglich.

Aufgrund der zeitlichen, jedoch nicht örtlichen Auflösung (im Sinne einer 0D-Simulation) des Systems Brennkammer sind insbesondere integrale Ergebnisse der Arbeitsprozessrechnung belastbar und für weiterführende Simulationen geeignet (Kennfelderstellung, Fahrzyklusrechnung).

1D-Simulation

Ebenso wie die Betrachtung der Vorgänge in der Brennkammer eines Verbrennungsmotors ist für dessen Entwicklung die Auslegung der Luft- und Abgaspfade notwendig, denn diese bestimmen maßgeblich den Ladungswechsel und damit die Leistungscharakteristik des Motors.

Um insbesondere die gasdynamischen Vorgänge in den Luft und Abgas führenden Strecken vorherzusagen, ist zumindest eine eindimensionale Betrachtung dieser Systeme notwendig. Dazu werden die Pfade aus Rohren, Verzweigungen und Verbindungen entsprechend ihrer Abmessungen modellhaft zusammengesetzt. Innerhalb der Elemente werden eindimensionale Transportgleichungen der Kontinuität, Impuls- sowie Energieerhaltung (Navier-Stokes-Gleichungen) auf-

gestellt und für das Gesamtsystem unter Einsatz numerischer Lösungsalgorithmen zeitbasiert gelöst.

Sowohl für die Bestimmung der auftretenden Wandreibung als auch zur Berechnung des gasseitigen Wärmeübergangs in den modellierten Strecken werden zumeist parametrierbare Modelle verwendet. Das Verhalten von Drosseln oder Ventilen kann durch entsprechende Kennlinien und Beiwerte erfasst werden.

Der aus der 1D-Gasdynamik bestimmte Zustand der Strömung bildet die Niederdruck-Randbedingung zur rechnerischen Abbildung der Brennkammer, welche analog zu der im vorhergehenden Abschnitt dargestellten 0D-Simulation erfolgt und damit keine räumliche Auflösung des Brennraums aufweist. Strömungsmaschinen wie Turbinen oder Verdichter werden durch Interpolation entsprechender Kennfelder (Look-up Tables) abgebildet. Diese entstammen zumeist Messungen an Prüfständen mit konstanten Randbedingungen und vermögen damit die Leistungsdaten solcher Maschinen lediglich unter stationären Bedingungen des Systems exakt darzustellen.

Die 1D-Simulation kann sowohl zur Vorausberechnung kompletter Systeme und damit zu einer idealisierten Leistungsanalyse noch nicht bestehender Motoren dienen, als auch, nach entsprechendem Modellabgleich mit Messdaten, zur Potentialabschätzung von zusätzlichen Komponenten oder Verfahren herangezogen werden. Hieraus ergeben sich typische Anwendungen der eindimensionalen Simulation, welche neben der Leistungs- und Wirtschaftlichkeitsanalyse (bezüglich Kraftstoffverbrauch) folgende Bereiche umfassen: die Auslegung und Optimierung von Saugrohren, Sammlern, Ventilerhebungskurven- und Steuerzeiten auf der Frischladungsseite sowie die Turbolader- und Bypassoptimierung oder die Auslegung

und Bewertung von Strecken der Abgasrückführung verbunden mit thermischer
Analyse im Bereich des Abgassystems. Auch
kann eine akustische Untersuchung der
Schallemission des Ansaug- und des Abgas-
traktes angestellt werden. Zudem bieten die
meisten Simulationsumgebungen zusätzlich
die Möglichkeit des Aufbaus von Regelstre-
cken, womit die motorische 1D-Simulation
ebenfalls zum Reglerentwurf genutzt werden
kann.

Neben den vielen Vorteilen, insbesondere
des geringen Aufwands zur Modellerstellung
und der kurzen Rechenzeit gegenüber der
3D-Simulation, stößt die verbrennungsmo-
torische 1D-Simulation allerdings auch an
die Grenzen ihrer Anwendung. So führt ein
starker 3D-Einfluss ohne erweiterte Modellierung (Kopplung mit 3D-CFD, Computational Fluid Dynamics) zu falschen Aussagen.
Bei unzureichender Kalibrierung motornaher, thermodynamischer Parameter liefern
Potentialabschätzungen keine Absolutaussa-
gen, lediglich „relative" Bewertungen sind
dann möglich. Auch ist das Überschreiten
der Grenzen von hinterlegten Kennfeldern
stets kritisch zu überprüfen. Insbesondere
bei Strömungsmaschinen führt eine unsach-
gemäße Extrapolation in den seltensten Fällen zu verwertbaren Ergebnissen.

3D-Simulation
Ausgangspunkt für die 3D-Simulation (CFD,
Computational Fluid Dynamics) ist die nu-
merische Lösung der strömungsmechanischen Transportgleichungen für Masse, Im-
puls und Energie (häufig bezeichnet als
Navier-Stokes-Gleichungen mit entsprechenden Erweiterungen für reaktive Strö-
mungen), mittels leistungsfähiger Rechner.
Dabei wird neben dem verallgemeinerten
thermodynamischen Zustand auch der mechanische Bewegungszustand berechnet, was
die vollständige kontinuumsmechanische

21 Typisches Strömungsvolumen für die
CFD-Berechnung

Charakterisierung der Vorgänge im Zylinder
erlaubt. Diese Simulation kann bei der Untersuchung beliebiger, technisch relevanter
Strömungsvorgänge eingesetzt werden; so
z. B. auch für die Berechnung der Einspritz-
düseninnenströmung, zur Gestaltung der
Saugrohre, zur Auslegung der Turbolader,
zur Motorkühlung und natürlich auch für
die Klimatisierung und Aerodynamik des
Fahrzeuges.

Von größter Bedeutung ist die Festlegung
des zu berechnenden Strömungsvolumens
und, damit eng verknüpft, die Spezifikation
der Randbedingungen an den Strömungsvolumengrenzen. Beim Ottomotor erfolgt
üblicherweise eine räumliche Diskretisierung des Zylinders mit Teilen des Saug-
und des Abgasrohres (vgl. Bild 21), wobei
diese zeitabhängig (an die Arbeitstakte) angepasst wird. Weitergehende Symmetriean-
nahmen, die die Reduktion des Rechenge-
bietes auf eine Zylinderhälfte oder ein
Zylindersegment erlauben würden, sind
beim Ottomotor meist nicht zutreffend.
Falls Ladungsbewegungsklappen im Saugrohr integriert sind, müssen diese auch bei
der Vernetzung berücksichtigt werden. Die
Strömungsvolumengrenzen müssen so gewählt werden, dass die Strömung dort zuverlässig als Randbedingung und, falls not-

22 Berechnungsgitter für den Ladungswechsel und die Einspritzung

wendig, auch zeitabhängig spezifiziert werden kann.

Bei der Diskretisierung des Strömungsgebietes wird das Volumen in kleine Untervolumina, sogenannte Zellen, unterteilt. Diese Zellen können unterschiedliche geometrische Formen haben (typischerweise Tetraeder, Hexaeder, Prismen und Pyramiden) und werden bei der Gittergenerierung nach Vorgabe durch den Benutzer erzeugt. Ein Beispiel eines solchen Berechnungsgitters ist in Bild 22 dargestellt. Die Kraftstoffeinspritzung, aber auch die Auflösung kleiner Spalte (z. B. an den Einlassventilen oder zwischen den Zündkerzenelektroden) und der Grenzschichtcharakter der Strömung an den Wänden erfordern zahlreiche Modifikationen. Das Ergebnis der Gittergenerierung stellt häufig einen Kompromiss zwischen den Anforderungen der Strömungsphysik, dem numerischen Lösungsverfahren (Genauigkeit und Stabilität) und den vorhandenen Rechenressourcen dar.

Typische Netze für den Ladungswechsel bestehen aus einigen Millionen Zellen. In jeder einzelnen Zelle können mit Hilfe von Approximationen (die prinzipiell umso besser zutreffen, je kleiner die Zelle ist) die strömungsmechanischen Transportgleichungen

in ihrer integralen Form als algebraische Gleichungen umformuliert werden. Diese Vorgehensweise wird auch als Finite-Volumen-Methode bezeichnet und ist die vorherrschende Diskretisierungsmethode in der technischen Anwendung der numerischen Strömungsmechanik. Das Ergebnis der Diskretisierung ist ein nichtlineares algebraisches Gleichungssystem mit sehr großer und schwachbesetzter Matrix, das mit Hilfe von Rechnern gelöst werden muss. Wegen der enormen Größe können solche Gleichungssysteme nur noch durch Parallelisierung effizient gelöst werden.

Während des kompletten Arbeitsspiels von 720 ° Kurbelwinkel müssen im Zylinder zahlreiche physikalisch-chemische Phänomene berücksichtigt werden: Turbulenz, Kraftstoffzerstäubung und Sprayausbreitung, Aufwärmung und Verdunstung der Kraftstofftropfen, Wandfilmdynamik, Zündung, Verbrennung und Emissionsbildung. Diese Phänomene sind auf Grund der extrem unterschiedlichen Zeit- und Längenskalen sowie ihrer extremen Komplexität nicht in einer CFD-Simulation des Innenzylinders direkt berechenbar und deren Einfluss muss mit Hilfe geeigneter Modelle in der CFD-Simulation approximiert werden. Viele dieser dabei benutzten Modelle sind nicht allgemeingültig oder befinden sich noch in der Entwicklung. Eine Kontrolle der Rechenergebnisse durch Plausibilisierung, Verifizierung und Validierung der Simulationsresultate sollte fester Bestandteil des Entwicklungsprozesses sein.

Die Rechnung liefert lokal in jeder Zelle Werte für die charakteristischen Strömungsvariablen wie Druck, Temperatur, Dichte, Geschwindigkeit und Stoffkonzentrationen, außerdem charakteristische Turbulenzgrößen wie z. B. die turbulente kinetische Energie und deren Dissipation. Zwei Beispiele sind in Bild 23 zu sehen. Bild 23a zeigt die

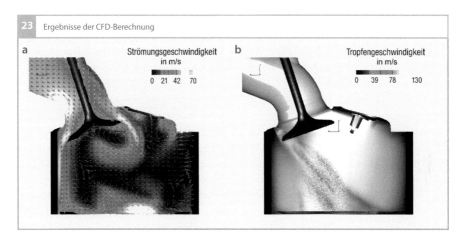

23   Ergebnisse der CFD-Berechnung

a   Strömungsgeschwindigkeit
in m/s

0   21   42   70

b   Tropfengeschwindigkeit
in m/s

0   39   78   130

Bild 23
a   Innenströmung
b   Einspritzung im
Zylinder

Verteilung des Geschwindigkeitsbetrages in einer Symmetrieebene des Einlassventils. Die Strömungsrichtung wird mit Hilfe von Vektorpfeilen verdeutlicht. In Bild 23b ist die Spraywolke des eingespritzten Kraftstoffes erkennbar, wobei die Farbcodierung der einzelnen Tropfen die aktuelle Tropfengeschwindigkeit repräsentiert.

Das Vorliegen der zeitlich und räumlich vergleichsweise hoch aufgelösten Strömungsfelder erlaubt detaillierte Analysen der Zylinderströmung und der Gemischbildungsvorgänge, die entscheidenden Einfluss auch auf die anschließende Verbrennung haben. Solche Analysen der zeitlichen Entwicklung lokaler Strömungs- und Gemischbildungsphänomene sind jedoch relativ aufwendig im Vergleich zu einer Druckverlaufsanalyse oder der 1D-Simulation.

Aus den lokalen zeitlichen und räumlichen Ergebnissen können durch entsprechende Prozeduren auch Mittelwerte berechnet werden. So lässt sich durch räumliche Mittelung über das Innenzylindervolumen ein auf den ganzen Zylinder bezogener, nur noch zeitlich variabler Wert ermittelt werden, der mit den Daten aus der Druckverlaufsanalyse (oder der 1D-Simulation) verglichen werden kann und mit diesen Daten

konsistent sein sollte. Der generelle Aufwand bei der Anwendung der 3D-Simulation für die Analyse motorischer Vorgänge ist im Vergleich zu den 0D- und 1D-Entwicklungswerkzeugen überproportional hoch und nur für die Beschreibung räumlich hoch aufgelöster Phänomene zu rechtfertigen.

Wirkungsgrad

Der Verbrennungsmotor setzt nur einen Teil der gesamten im Kraftstoff chemisch gebundenen Energie in mechanische Arbeit um. Ein Teil der Energie geht verloren. Die Verluste aus dem thermischen Hochdruckprozess, dem Ladungswechsel und der Reibung werden anhand der thermodynamischen Verlustteilung beschrieben. Zweckmäßig hierfür ist die Darstellung des Arbeitsprozesses im Druck-Volumen-Diagramm (p-V-Diagramm), auch Arbeitsdiagramm genannt.

Idealer Vergleichsprozess und Verlustteilung
Ausgehend vom Idealprozess des Ottomotors werden bei der Verlustteilung die jeweiligen Einzelverluste, welche die theoretisch

erzielbare Arbeit verringern, berechnet. Daraus ergibt sich die Wirkungsgradkette.

Die Reihenfolge, in der die einzelnen Verluste berücksichtigt werden, hat Einfluss auf deren errechneten Wert. Es empfiehlt sich zunächst alle Verluste zu betrachten, die auf die Prozessführung zurückzuführen sind, und erst dann die Verluste aufgrund der kalorischen Daten des Arbeitsgases. Grund für diese Vorgehensweise sind die ungünstigen, nicht realistischen kalorischen Eigenschaften des Zylinderinhalts beim Idealprozess, die sich zwangsläufig bei einer Berücksichtigung der Stoffwerte bei extrem hohen Temperaturen ergeben würden.

Idealer Vergleichsprozess

Als allgemeiner Idealprozess wird wegen seiner allgemeinen Gültigkeit für alle ottomotorischen Brennverfahren der Gleichraumprozess herangezogen. Bild 24a zeigt diesen Prozess im Druck-Volumen-Diagramm. Der thermische Wirkungsgrad η_{th} für den Gleichraumprozess ist lediglich abhängig vom Verdichtungsverhältnis ε und vom Isentropenexponent κ, wobei für den hier angeführten Idealprozess für κ der konstante Wert $\kappa = 1,4$ für reine Luft anzusetzen ist (siehe z. B. [2]):

$$\eta_{th} = 1 - \frac{1}{\varepsilon^{\kappa-1}}.$$

Reale Ladung

Nächster Schritt in der Verlustteilung ist der vollkommene Motor mit realer Ladung (Bild 24b). Dieser orientiert sich bereits sehr stark am zu analysierenden Motor und am betrachtetem Betriebspunkt, berücksichtigt also, ob ein Volllast- oder ein Teillast-Betriebspunkt betrachtet wird. Dabei gelten folgende Randbedingungen: geometrisch gleicher Motor; reale Masse (Luft, Kraftstoff, Restgas) und Druck zum Zeit-

punkt, wenn das Einlassventil schließt; Stoffwerte sind ausschließlich Funktionen der Zusammensetzung. Des Weiteren wird der Gleichraumprozess beim oberen Totpunkt und eine vollständige, vollkommene Verbrennung bis zum chemischen Gleichgewicht angenommen. Zusätzlich werden ein idealer Ladungswechsel im unteren Totpunkt (isochorer Austausch der Verbrennungsgase mit reiner Frischladung), keine Wandwärmeverluste (adiabate Prozessführung), isentrope Kompression und Expansion vorausgesetzt sowie die Leckageverluste vernachlässigt.

Verbrennungsschwerpunkt

An dieser Stelle wird der Gleichraumprozess mit Wärmefreisetzung im Verbrennungsschwerpunkt berechnet. Dieser neue Vergleichsprozess kann durch Definition eines modifizierten Verdichtungsverhältnisses ε^* anschaulich dargestellt werden, in dem in (Bild 24c) der obere Totpunkt von OT zu einem fiktiven oberen Totpunkt OT* verschoben wird.

Unvollständige, unvollkommene Verbrennung

Beim Ottomotor enthält die Zylinderladung aufgrund von Quenching-Effekten (Flammenauslöschung) an der Wand und unvollständiger Umsetzung am Ende der Verbrennung unverbrannte Kohlenwasserstoff- und Kohlenmonoxid-Anteile. Die diesen Emissionen entsprechende, dem Prozess entgangene Energie wird berechnet und bei der Bildung der Wirkungsgradkette berücksichtigt.

Reale Verbrennung

Im nächsten Schritt muss der sich aus dem realen Brennverlauf ergebende Verlust berechnet werden (Bild 24d). Das heißt, dass hier der Dauer und der Form des realen Brennverlaufs Rechnung getragen wird. Der resultierende Verlust aus der nicht optimalen Verbrennungsschwerpunktslage wurde bereits oben berücksichtigt (Verbrennungslage). Würde die gesamte Wärme im Schwerpunkt freigesetzt werden, ergäbe sich hier ein Verlust von Null.

Reales Arbeitsgas

Anschließend ist der Verlust durch das Realgasverhalten zu berücksichtigen (Bild 24e). Bei diesem Schritt werden die kalorischen Eigenschaften des Zylinderinhalts (Luft, Restgas, Kraftstoff) in Abhängigkeit von Druck, Temperatur und Zusammensetzung berücksichtigt.

Wandwärmeverluste

Die Wirkungsgradverluste aufgrund der Wärmeabfuhr an die Zylinderwände des Motors (Bild 24f) werden nach dem Newtonschen Wärmeübergangsansatz [8] berechnet. Bei der Wirkungsgradberechnung kommt es wesentlich auf den Zeitpunkt der Wärmeübertragung an die Zylinderwand an. Dieser Zusammenhang wird deutlich, wenn man analog zum Gleichraumgrad der Verbrennung (siehe oben) den Gleichraumgrad der Wandwärmeverluste berechnet. Ein hoher Gleichraumgrad der Wandwärmeverluste, also eine OT-nahe Verbrennung, bedeutet einen hohen Wirkungsgradverlust aufgrund von Wandwärme und wirkt dem Wirkungsgradgewinn mit einem hohen Gleichraumgrad der Verbrennung entgegen. Das Optimum dieses gegenläufigen Sachverhalts liegt bei kompakten Brennräumen bei einem Brennverlaufsschwerpunkt von 6 bis 8 ° Kurbelwinkel nach ZOT.

Expansionsverlust

Alle bisherigen Berechnungen erfolgen von UT bis UT, ohne Berücksichtigung realer Steuerzeiten der Ein- und Auslassventile. Der Expansionsverlust berücksichtigt das normalerweise vor UT stattfindende Öffnen der Auslassventile und den damit verbundenen Verlust durch nicht vollständiges Ausnutzen der Expansion bis UT.

Kompressionsverlust

Mit diesem Verlust wird berücksichtigt, dass die Einlassventile nach UT schließen und damit ein gegenüber UT verspäteter Beginn der Kompression erfolgt.

Ladungswechselverluste

Der ideale Ladungswechsel wird nur aus den gemittelten Ein- und Auslassdrücken berechnet (Bild 24g). Ein- und auslassseitige Druckschwingungen werden hier nicht berücksichtigt. Der ideale Ladungswechselverlust gibt an, welche Ladungswechselarbeit prinzipbedingt anfällt, z.B. beim Vergleich eines gedrosselten zu einem ungedrosselten Betrieb des Motors. Beim realen Ladungswechsel werden darüber hinaus Druckschwingungen berücksichtigt (Bild 24h).

Bei Zusammenfassung von Expansions-, Kompressions- und realem Ladungswechselverlust – und dem Vergleich mit den idealen Ladungswechselverlusten – können die aus Strömungsvorgängen und nicht idealen Steuerzeiten resultierenden Verluste von den prozessbedingten Verlusten getrennt werden.

Mechanischer Verlust

Der mechanische Verlust aufgrund von Reibung an den Kolbenringen, an den Lagern, am Ventiltrieb sowie in den Nebenaggregaten wird aus dem durch Messung ermittelten indizierten Mitteldruck und dem aus dem abgegebenen Drehmoment bestimmten effektiven Mitteldruck berechnet.

Weitere Verluste, wie z.B. durch die Leckage an den Kolbenringen (Blow-by), werden aufgrund ihres geringen Anteils und des hohen Erfassungsaufwandes meist vernachlässigt.

Bild 24
Die Beschriftung
(a–h) betrifft jeweils die
schwarze Kurve. Die
graue Kurve bezieht sich
auf das jeweils vorher-
gehende Diagramm.

a   Idealer Vergleichs-
    prozess
b   Reale Ladung
c   Verbrennungs-
    schwerpunkt
d   Reale Verbrennung
e   Reales Arbeitsgas
f   Wandwärmeverluste
g   Idealer Ladungs-
    wechsel
h   Realer Ladungs-
    wechsel

ES Einlass schließt
AÖ Auslass öffnet
OT oberer Totpunkt
OT* fiktiver, ver-
    schobener oberer
    Totpunkt entspre-
    chend des modifi-
    zierten Verdich-
    tungsverhältnisse ε^*
    (siehe Text)
UT unterer Totpunkt
p_A Abgasgegendruck
p_S Saugrohrdruck

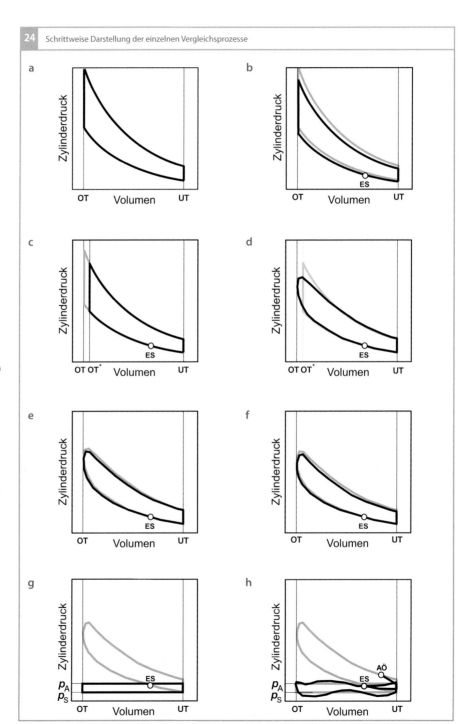

24 Schrittweise Darstellung der einzelnen Vergleichsprozesse

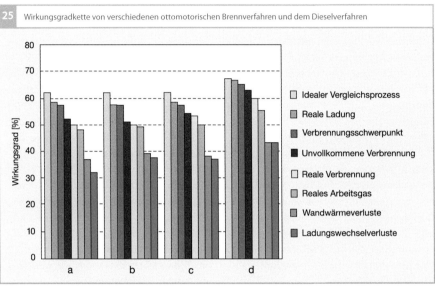

25   Wirkungsgradkette von verschiedenen ottomotorischen Brennverfahren und dem Dieselverfahren

Legende:
- Idealer Vergleichsprozess
- Reale Ladung
- Verbrennungsschwerpunkt
- Unvollkommene Verbrennung
- Reale Verbrennung
- Reales Arbeitsgas
- Wandwärmeverluste
- Ladungswechselverluste

Bild 25
Die Legende bezeichnet jeweils die Verluste oder deren Ursache, die zur Reduzierung des Wirkungsgrades auf den im Diagramm eingetragenen Wert führen.

a Ottomotor mit Saugrohreinspritzung
b Ottomotor mit Benzin-Direkteinspritzung
c Ottomotor mit homogener Selbstzündung
d Dieselmotor

Beispielhaft für den Einsatz der thermodynamischen Verlustteilung zeigt **Bild 25** vergleichend die Wirkungsgradkette von verschiedenen ottomotorischen Brennverfahren sowie dem Dieselverfahren mit Direkteinspritzung im gleichen Betriebspunkt von 2 000 min⁻¹ und 3 bar indizierten Mitteldruck.

Technologien zur Wirkungsgradoptimierung

In Anbetracht der weltweiten Anstrengungen, den CO_2-Ausstoß zu reduzieren, ist die Wirkungsgraderhöhung bei Ottomotoren einer der Hauptentwicklungsschwerpunkte. Verbesserte und neue Brennverfahren haben Vorteile beim Wirkungsgrad und Emissionsausstoß beispielsweise durch variable Ventiltriebe in Kombination mit einer Erhöhung der Robustheit gegenüber der Rückführung hoher interner Restgasanteile mit den sich daraus ergebenden Vorteilen durch Reduktion der Prozess- und Verbrennungstemperatur.

Das homogene entdrosselte Brennverfahren der homogenen Selbstzündung erlaubt eine magere homogene Niedertemperaturverbrennung mit Wirkungsgradvorteilen unter Beibehaltung niedriger Emissionen. Der Schichtbetrieb stellt weiterhin die Referenz im Arbeitsprozess dar. Durch die Entdrosselung des Ladungswechsels und die sehr hohe Gemischverdünnung mit Frischluft kommt dieses Brennverfahren dem idealen Gleichraumprozess etwas näher als alle anderen. Als Nachteile bleiben allerdings die Entflammungsrobustheit der geschichteten Ladung sowie die NO_x-Emission, die wegen des mageren Gemisches nicht im Dreiwegekatalysator reduziert werden kann und erst mit einem NO_x-Speicherkatalysator oder einem SCR-Katalysator den Emissionsvorschriften gerecht wird.

Sowohl das Brennverfahren mit Selbstzündung als auch der Schichtbetrieb sind sogenannte Teillast-Brennverfahren, da diese nur in einem Teillastbereich einen Vorteil bieten oder realisierbar sind. Der restliche

Kennfeldbereich wird üblicherweise durch die Anwendung homogener Fremdzündung dargestellt. Für die unterschiedlichen Brennverfahren ergeben sich Technologie-bezogene Optimierungspotentiale die im Folgenden beschrieben werden. **Bild 26** zeigt hierzu die Verläufe der Prozessgrößen im Vergleich.

Homogenes Brennverfahren mit Saugrohreinspritzung und Fremdzündung
Bei einem gegebenen Verdichtungsverhältnis und fremdgezündetem, homogenem Brennverfahren bildet der Zündwinkel den einzigen Optimierungsparameter. Die Verbrennung zeichnet sich hier üblicherweise durch eine fast symmetrische Wärmefreisetzung aus (**Bild 26b**, Kurve 1).

Homogenes Brennverfahren mit Direkteinspritzung und Fremdzündung
Durch die Einspritzung von Benzin direkt in den Brennraum wird eine Gemischkühlung bewirkt. Diese ermöglicht eine Verdichtungserhöhung, die wiederum in einem höheren thermischen Wirkungsgrad resultiert (**Bild 26e**, Säule 2). Zusätzlich werden höhere Druck- und Temperatur-Bedingungen für die Flammenausbreitung geschaffen (**Bild 26a, c**, jeweils Kurve 2), was weitere Vorteile in Bezug auf Brenngeschwindigkeit bringen kann. Hierbei sind nicht nur der Zündwinkel, sondern auch der Einspritzzeitpunkt wesentliche Optimierungsparameter hinsichtlich Verbrauch und Emissionen.

Homogenes Brennverfahren mit variablem Ventiltrieb und Fremdzündung
Der Einsatz variabler Ventiltriebe erlaubt die Steuerung der für eine bestimmte Last benötigten Luftmenge über die Ladungswechselventile statt über die Drosselung im Ansaugsystem. Dies reduziert die Ladungswechselverluste erheblich.

Für den Betrieb eines Teillastbetriebspunktes sind zwei Steuerstrategien üblich: entweder frühes Einlass schließen oder spätes Einlass schließen. Diese können beispielsweise über ein verkürztes bzw. verlängertes Einlassnockenprofil, welches z. B. in einem 2-Punkt-Hubsystem integriert ist, realisiert werden. Die Anwendung eines kontinuierlich verstellbaren Einlasshubsystems oder eines vollvariablen elektrohydraulischen oder elektromechanischen Ventiltriebs sind alternative Ansätze. Bei vollvariablen Systemen können sowohl die Ventilhubkurven als auch die Steuerzeiten der Ein- und Auslassventile frei gewählt werden. Damit wird auch eine Optimierung der Steuerung der Auslassnockenwelle möglich, z. B. des Zeitpunkts „Auslassventil öffnen", um eine Maximierung der Drehmomentausbeute im Expansionstakt zu erreichen.

Des Weiteren erlaubt ein variabler Ventiltrieb eine gezielte Rückführung oder Rückhaltung von Abgas im Brennraum. Dies wird prinzipiell durch eine große Ventilüberschneidung im Ladungswechsel-OT ermöglicht. Der erhöhte Restgasanteil erhöht wiederum den Druck und das Temperaturniveau im Brennraum. Dies bewirkt Verbesserungen bei der Kraftstoffverdampfung und Gemischbildung. Für die Verbrennung sind die erhöhten Prozessgrößen Druck und Temperatur grundsätzlich von Vorteil. Der hohe Restgasanteil führt jedoch zu einer starken Reduktion der laminaren Brenngeschwindigkeit, was den Wirkungsgradvorteil wiederum schmälert. Zum Teil lässt sich dieser Effekt durch eine Frühverstellung der Zündung kompensieren. Die Vorteile hoher Restgasanteile im Hochdruckprozess resultieren aber nicht direkt aus der Verbrennung, sondern vielmehr aus der erhöhten Verdünnung des Arbeitsgases. Diese Verdünnung führt zu niedrigeren Verbrennungstemperaturen und bringt somit Vortei-

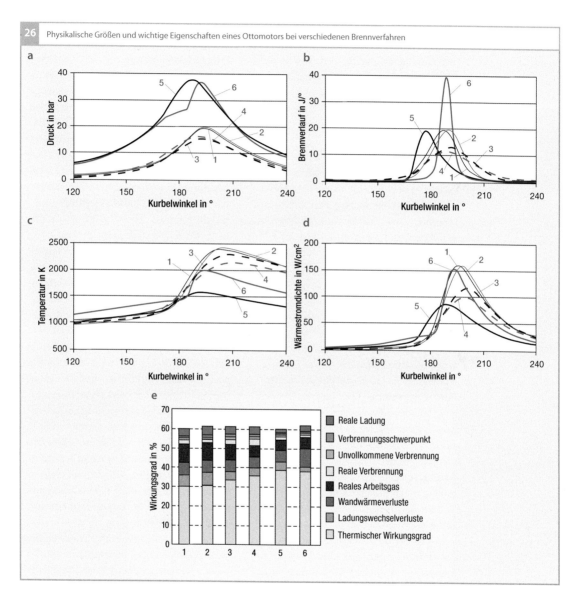

26 Physikalische Größen und wichtige Eigenschaften eines Ottomotors bei verschiedenen Brennverfahren

le bei den kalorischen Eigenschaften des Arbeitsgases und den Wandwärmeverlusten (Bild 26d, Kurven 3 und 4). Die Verbrennung verläuft in diesem Fall etwas verzögert (Bild 26b, Kurven 3 und 4), insbesondere wenn keine zusätzlichen Maßnahmen zur Turbulenzerhöhung angewendet werden, um den Nachteil des höheren Restgasanteils

Bild 26
1 Saugrohreinspritzung
2 Direkteinspritzung im homogenen Betrieb
3 variabler Ventiltrieb mit Verstellung der Steuerzeiten
4 vollvariabler Ventiltrieb mit Verstellung der Steuerzeiten und der Ventilhubkurven
5 Direkteinspritzung im Schichtbetrieb
6 Selbstzündung

a Druck
b Brennverlauf
c Temperatur
d Wandwärmestromdichte, jeweils als Funktion des Kurbelwinkels
e Wirkungsgradkette
Die Legende bezeichnet jeweils die Verluste oder deren Ursachen, die zur eingezeichneten Reduzierung des Wirkungsgrades führen. Die volle Höhe ist der Wirkungsgrad des idealen Vergleichsprozesses.

beim Durchbrand zu kompensieren. Dabei wird durch die Verdünnung mit Restgas die Massenmitteltemperatur insbesondere während der Verbrennung und Expansion gesenkt (Bild 26c, Kurven 3 und 4).

Geschichtetes Brennverfahren mit Direkteinspritzung und Fremdzündung
Der geschichtete Magerbetrieb nähert sich bereits dem entdrosselten Gleichraumprozess. Hier ist es für eine stabilere und robustere Entflammung wichtig, eine örtlich nahe Anordnung von Injektor und Zündkerze zu gewährleisten. Dies kann beispielsweise durch eine zentrale Einbaulage des Injektors im Zylinderkopf erfolgen (Bild 5c).

Die großen Vorteile dieses Brennverfahrens liegen in der Entdrosselung des Ladungswechsels und, noch wichtiger, in dem hohen Verdünnungsgrad des Arbeitsgases. Dies bringt durch die niedrigen Massenmitteltemperaturen (Bild 26c, Kurve 5) große Vorteile in den kalorischen Eigenschaften der Zylinderladung. Die Wandwärme wird aufgrund des höheren Druckniveaus im Brennraum zunächst nicht, wie durch die niedrigere Massenmitteltemperatur zu erwarten, reduziert. Der hohe Zylinderdruck verringert vielmehr die thermische Grenzschicht an der Brennraumwand, was den Wärmeübergangskoeffizienten erhöht und damit die Wandwärmeverluste steigert.

Um die zertifizierungsrelevanten NO_x-Emissionen zu reduzieren, wird zusätzlich eine externe Abgasrückführung eingesetzt. Dabei werden, durch Zufügen von Restgas, die kalorischen Eigenschaften des Arbeitsgases verschlechtert, da hierbei Frischluft verdrängt wird, so dass die Verdichtung leicht niedrigere Drücke erreicht und somit auch während der Verbrennung niedrigere Temperaturen entstehen. Damit wird ebenfalls die Temperatur- und Sauerstoff-sensitive NO_x-Bildung reduziert.

Charakteristisch sind für dieses Brennverfahren der entdrosselte Prozess, d. h. hohe Drücke (Bild 26a, Kurve 5), niedrige Massenmitteltemperaturen (Bild 26c, Kurve 5) und eine zu Beginn schnelle Verbrennung (Bild 26a, b, jeweils Kurve 5), die zu hohen Wirkungsgraden führen (Bild 26e, Säule 5). Im Gegenzug wirkt sich das verzögerte Verbrennungsende (Bild 26b, Kurve 5), bedingt durch eine nichtideale Gemisch-Schichtung, negativ auf den Wirkungsgrad aus, wobei jedoch die positiven Effekte deutlich überwiegen.

Brennverfahren mit kontrollierter homogener Selbstzündung und Direkteinspritzung
Die ottomotorische kontrollierte Selbstzündung, auch HCCI (Homogeneous Charge Compression Ignition) genannt, stellt insbesondere für die Teillast hohe Potentiale durch die Entdrosselung des Ladungswechsels zur Verfügung. Durch die hohe Verdünnung im Hochdruckprozess und die schnelle Wärmefreisetzung kommt dieser Prozess dem Gleichraumprozess sehr nahe. Dabei werden insbesondere sehr niedrige NO_x-Emissionen erreicht. Die für die Selbstzündung benötigte hohe Temperatur reduziert die Vorteile bezüglich kalorischer Eigenschaften der Zylinderladung und insbesondere hinsichtlich der Wandwärmeverluste (Bild 26e, Säule 6).

Für die Steuerung der Selbstzündung sind variable Ventiltriebe notwendig, die eine präzise Restgaszumessung erlauben. Hierzu sind unterschiedliche Ventiltriebstrategien möglich, um eine gezielte Temperaturmodulation zu erreichen. Auch die Kombination mit externer Abgasrückführung stellt eine weitere Variabilität hinsichtlich niedrigerer Restgastemperaturen dar.

Zusätzlich spielt die Direkteinspritzung eine weitere wichtige Rolle, indem durch den Einspritzzeitpunkt und Mehrfacheinspritzung die thermodynamischen Eigenschaften des Arbeitsgases und die Reaktionskinetik beeinflusst werden können. Somit sind schon die zwei Hauptparameter identifiziert, die den klassischen Zündwinkel bei diesem Brennverfahren als Steuergröße zur Regelung des Motors ersetzen.

Aufgrund hoher benötigter Restgasgehalte wird der Zuwachs eines Flammkernes nach einer Fremdzündung deutlich verlangsamt und hat dadurch üblicherweise keine messbare Wirkung. Die Fremdzündung hat jedoch bei höheren Lasten und bei der damit einhergehenden Abnahme des Restgasanteiles eine stabilisierende Wirkung.

Die sehr schnelle Wärmefreisetzung, die reaktionskinetisch gesteuert wird, muss verlangsamt werden, damit keine zu hohen mechanischen Belastungen und Verbrennungsgeräusche auftreten. Dazu spielt die Verdünnung mit Inertgas über die Ventilsteuerung sowie die Steuerung des Temperaturverlaufs und das Zusammenspiel von Restgasanteil und Einspritzstrategie eine sehr wichtige Rolle.

Hierbei sind nicht nur die Entdrosselung, welche durch hohe Brennraumdrücke charakterisiert wird, sondern auch die sehr schnelle Wärmefreisetzung besondere Merkmale (Bild 26a, b, jeweils Kurve 6). Die Massenmitteltemperatur liegt hier aufgrund der hohen internen Abgasrückführraten höher als jene des geschichteten Brennverfahrens (Bild 26c).

Messtechnik an Verbrennungsmotoren

Messtechnik
Der Zylinderdruckdruckverlauf bildet die Grundlage zur thermodynamischen Analyse der Vorgänge im Inneren des Zylinders. Diese Größe (Bild 26a) ist einerseits als Funktion des Kurbelwinkels zu erfassen, wird jedoch örtlich konstant innerhalb der Brennkammer angenommen. Zur Durchführung einer verlässlichen Analyse des Ladungswechsels ist es zudem sinnvoll, ebenfalls den zeitlichen Verlauf des Druckes im Saugrohr und im Abgastrakt eines jeden Zylinders zu erfassen.

Die zeitliche Aufnahme motorspezifischer Größen wird Indizierung genannt. In der Regel werden zur Indizierung Transient-Recorder verwendet, welche mit Hilfe von Kurbelwinkelgebern jeweils auf eine Winkelposition der Kurbelwelle getriggert werden. Kurbelwinkelgeber werden auf das freie Ende der Kurbelwelle angebracht und liefern neben den winkelaufgelösten Trigger-Marken (meist 1 ° oder 0,5 ° Auflösung) ein definiertes Signal pro Umdrehung der Kurbelwelle. Damit ist eine exakte Lage-Erkennung der Kurbelwelle möglich. Zu jedem Trigger-Ereignis speichert der Transient-Recorder die Werte angeschlossener Signale. Auf diese Weise ist eine kurbelwinkelsynchrone Erfassung beispielsweise des Verlaufs des Zylinderdruckes möglich.

Druckindizierung
Für die Erfassung der Niederdruckwerte (im Saugrohr oder für das Abgas) werden zumeist piezoresistive Druckaufnehmer verwendet, welche den Absolutdruck an der Messstelle liefern. Zum thermischen Schutz des Drucksensors im Abgastrakt wird dieser mittels Umschaltadapter, die mit Druckluft betrieben werden, lediglich während einer

Messaufnahme dem heißen Abgas ausgesetzt.

Bei der Hochdruckindizierung finden hingegen piezoelektrische Druckaufnehmer Anwendung, welche als Messgröße eine relative Änderung des Zylinderdruckes angeben. Sie werden meist aktiv durch ein Kühlkreislauf, welcher durch eine Konditioniereinrichtung bereit gestellt wird, gekühlt. Piezoelektrische Druckaufnehmer weisen einen großen Messbereich auf und eignen sich deshalb für die Messung des sich während des Arbeitsspiels stark ändernden Brennraumdruckes. Sie liefern als Messgröße eine elektrische Ladung, welche mit Hilfe von Ladungsverstärkern und Wandlern als digitalisiertes Signal am Transientrecorder gemessen werden kann. Aufgrund des relativen Messwertes muss der mit piezoelektrischen Druckaufnehmern gemessene Zylinderdruckverlauf durch geeignete Verfahren (Bezug auf ein absolutes Messsignal, z. B. den Saugrohrdruck, thermodynamische Nulllinienfindung) auf ein Absolutniveau hin korrigiert werden.

Literatur

[1] Czichos, H. (Herausgeber); Hennecke, M. (Herausgeber). Hütte. Das Ingenieurwesen. 33. Aufl. Springer 2007.

[2] Grill, M.: Objektorientierte Prozessrechnung von Verbrennungsmotoren. Diss. Universität Stuttgart, 2006

[3] Grote, K.-H. (Herausgeber); Feldhusen, J. (Herausgeber). Dubel: Taschenbuch für den Maschinenbau. 23. Aufl., Springer 2012

[4] Hahne, E.: Technische Thermodynamik, 2. überarbeitete Auflage, Addison-Wesley, 1993, ISBN 3-89319-663-3

[5] Lejsek, D.: Berechnung des instationären Wandwärmeübergangs im Hochlauf von Ottomotoren mit Benzin-Direkteinspritzung. Diss. Technische Universität Darmstadt, 2009

[6] Merzbach, G.: Bestimmung der Leckage an einem 1-Zylinderversuchsmotor. Diplomarbeit, TH Darmstadt, 1988

[7] Mollenhauer, K. (Herausgeber); Tschöke, H. (Herausgeber). Handbuch Dieselmotoren (VDI-Buch). 3., neu bearbeitete Aufl. Springer 2007

[8] Pischinger, R.; Klell, M.; Sams, Th.: Thermodynamik der Verbrennungskraftmaschine. 2. überarbeitete Auflage, Springer, Wien, New York, 2002, ISBN 3-211-83679-9

[9] Vibe, I. I.: Brennverlauf und Kreisprozess von Verbrennungsmotoren. VEB Verlag Technik, Berlin, 1970

[10] Woschni, G.: Beitrag zum Problem des Wandwärmeüberganges im Verbrennungsmotor. MTZ 26, 1965

▶ Geschichte der Dieseleinspritzung bei Bosch

Die Einspritzung des Kraftstoffs ist für die Funktion eines Dieselmotors absolut wesentlich. Beim Bau der ersten Dieselmotoren standen die hierfür erforderlichen Einspritzpumpen und -düsen nicht zur Verfügung. Ein Einspritzsystem muss in der Lage sein, auch kleine Mengen Kraftstoff reproduzierbar einspritzen zu können, damit ein runder und gleichförmiger Motorlauf auch im Leerlauf gewährleistet ist. Für die Volllast muss sich die Fördermenge auf ein Vielfaches steigern lassen. Die erforderlichen Einspritzdrücke betrugen damals schon über 100 bar. Dies waren für die damaligen Verhältnisse sehr hohe Anforderungen, besonders was die Werkstoffe und die Fertigung betraf.

Die erste serienreife Bosch-Einspritzpumpe von 1927 nutzte eine gezahnte Regelstange zum Verdrehen der Pumpenkolben mit schräg verlaufender Steuerkante (**siehe Bild 1**). Der einfache und übersichtliche Aufbau ermöglichte eine einfache Fertigung, Prüfung und Wartung. Parallel zu den Pumpen wurden Zapfen- und Lochdüsen entwickelt. Auf Wunsch der Motorenhersteller wurden in den Zylinder einschraubbare Düsenhalter hergestellt, ähnlich wie es damals schon bei Zündkerzen üblich war.

Bei einer festen Stellung der Regelstange behält ein Dieselmotor seine Drehzahl nicht genau bei. Für den Betrieb ist daher ein Regler erforderlich. Außerdem muss der Dieselmotor durch eine Enddrehzahlregelung von unzulässig hohen Drehzahlen geschützt werden. Dieser Regler (häufig als Fliehkraftregler ausgeführt) wurde bald in die Einspritzpumpe mit integriert (**siehe Bild 2**). Bosch hatte mit seinen Pumpen und Düsen einen wesentlichen Anteil an der Entwicklung des Dieselmotors bis zum heutigen Stand.

Die konsequente Weiterentwicklung des Dieselmotors für Kraftfahrzeuge hat in der 125-jährigen Unternehmensgeschichte von Bosch eine lange Tradition. Der Unternehmensgründer Robert Bosch selbst gab 1922 den Entwicklungsauftrag für die Dieseleinspritzpumpe – zunächst für den Einsatz in Lastkraftwagen. So erschien bereits 1924 der erste serienmäßige dieselgetriebene Lkw in Deutschland und 1927 startete die Produktion der Diesel-Einspritztechnik in Großserie.

In den 30er Jahren plante Daimler-Benz, den Dieselmotor mit Bosch-Einspritzung auch im Pkw anzubieten. Der erste serienmäßige Diesel-Pkw der Welt war der Mercedes-Benz 260 D (**siehe Bild 3**). Er verbrauchte ein Drittel weniger Kraftstoff als ein gleich starker Pkw mit Ottomotor. Pkw mit Dieselmotor waren aufgrund ihrer Wirtschaftlichkeit vor allem im Taxi-Einsatz immer beliebter. 1960 stellte Bosch die erste Verteilereinspritzpumpe vor. Sie war leichter und kompakter als die damaligen Reiheneinspritzpumpen und eignete sich besonders für den Einsatz in kleineren Pkw, z. B. im VW Golf Diesel von 1975.

Bild 1: Erste serienreife Bosch-Einspritzpumpe von 1927

1	Nockenwelle	7	Regelhülse
2	Rollenstößel	8	Druckleitungsanschluss
3	Zahnsegment	9	Druckventil mit Kölbchen
4	Regelstange	10	Ölpegel-Messstab
5	Zulaufanschluss	11	Pumpenkolben
6	Pumpenzylinder		

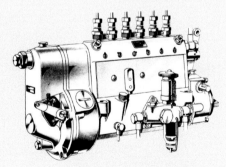

Bild 2:
Bosch-Einspritzpumpe mit Fliehkraftregler

Bild 3:
Mercedes-Benz 260 D

Abgasnachbehandlung für Dieselmotoren

Bisher wurde die Emissionsminderung beim Dieselmotor vorwiegend durch innermotorische Maßnahmen bewirkt. Bei vielen Diesel-Fahrzeugen werden die vom Motor freigesetzten Emissionen (Rohemissionen) jedoch die zukünftig in Europa, den USA und Japan geltenden Emissionsgrenzwerte überschreiten. Die erforderlichen hohen Minderungsraten lassen sich voraussichtlich nur durch eine effiziente Kombination von innermotorischen und nachmotorischen Maßnahmen erreichen. Analog zur bewährten Vorgehensweise bei Benzinfahrzeugen werden deshalb auch für Dieselfahrzeuge verstärkt Systeme zur Abgasnachbehandlung (nachmotorische Emissionsminderung) entwickelt.

Für Benzinfahrzeuge wurde in den 1980er-Jahren der Dreiwegekatalysator eingeführt,

der Stickoxide (NO_X) mit Kohlenwasserstoffen (HC) und Kohlenmonoxid (CO) zu Stickstoff reduziert. Der Dreiwegekatalysator wird bei einem λ-Wert von 1 betrieben.

Für den mit Luftüberschuss arbeitenden Dieselmotor kann der Dreiwegekatalysator nicht zur NO_X-Reduktion eingesetzt werden, da im mageren Dieselabgas die HC- und CO-Emissionen am Katalysator bevorzugt nicht mit NO_X reagieren, sondern mit dem Restsauerstoff aus dem Abgas.

Die Beseitigung der HC- und CO-Emissionen aus dem Dieselabgas kann vergleichsweise einfach durch einen Oxidationskatalysator erfolgen, während sich die Entfernung der Stickoxide in Anwesenheit von Sauerstoff aufwändiger gestaltet. Grundsätzlich möglich ist die Entstickung mit einem NO_X-Speicherkatalysator oder einem SCR-Katalysator (Selective Catalytic Reduction).

1 Emissionsminderung durch Abgasmanagement (Beispiel für Pkw mit Common Rail System)

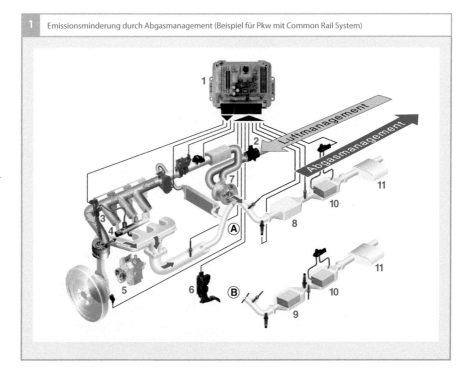

Bild 1
A: DPF-Regelung (Dieselpartikelfilter)
B: DPF- und NSC-Regelung (Dieselpartikelfilter und NO_X-Speicherkatalysator), Anwendung nur für Pkw

1 Motorsteuergerät
2 Luftmassenmesser (HFM)
3 Injektor
4 Rail
5 Hochdruckpumpe
6 Fahrpedal
7 Abgasturbolader
8 Diesel-Oxidationskatalysator
9 NO_X-Speicherkatalysator
10 Partikelfilter
11 Schalldämpfer

Durch die innere Gemischbildung beim Dieselmotor entstehen erheblich höhere Rußemissionen als beim Ottomotor. Die aktuelle Tendenz beim Pkw geht dahin, diese mittels eines Partikelfilters nachmotorisch aus dem Abgas zu entfernen und die innermotorischen Maßnahmen vor allem auf die NO$_X$- und Geräuschminderung zu konzentrieren. Beim Nkw werden die NO$_X$-Emissionen i. d. R. bevorzugt nachmotorisch mit einem SCR-System vermindert.

NO$_X$-Speicherkatalysator

Der NO$_X$-Speicherkatalysator (NSC: **NO**$_X$ **S**torage **C**atalyst) baut die Stickoxide in zwei Schritten ab:
- Beladungsphase: kontinuierliche NO$_X$-Einspeicherung in die Speicherkomponenten des Katalysators im mageren Abgas,
- Regeneration: periodische NO$_X$-Ausspeicherung und Konvertierung im fetten Abgas.

Die Beladungsphase dauert betriebspunktabhängig 30...300 s, die Regeneration des Speichers erfolgt in 2...10 s.

NO$_X$-Einspeicherung

Der NO$_X$-Speicherkatalysator ist mit chemischen Verbindungen beschichtet, die eine hohe Neigung haben, mit NO$_2$ eine feste, aber chemisch reversible Verbindung einzugehen. Beispiele hierfür sind die Oxide und Carbonate der Alkali- und Erdalkalimetalle, wobei aufgrund des Temperaturverhaltens überwiegend Bariumnitrat verwendet wird.

Da nur NO$_2$, nicht aber NO direkt eingespeichert werden kann, werden die NO-Anteile des Abgases in einem vorgeschalteten oder integrierten Oxidationskatalysator an der Oberfläche einer Platinbeschichtung zu NO$_2$ oxidiert. Diese Reaktion verläuft mehrstufig, da sich während der Einspeicherung die Konzentration an freiem NO$_2$ im Abgas verringert und dann weiteres NO zu NO$_2$ oxidiert wird.

Im NO$_X$-Speicherkatalysator reagiert das NO$_2$ mit den Verbindungen der Katalysatoroberfläche (z. B. Bariumcarbonat BaCO$_3$ als Speichermaterial) und Sauerstoff (O$_2$) aus dem mageren Dieselabgas zu Nitraten:

$$BaCO_3 + 2\ NO_2 + {}^1/_2\ O_2 \rightleftharpoons BA(NO_3)_2 + CO_2.$$

Der NO$_X$-Speicherkatalysator speichert so

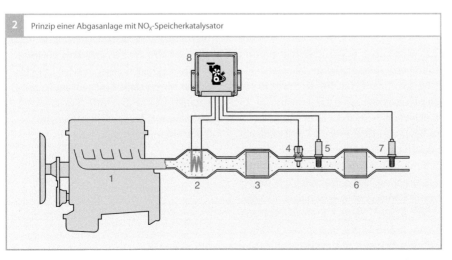

2   Prinzip einer Abgasanlage mit NO$_X$-Speicherkatalysator

Bild 2
1 Dieselmotor
2 Abgasheizung (optional)
3 Oxidationskatalysator
4 Temperatursensor
5 Breitband-Lambda-Sonde
6 NO$_X$-Speicherkatalysator
7 NO$_X$-Sensor
8 Motorsteuergerät

die Stickoxide. Die Speicherung ist nur in einem materialabhängigen Temperaturintervall des Abgases zwischen 250 und 450 °C optimal. Darunter ist die Oxidation von NO zu NO$_2$ sehr langsam, darüber ist das NO$_2$ nicht stabil. Die Speicherkatalysatoren besitzen jedoch auch im Niedertemperaturbereich eine kleine Speicherfähigkeit (Oberflächenspeicherung), die ausreicht, um die beim Startvorgang im niedrigen Temperaturbereich entstehenden Stickoxide in hinreichendem Maße zu speichern.

Mit zunehmender Menge an gespeicherten Stickoxiden (Beladung) nimmt die Fähigkeit des Katalysators, weiter Stickoxide zu binden, ab. Dadurch steigt die Menge an Stickoxiden, die den Katalysator passieren, mit der Zeit an. Es gibt zwei Möglichkeiten zu erkennen, wann der Katalysator so weit beladen ist, dass die Einspeicherphase beendet werden muss:

● Ein modellgestütztes Verfahren berechnet unter Berücksichtigung des Katalysatorzustandes die Menge der eingespeicherten Stickoxide und daraus das verbleibende Speichervermögen.
● Ein NO$_X$-Sensor hinter dem NO$_X$-Speicherkatalysator misst die Stickoxidkonzentration im Abgas und bestimmt so den aktuellen Beladungsgrad.

NO$_X$-Ausspeicherung und Konvertierung

Am Ende der Einspeicherphase muss der Katalysator regeneriert werden, d. h., die eingelagerten Stickoxide müssen aus der Speicherkomponente entfernt und in die Komponenten Stickstoff (N$_2$) und Kohlendioxid (CO$_2$) konvertiert werden. Die Vorgänge für die Ausspeicherung des NO$_X$ und die Konvertierung laufen getrennt ab. Dazu muss im Abgas Luftmangel (fett, $\lambda < 1$) eingestellt werden. Als Reduktionsmittel dienen die im Abgas vorhandenen Stoffe CO, H$_2$ und verschiedene Kohlenwasserstoffe. Die

Ausspeicherung – im Folgenden mit CO als Reduktionsmittel dargestellt – geschieht in der Weise, dass das CO das Nitrat (z. B. Bariumnitrat Ba(NO$_3$)$_2$) zu N$_2$ reduziert und zusammen mit Barium wieder ein Carbonat bildet:

$$Ba(NO_3)_2 + 3\,CO \rightarrow BaCO_3 + 2\,NO + 2\,CO_2$$

Dabei entstehen CO$_2$ und NO. Eine Rhodium-Beschichtung reduziert anschließend die Stickoxide in der vom Dreiwegekatalysator bekannten Weise mittels CO zu N$_2$ und CO$_2$:

$$2\,NO + 2\,CO \rightarrow N_2 + 2\,CO_2$$

Es gibt zwei Verfahren, das Ende der Ausspeicherphase zu erkennen:
● Das modellgestützte Verfahren berechnet die Menge der noch im NO$_X$-Speicherkatalysator vorhandenen Stickoxide.
● Eine Lambda-Sonde hinter dem Katalysator misst den Sauerstoffüberschuss im Abgas und zeigt eine Spannungsänderung von „mager" nach „fett", wenn die Ausspeicherung beendet ist.

Bei Dieselmotoren können fette Betriebsbedingungen ($\lambda < 1$) u. a. durch Späteinspritzung und Ansaugluftdrosselung eingestellt werden. Der Motor arbeitet während dieser Phase mit einem schlechteren Wirkungsgrad. Um den Kraftstoffmehrverbrauch gering zu halten, sollte die Regenerationsphase möglichst kurz im Verhältnis zur Einspeicherphase gehalten werden. Beim Umschalten von Mager- auf Fettbetrieb sind uneingeschränkte Fahrbarkeit sowie Konstanz von Drehmoment, Ansprechverhalten und Geräusch zu gewährleisten.

Desulfatisierung

Ein Problem von NO_X-Speicherkatalysatoren ist ihre Schwefelempfindlichkeit. Die Schwefelverbindungen, die in Kraftstoff und Schmieröl enthalten sind, oxidieren zu Schwefeldioxid (SO_2). Die im Katalysator eingesetzten Beschichtungen zur Nitratbildung ($BaCO_3$) besitzen jedoch eine sehr große Affinität (Bindungsstärke) zum Sulfat, d. h., SO_2 wird noch effektiver als NO_X aus dem Abgas entfernt und im Speichermaterial durch Sulfatbildung gebunden. Die Sulfatbindung wird bei einer normalen Regeneration des Speichers nicht getrennt, sodass die Menge des gespeicherten Sulfats während der Betriebsdauer kontinuierlich ansteigt. Dadurch stehen immer weniger Speicherplätze für die NO_X-Speicherung zur Verfügung und der NO_X-Umsatz nimmt ab. Um eine ausreichende NO_X-Speicherfähigkeit zu gewährleisten, muss deshalb regelmäßig eine Desulfatisierung (Schwefelregenerierung) des Katalysators durchgeführt werden. Bei einem Gehalt von 10 mg/kg Schwefel im Kraftstoff („schwefelfreier Kraftstoff") wird diese nach etwa 5 000 km Fahrstrecke erforderlich.

Zur Desulfatisierung wird der Katalysator für eine Dauer von mehr als 5 min auf über 650 °C aufgeheizt und mit fettem Abgas ($\lambda < 1$) beaufschlagt. Zur Temperaturerhöhung können die gleichen Maßnahmen wie zur Regeneration des Dieselpartikelfilters (DPF) eingesetzt werden. Im Gegensatz zur DPF-Regeneration wird aber durch die Verbrennungsführung auf eine vollständige Entfernung von O_2 aus dem Abgas abgezielt. Unter diesen Bedingungen wird das Bariumsulfat wieder zu Bariumcarbonat umgewandelt.

Bei der Desulfatisierung ist durch die Wahl einer geeigneten Prozessführung (z. B. oszillierendes λ um 1) darauf zu achten, dass das ausspeichernde SO_2 nicht durch dauerhaften Mangel an Rest-O_2 zu Schwefelwasserstoff (H_2S) reduziert wird. H_2S ist bereits in sehr geringen Konzentrationen hochgiftig und durch seinen intensiven Geruch wahrnehmbar.

Die bei der Desulfatisierung eingestellten Bedingungen müssen außerdem so gewählt werden, dass die Katalysatoralterung nicht übermäßig erhöht wird. Hohe Temperaturen (>750 °C) beschleunigen zwar die Desulfatisierung, bewirken aber auch eine verstärkte Katalysatoralterung. Eine Katalysator optimierte Desulfatisierung muss deshalb in einem begrenzten Temperatur- und Luftzahlfenster erfolgen und darf den Fahrbetrieb nicht nennenswert beeinträchtigen.

Ein hoher Schwefelgehalt im Kraftstoff führt wegen der erforderlichen Häufigkeit der Desulfatisierung zu einer verstärkten Alterung des Katalysators und zu erhöhtem Kraftstoffverbrauch. Der Einsatz von Speicherkatalysatoren setzt deshalb die flächendeckende Verfügbarkeit von schwefelfreiem Kraftstoff voraus.

Selektive katalytische Reduktion von Stickoxiden

Übersicht

Die selektive katalytische Reduktion (SCR-Verfahren: Selective Catalytic Reduction) arbeitet im Unterschied zum NSC-Verfahren (NO$_X$-Speicherkatalysator) kontinuierlich und greift nicht in den Motorbetrieb ein. Sie bietet die Möglichkeit, niedrige NO$_X$-Emissionen bei gleichzeitig geringem Kraftstoffverbrauch zu gewährleisten. Im Gegensatz dazu bedingt die NO$_X$-Ausspeicherung und Konvertierung beim NSC-Verfahren einen erhöhten Kraftstoffverbrauch.

In Großfeuerungsanlagen hat sich die selektive katalytische Reduktion für die Abgasentstickung bereits bewährt. Sie beruht darauf, dass ausgewählte Reduktionsmittel in Gegenwart von Sauerstoff selektiv Stickoxide (NO$_X$) reduzieren. Selektiv bedeutet hierbei, dass die Oxidation des Reduktionsmittels bevorzugt (selektiv) mit dem Sauerstoff der Stickoxide und nicht mit dem im Abgas wesentlich reichlicher vorhandenen molekularen Sauerstoff erfolgt. Ammoniak (NH$_3$) hat sich hierbei als das Reduktionsmittel mit der höchsten Selektivität bewährt.

Für den Betrieb im Fahrzeug müssten NH$_3$-Mengen gespeichert werden, die aufgrund der Toxizität sicherheitstechnisch bedenklich sind. NH$_3$ kann jedoch aus ungiftigen Trägersubstanzen wie Harnstoff oder Ammoniumcarbamat erzeugt werden. Als Trägersubstanz hat sich Harnstoff bewährt. Harnstoff, (NH$_2$)$_2$CO, wird großtechnisch als Dünge- und Futtermittel hergestellt, ist grundwasserverträglich und chemisch bei Umweltbedingungen stabil. Harnstoff weist eine sehr gute Löslichkeit in Wasser auf und kann daher als einfach zu dosierende Harnstoff-Wasser-Lösung dem Abgas zugegeben werden.

Bei einer Massenkonzentration von 32,5 % Harnstoff in Wasser hat der Gefrierpunkt bei –11 °C ein lokales Minimum: es bildet sich ein Eutektikum, wodurch ein Entmischen der Lösung im Falle des Einfrierens ausgeschlossen wird. Das System zur Dosierung des Reduktionsmittels ist gefrierfest ausgelegt. Wesentliche Bauteile können beheizt werden, um die Dosierfunktion auch kurz nach einem Kaltstart sicherzustellen.

Bild 3
1 Dieselmotor
2 Temperatursensor
3 Oxidationskatalysator
4 Einspritzdüse für Reduktionsmittel
5 NO$_X$-Sensor
6 SCR-Katalysator
7 NH$_3$-Sperrkatalysator
8 NH$_3$-Sensor
9 Motorsteuergerät
10 Reduktionsmittelpumpe
11 Reduktionsmitteltank
12 Füllstandsensor

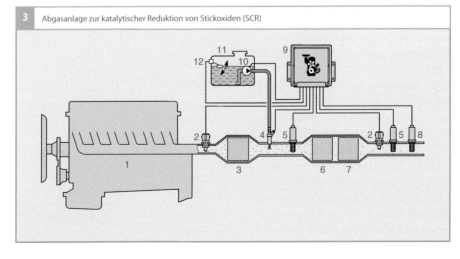

3 Abgasanlage zur katalytischer Reduktion von Stickoxiden (SCR)

Chemische Reaktionen

Vor der eigentlichen SCR-Reaktion muss aus Harnstoff zunächst Ammoniak gebildet werden. Dies geschieht in zwei Reaktionsschritten, die zusammengefasst als Hydrolysereaktion bezeichnet werden. Zunächst werden in einer Thermolysereaktion NH_3 und Isocyansäure gebildet:

$$(NH_2)_2CO \rightarrow NH_3 + HNCO \text{ (Thermolyse)}$$

Anschließend wird in einer Hydrolysereaktion die Isocyansäure mit Wasser zu Ammoniak und Kohlendioxid umgesetzt.

$$HNCO + H_2O \rightarrow NH_3 + CO_2 \text{ (Hydrolyse)}$$

Zur Vermeidung von festen Ausscheidungen ist es erforderlich, dass die zweite Reaktion durch die Wahl geeigneter Katalysatoren und genügend hoher Temperaturen (ab 250 °C) ausreichend schnell erfolgt. Moderne SCR-Reaktoren übernehmen gleichzeitig die Funktion des Hydrolysekatalysators, sodass ein (früher üblicher) vorgelagerter Hydrolysekatalysator entfallen kann. Das durch die Thermohydrolyse entstandene Ammoniak reagiert am SCR-Katalysator nach den folgenden Gleichungen:

- $4 NO + 4 NH_3 + O_2 \rightarrow 4 N_2 + 6 H_2O$
(Gl. 1)

- $NO + NO_2 + 2 NH_3 \rightarrow 2 N_2 + 3 H_2O$
(Gl. 2)
- $6 NO_2 + 8 NH_3 \rightarrow 7 N_2 + 12 H_2O$
(Gl. 3)

Bei niedrigen Temperaturen (< 300 °C) läuft der Umsatz überwiegend über Reaktion 2 ab. Für einen guten Niedertemperatur-Umsatz ist es deshalb erforderlich, ein $NO_2 : NO$-Verhältnis von etwa 1 : 1 einzustellen. Unter diesen Umständen kann die Reaktion 2 bereits bei Temperaturen ab 170...200 °C erfolgen.

Die Oxidation von NO zu NO_X erfolgt an einem vorgelagerten Oxidationskatalysator, der deshalb wesentlich für einen optimalen Wirkungsgrad ist.

Wird mehr Reduktionsmittel dosiert, als bei der Reduktion mit NO_X umgesetzt wird, so kann es zu einem unerwünschten NH_3-Schlupf kommen. NH_3 ist gasförmig und hat eine sehr niedrige Geruchsschwelle (15 ppm), sodass es zu einer – vermeidbaren – Belästigung der Umgebung kommen würde. Die Entfernung des NH_3 kann durch einen zusätzlichen Oxidationskatalysator hinter dem SCR-Katalysator erzielt werden. Dieser Sperrkatalysator oxidiert das gegebenenfalls auftretende Ammoniak zu N_2 und H_2O. Darüber hinaus ist eine sorgfältige Ap-

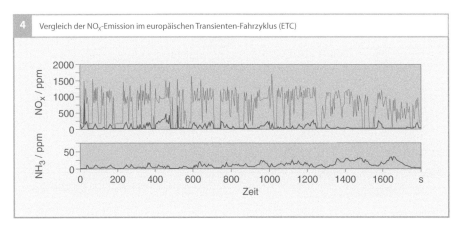

4   Vergleich der NO_X-Emission im europäischen Transienten-Fahrzyklus (ETC)

Bild 4
ohne Zumischung einer Harnstoff-Wasser-Lösung: 10,9 g/kWh

mit Zumischung einer 32,5%igen Harnstoff-Wasser-Lösung: 1,0 g/kWh

plikation der AdBlue-Dosierung unerlässlich.

Eine für die Applikation wichtige Kenngröße ist das Feed-Verhältnis α, definiert als das molare Verhältnis von dosiertem NH_3 zu dem im Abgas vorhandenen NO_X. Bei idealen Betriebsbedingungen (kein NH_3-Schlupf, keine Nebenreaktionen, keine NH_3-Oxidation) ist α direkt proportional zur NO_X-Reduktionsrate: bei $\alpha = 1$ wird theoretisch eine 100%ige NO_X-Reduktion erreicht. Im praktischen Einsatz kann bei einem NH_3-Schlupf von < 20 ppm eine NO_X-Reduktion von 90 % im stationären und instationären Betrieb erzielt werden. Die hierfür erforderliche Menge AdBlue entspricht etwa 5 % der Menge des eingesetzten Dieselkraftstoffs.

Durch die vorgelagerte Hydrolysereaktion wird bei den heutigen SCR-Katalysatoren ein NO_X-Umsatz > 50 % erst bei Temperaturen oberhalb von ca. 250 °C erreicht, optimale Umsatzraten werden im Temperaturfenster 250 ... 450 °C erzielt.

SCR-System

Das modular aufgebaute SCR-System (Bild 5) sorgt für die Dosierung des Reduktionsmittels. Das Fördermodul bringt die Harnstoff-Wasser-Lösung mit einer Membranpumpe auf den erforderlichen Druck und führt sie dem Dosiermodul zu. Das Dosiermodul gewährleistet die präzise Mengenzumessung der Harnstoff-Wasser-Lösung und übernimmt deren Zerstäubung und Verteilung im Abgasrohr. Wesentliche Aufgabe der Steuerungseinheit (Funktionalität in separatem Dosiersteuergerät, optional im Motorsteuergerät integriert) ist die modellgestützte Berechnung der erforderlichen Dosiermenge gemäß einer vorgegebenen Dosierstrategie.

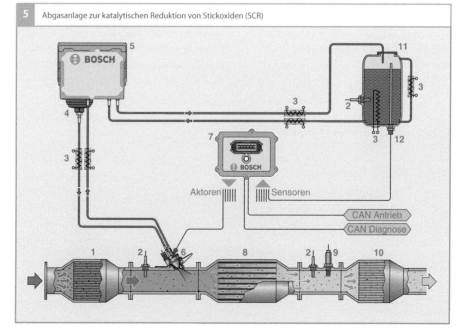

5   Abgasanlage zur katalytischen Reduktion von Stickoxiden (SCR)

Bild 5
1 Diesel-Oxidations-
  katalysator
2 Temperatursensor
3 Heizung
4 Filter
5 Fördermodul
6 AdBlue-Dosiermodul
7 Dosiersteuergerät
8 SCR-Katalysator
9 NO_X-Sensor
10 Schlupf-Katalysator
11 AdBlue-Tank
   (Harnstoff-Wasser-
   Lösung)
12 AdBlue-Füllstand-
   sensor

Dosierstrategie

Zur Optimierung der NO_X-Reduktion bei gleichzeitiger Minimierung des NH_3-Schlupfes – d. h. des Hindurchtretens von NH_3 durch das Katalysatorsystem – ist eine modellgestützte Berechnung der optimalen Dosiermenge erforderlich. Die – beispielsweise am Motorprüfstand – ermittelte Menge wird abhängig von der Katalysatortemperatur und der im Katalysator gespeicherten Menge an NH_3 korrigiert.

Basis-Modell

In einem Kennfeld A, das entweder am Prüfstand ermittelt oder durch „a priori"-Annahmen berechnet wird, ist die zu dosierende Menge für das Reduktionsmittel als Funktion von Einspritzmenge und Motordrehzahl abgelegt. Die Motortemperatur (zur Berücksichtigung der Betriebstemperatur auf die NO_X-Produktion) und die Be-

triebsstunden des Systems (zur Berücksichtigung von Alterung) fließen als Korrekturgrößen ein.

Die Differenz zwischen der stationären Katalysatortemperatur (abgelegt in Kennfeld B) und der gemessenen Abgastemperatur nach Katalysator wird genutzt, um in einem dritten Kennfeld C einen Korrekturfaktor für die Reduktionsmittel-Dosierung bei Wechsel zwischen zwei stationären Betriebspunkten zu ermitteln. Durch diesen Korrekturfaktor wird der NH_3-Schlupf minimiert.

Erweiterung mit Speicherblock

Insbesondere bei Katalysatoren mit hohem NH_3-Speichervermögen empfiehlt es sich, die transienten Vorgänge und die Menge an tatsächlich gespeichertem NH_3 zu modellieren. Da die NH_3-Speicherfähigkeit von SCR-Katalysatoren mit steigender Temperatur

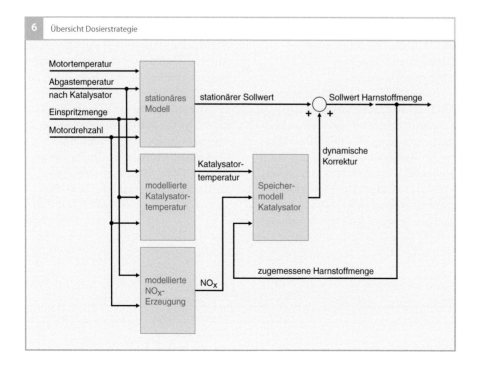

6   Übersicht Dosierstrategie

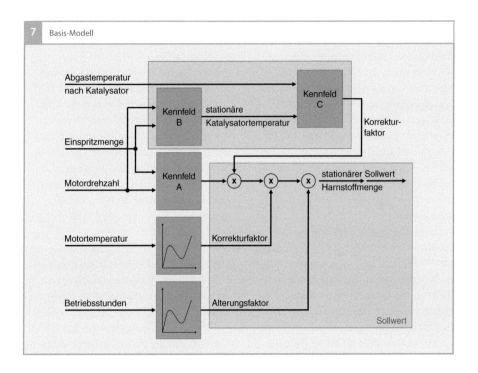

7   Basis-Modell

abnimmt, kann es ansonsten bei transientem Betrieb, insbesondere bei steigenden Abgastemperaturen, zu unerwünschtem NH_3-Schlupf kommen.

Zur Vermeidung dieses Effekts werden die Katalysatortemperatur und das erzeugte NO_X durch Kennfelder und Verzögerungsglieder abgeschätzt. In einem Kennfeld ist die Katalysatoreffizienz als Funktion von Temperatur und gespeichertem NH_3 abgelegt. Das Produkt aus Katalysatoreffizient und vorhandenem NO_X entspricht der umgesetzten Menge an Reduktionsmittel. Die Differenz aus zugegebenem und umgesetztem Reduktionsmittel ergibt einen (positiven oder negativen) Beitrag zu der im Katalysator gespeicherten Menge Ammoniak, welche fortlaufend berechnet wird. Überschreitet der Wert für die eingespeicherte Menge NH_3 eine temperaturabhängig festgelegte Schwelle, wird die Dosiermenge reduziert, um NH_3-Schlupf zu vermeiden. Unterschreitet die gespeicherte NH_3-Menge den Schwellwert, so wird die Dosiermenge vergrößert, um den NO_X-Umsatz zu optimieren.

Partikelfilter DPF

Die von einem Dieselmotor emittierten Rußpartikel können durch Dieselpartikelfilter (DPF) effizient aus dem Abgas entfernt werden. Die bisher bei Pkw eingesetzten Partikelfilter bestehen aus porösen Keramiken.

Geschlossene Partikelfilter

Keramische Partikelfilter bestehen im Wesentlichen aus einem Wabenkörper aus Siliziumkarbid oder Cordierit, der eine große Anzahl von parallelen, meist quadratischen Kanälen aufweist. Die Dicke der Kanalwände beträgt typischerweise 300... 400 μm. Die Größe der Kanäle wird durch Angabe der Zelldichte (channels per square inch, cpsi) angegeben (typischer Wert: 100...300 cpsi).

Benachbarte Kanäle sind an den jeweils gegenüberliegenden Seiten durch Keramikstopfen verschlossen, sodass das Abgas durch die porösen Keramikwände hindurchströmen muss. Beim Durchströmen der Wände werden die Rußpartikel zunächst durch Diffusion zu den Porenwänden (im Innern der Keramikwände) transportiert, wo sie haften bleiben (Tiefenfilterung). Bei zunehmender Beladung des Filters mit Ruß

bildet sich auch auf den Oberflächen der Kanalwände (auf der den Eintrittskanälen zugewandten Seite) eine Rußschicht, welche zunächst eine sehr effiziente Oberflächenfilterung für die folgende Betriebsphase bewirkt. Eine übermäßige Beladung muss jedoch verhindert werden (siehe Abschnitt „Regeneration").

Im Gegensatz zu Tiefenfiltern speichern Wall-Flow-Filter die Partikel im Wesentlichen auf der Oberfläche der Keramikwände (Oberflächenfilterung).

Neben Filtern mit einer symmetrischen Anordnung von jeweils quadratischen Eingangs- und Ausgangskanälen werden jetzt auch keramische „Octosquaresubstrate" angeboten (Bild 9). Dieses besitzen größere achteckige Eingangskanäle und kleinere quadratische Ausgangskanäle. Durch die großen Eingangskanäle lässt sich das Speichervermögen des Partikelfilters für Asche, nicht brennbare Rückstände aus verbranntem Motoröl sowie Additivasche (siehe Abschnitt „Additivsystem") erheblich erhöhen.

Keramische Filter erreichen einen Rückhaltegrad von mehr als 95 % für Partikel des gesamten relevanten Größenspektrums (10 nm...1 μm). Bei diesen geschlossenen Partikelfiltern durchströmt das gesamte Abgas die Porenwände.

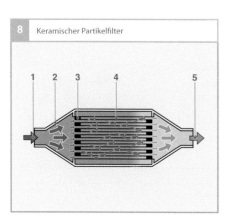

8   Keramischer Partikelfilter

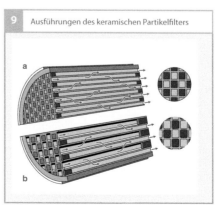

9   Ausführungen des keramischen Partikelfilters

Bild 8
1   einströmendes Abgas
2   Gehäuse
3   Keramikpropfen
4   Wabenkeramik
5   ausströmendes Abgas

Bild 9
a   quadratischer Kanal-Querschnitt
b   Octosquare-Design

Offene Partikelfilter

Bei offenen Partikelfiltern wird nur ein Anteil des Abgases durch eine Filterwand geleitet, während der Rest ungefiltert vorbei strömt. Offene Filter errreichen je nach Anwendung einen Abscheidegrad von 30...80 %.

Mit zunehmender Partikelbeladung steigt der Anteil des Abgases, der ungefiltert das Filter passiert und dieses somit nicht verstopfen kann. Dadurch sinkt jedoch der Abscheidegrad. Die offenen Filter werden hauptsächlich als Retrofit-Filter eingesetzt, da keine geregelte Filterreinigung benötigt wird (Regeneration siehe nächster Abschnitt). Die Reinigung der offenen Filter erfolgt durch den CRT-Effekt (s. Abschnitt CRT-System).

Regeneration

Partikelfilter müssen von Zeit zu Zeit von den anhaftenden Partikeln befreit, d. h. regeneriert werden. Durch die anwachsende Rußbeladung des Filters steigt der Abgasgegendruck stetig an. Der Wirkungsgrad des Motors und das Beschleunigungsverhalten des Fahrzeugs werden beeinträchtigt.

Eine Regeneration muss jeweils nach ca. 500 Kilometern durchgeführt werden; abhängig von der Rußrohemission und der Größe des Filters kann dieser Wert stark schwanken (ca. 300...800 Kilometer). Die Dauer des Regenerationsbetriebs liegt in der Größenordnung von 10...15 Minuten, beim Additivsystem auch darunter. Sie ist zudem abhängig von den Betriebsbedingungen des Motors.

Die Regeneration des Filters erfolgt durch Abbrennen des gesammelten Rußes im Filter. Der Kohlenstoffanteil der Partikel kann mit dem im Abgas stets vorhandenen Sauerstoff oberhalb von ca. 600 °C zu ungiftigem CO_2 oxidiert (verbrannt) werden. Solche hohen Temperaturen liegen nur bei Nennleistungsbetrieb des Motors vor und stellen sich im normalen Fahrbetrieb sehr selten ein. Daher müssen Maßnahmen ergriffen werden, um die Rußabbrand-Temperatur zu senken und/oder die Abgastemperatur zu erhöhen.

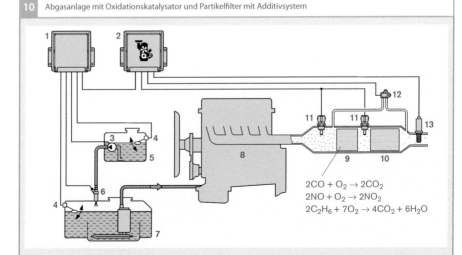

10   Abgasanlage mit Oxidationskatalysator und Partikelfilter mit Additivsystem

$$2CO + O_2 \rightarrow 2CO_2$$
$$2NO + O_2 \rightarrow 2NO_2$$
$$2C_2H_6 + 7O_2 \rightarrow 4CO_2 + 6H_2O$$

Bild 10
1 Additivsteuergerät
2 Motorsteuergerät
3 Additivpumpe
4 Füllstandssensor
5 Additivtank
6 Additivdosiereinheit
7 Kraftstoffbehälter
8 Dieselmotor
9 Oxidations-
    katalysator
10 Partikelfilter
11 Temperatursensor
12 Differenzdruck-
    sensor
13 Rußsensor

Mit NO_2 als Oxidationsmittel kann Ruß bereits bei Temperaturen von 300...450 °C oxidiert werden. Dieses Verfahren wird technisch im CRT-System genutzt.

Additivsystem

Durch Zugabe eines Additivs – meist Cer- oder Eisenverbindungen – in den Dieselkraftstoff kann die Ruß-Oxidationstemperatur von 600 °C auf ca. 450...500 °C abgesenkt werden. Doch auch diese Temperatur wird im Fahrzeugbetrieb im Abgasstrang nicht immer erreicht, sodass der Ruß nicht kontinuierlich verbrennt. Oberhalb einer gewissen Rußbeladung des Partikelfilters wird deshalb die aktive Regeneration eingeleitet. Dazu wird die Verbrennungsführung des Motors so verändert, dass die Abgastemperatur bis zur Rußabbrandtemperatur ansteigt. Dies kann z. B. durch spätere Einspritzung erreicht werden.

Das dem Kraftstoff zugegebene Additiv bleibt nach der Regeneration als Rückstand (Asche) im Filter zurück. Diese Asche, wie auch Asche aus Motoröl- oder Kraftstoffrückständen, setzt den Filter allmählich zu und erhöht den Abgasgegendruck. Um den Druckanstieg zu verringern, wird die Asche-Speicherfähigkeit bei keramischen Octosquarefiltern durch möglichst große Querschnitte der Eintrittskanäle vergrößert. Dadurch bieten diese Filter hinreichend Kapazität für alle beim Abbrand entstehenden Ascherückstände, die während der normalen Lebensdauer des Fahrzeugs anfallen.

Beim herkömmlichen Keramikfilter geht man davon aus, dass er beim Einsatz einer additivbasierten Regeneration ca. alle 120 000 km ausgebaut und mechanisch gereinigt werden muss.

Katalytisch beschichteter Filter (CDPF)

Durch eine Beschichtung des Filters mit Edelmetallen (meist Platin) kann ebenfalls der Abbrand der Rußpartikel verbessert werden. Der Effekt ist hier jedoch geringer als beim Einsatz eines Additivs.

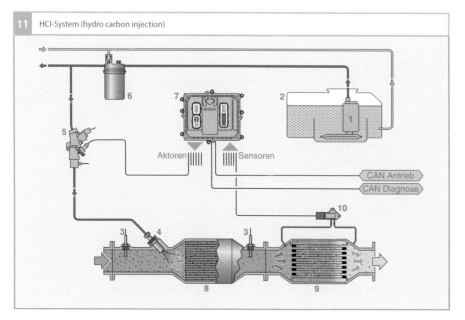

11   HCI-System (hydro carbon injection)

Aktoren   Sensoren

CAN Antrieb
CAN Diagnose

Bild 11
1 Kraftstoffpumpe
2 Kraftstoffbehälter
3 Temperatursensor
4 HC-Dosiermodul
5 HC-Zumesseinheit
6 Kraftstofffilter
7 Motorsteuergerät
8 Diesel-Oxidationskatalysator
9 Diesel-Partikelfilter
10 Differenzdrucksensor

Zur Regeneration sind beim CDPF weitere Maßnahmen zur Anhebung der Abgastemperatur erforderlich, entsprechend den Maßnahmen beim Additivsystem. Gegenüber dem Additivsystem hat die katalytische Beschichtung jedoch den Vorteil, dass keine Additivasche im Filter anfällt. Die katalytische Beschichtung erfüllt mehrere Funktionen:

- Oxidation von CO und HC
- Oxidation von NO zu NO_2
- Oxidation von CO zu CO_2

CRT-System

Nutzfahrzeugmotoren werden häufiger als Pkw-Motoren in der Nähe des maximalen Drehmoments, also bei vergleichsweise hohen NO_X-Emissionen betrieben. Bei Nutzfahrzeugen ist daher die kontinuierliche Regeneration des Partikelfilters nach dem CRT-Prinzip (Continuously Regenerating Trap) möglich.

Das Prinzip beruht darauf, dass Ruß mit NO_2 bereits bei Temperaturen von 300... 450 °C verbrannt werden kann. Das Verfahren arbeitet bei diesen Temperaturen zuverlässig, wenn das Massenverhältnis NO_2/Ruß größer ist als 8 : 1. Für die Nutzung des Verfahrens wird ein Oxidationskatalysator, der NO zu NO_2 oxidiert, stromauf des Partikelfilters angeordnet. Damit sind die Voraussetzungen für die Regeneration nach dem CRT-Verfahren bei Nutzfahrzeugen im normalen Betrieb meistens gegeben. Diese Methode wird auch als passive Regeneration bezeichnet, da der Ruß kontinuierlich ohne Einleitung aktiver Maßnahmen verbrannt wird.

Die Wirksamkeit des Verfahrens wurde in Nkw-Flottenversuchen demonstriert, aber in der Regel sind auch bei Nutzfahrzeugen weitere Regenerationsmaßnahmen vorgesehen.

Bei Pkw, die häufig im niedrigen Lastbereich betrieben werden, lässt sich eine vollständige Regeneration des Partikelfilters durch den CRT-Effekt nicht realisieren.

HCI-System

Um Partikelfilter aktiv zu regenerieren, muss die Temperatur im Filter auf über 600 °C erhöht werden. Dies kann durch motorinterne Einstellungen erreicht werden. Bei ungünstigen Applikationen – z. B. bei sehr großem Abstand zwischen Partikelfilter und Motor – werden die motorinternen Maßnahmen sehr aufwändig. Hier wird dann ein HCI-System (hydro carbon injection) verwendet, bei dem Dieselkraftstoff vor einem Katalysator (**Bild 11**, Pos. 8) eingespritzt bzw. verdampft wird und dann in diesem katalytisch verbrannt. Die bei der Verbrennung entstehende Wärme wird zur Regeneration des nachgeschalteten Partikelfilters (9) genutzt.

Systemkonfiguration

Unabhängig vom angewandten Partikelfilter-Verfahren ist ein System zur Steuerung und Überwachung der Regeneration erforderlich. Das System erfasst den Zustand des Filters (Zustandsfunktionen), d. h., es führt eine Beladungserkennung durch, legt die Regenerationsstrategie fest und überwacht den Filter. Außerdem steuert es die Regeneration durch Eingriffe in das Einspritz- und Luftsystem. Für den Betrieb mit Additivsystemen kommen Funktionen zur Nachtank-Erkennung und Additivdosierung hinzu.

Die Basis-Konfiguration ist für alle Systeme nahezu gleich.

Neben dem Partikelfilter (DPF) umfasst das DPF-System weitere Komponenten und Sensoren:

- *Diesel-Oxidationskatalysator (DOC)*
  Hauptaufgabe des DOC ist die Verminderung der HC- und CO-Emissionen. Für DPF-Anwendungen dient er zudem als „katalytischer Brenner": durch Oxidation von gezielt eingebrachten Kohlenwasserstoffen (späte Nacheinspritzung) am DOC wird die erforderliche Regenerations-

temperatur im Abgas erreicht. Für das CRT-System ist der DOC außerdem für die Oxidation von NO zu NO_2 erforderlich.

- *Differenzdrucksensor*
  Der Differenzdrucksensor misst den Druckabfall über dem Partikelfilter; aus diesem Wert wird der Beladungsgrad des Filters berechnet. Darüber hinaus wird aus dem Differenzdruck der Abgasgegendruck am Motor berechnet, um diesen auf den maximal zulässigen Gegendruck beschränken zu können. Optional kann anstelle eines Differenzdrucksensors auch ein Absolutdrucksensor vor DPF eingesetzt werden.
- *Temperatursensor vor DPF*
  Die Temperatur vor DPF ist im Regenerationsbetrieb die entscheidende Größe für den Rußabbrand im Filter.
- *Temperatursensor vor DOC*
  Die Temperatur vor DOC dient zur Bestimmung der HC-Umsatzfähigkeit („*Light Off*") des DOC.

- *Lambda-Sonde*
  Die Lambda-Sonde zählt nicht direkt zu den DPF-Systemkomponenten; jedoch verbessert sie das Systemverhalten auch für den DPF, da durch die genauere Abgasrückführung ein definierteres Emissionsverhalten erreicht wird.

Steuergerätefunktionen

Beladungserkennung

Für die Beladungserkennung werden zwei Verfahren parallel eingesetzt. Aus dem Druckabfall über dem Filter und dem Volumenstrom wird der Strömungswiderstand des Partikelfilters berechnet. Dieser ist ein Maß für die Permeabilität (Durchlässigkeit) des Filters und damit für die Rußmasse.

Zusätzlich wird die im DPF eingelagerte Rußmasse modellbasiert berechnet. Hierzu wird der (Roh-)Rußmassenstrom des Motors integriert, wobei u. a. Korrekturen der Dynamik, des Sauerstoffanteils im Abgas usw. berücksichtigt werden. Des Weiteren wird dabei die kontinuierliche Oxidation der Par-

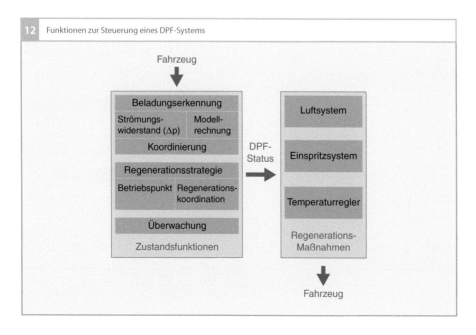

12 Funktionen zur Steuerung eines DPF-Systems

tikel durch NO_2 berücksichtigt. Während der thermischen Regeneration wird der Rußabbrand im Steuergerät in Abhängigkeit von der DPF-Temperatur und dem Sauerstoffmassenstrom berechnet.

Aus den in beiden Verfahren ermittelten Rußmassen wird durch einen Koordinator *eine* Rußmasse bestimmt, die maßgeblich für die Regenerationsstrategie ist.

Regenerationsstrategie

Wenn die Rußmasse im Filter ansteigt, muss rechtzeitig eine Regeneration ausgelöst werden. Mit zunehmender Beladung des Filters erhöht sich die bei der Rußverbrennung frei werdende Wärmemenge und die im Filter auftretenden Spitzentemperaturen steigen. Damit dies nicht zur Zerstörung des Filters führt, muss die Regeneration eingeleitet werden, bevor ein kritischer Beladungszustand erreicht wird. Je nach Filtermaterial werden 5...10 g Ruß pro Liter Filtervolumen als kritische Beladungsmasse angegeben.

Es ist sinnvoll, eine Regeneration vorzuziehen, wenn besonders günstige Verhältnisse vorliegen (z. B. Autobahnfahrt) und diese bei ungünstigeren Verhältnissen nach Möglichkeit zu verzögern.

Die Regenerationsstrategie legt abhängig von der Rußmasse im Filter und vom Motor- und Fahrzeugbetriebszustand fest, wann und welche Regenerationsmaßnahmen durchgeführt werden. Diese werden als Statuswert allen anderen Motorsteuerungsfunktionen übergeben.

Überwachung

Mithilfe des Differenzdrucksensors wird überwacht, ob der Filter möglicherweise verstopft, gebrochen oder ausgebaut ist. Die für das DPF-System relevanten Sensoren werden ebenfalls überwacht. Neben der Standard-Sensorüberwachung wird darüber hinaus z. B. der Differenzdrucksensor im Nachlauf auf plausible Werte überprüft. Im dynamischen Betrieb wird zudem über eine Signalverlaufsauswertung die Zuleitung zwischen Abgassystem und Drucksensor überwacht. Die Temperatursensoren vor DOC und vor DPF werden im Kaltstart mit anderen EDC-Temperatursensoren plausibilisiert.

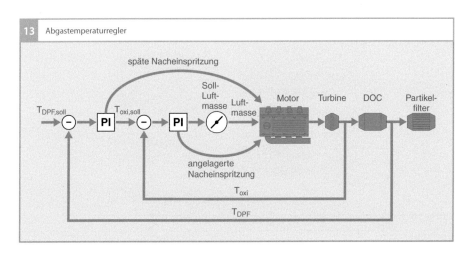

13   Abgastemperaturregler

Regenerationsmaßnahmen im Einspritz-
und im Luftsystem
Wenn eine Regenerationsanforderung vorliegt, werden das Einspritz- und das Luftsystem auf andere Sollgrößen rampenförmig
umgeschaltet. Dies darf bzgl. Drehmoment
und Geräusch für den Fahrer nicht spürbar
sein. Welche Eingriffe im Einzelnen durchgeführt werden, um die erforderliche Rege-
nerationstemperatur im Abgas zu erreichen,
hängt vom Betriebspunkt ab (siehe Abschnitt „Motorische Maßnahmen zur Anhebung der Abgastemperatur").

Abgastemperaturregler
Um auch bei ungünstigen Umgebungsbedingungen und über die gesamte Lebensdauer des Filters eine zuverlässige Regeneration zu gewährleisten, wird die
Abgastemperatur geregelt. Die Reglerstruk-
tur ist entsprechend der Aufteilung der Regenerationsmaßnahmen kaskadiert (siehe
auch Abschnitt „Motorische Maßnahmen
zur Anhebung der Abgastemperatur").

Motorische Maßnahmen zur Anhebung der Abgastemperatur

Bei einem Dieselmotor wird das für die
Regeneration notwendige Temperaturniveau
von 550...650 °C im Standardbetrieb nur bei
hohen Drehzahlen an der Volllast erreicht.

Wichtige innermotorische Maßnahmen
(„engine burner") zur Erhöhung der Abgastemperatur sind die frühe, „verbrennende"
oder „angelagerte" Nacheinspritzung, die
Spätverschiebung der Haupteinspritzung
und die Ansaugluftdrosselung. Je nach Betriebspunkt des Motors werden eine oder
mehrere dieser Maßnahmen während der
Regeneration eingesetzt. In einigen Betriebsbereichen müssen diese Maßnahmen auch
durch eine späte Nacheinspritzung ergänzt
werden. Diese führt durch Oxidation des im
Brennraum nicht mehr umgesetzten Kraftstoffs im DOC („cat burner") zu einer weiteren Abgastemperaturerhöhung.

Die Bilder 14 und 15 zeigen – in Abhängigkeit von Motordrehzahl und Last –
typische Abgastemperaturwerte sowie die

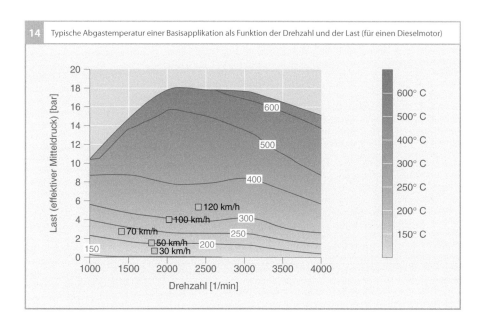

14   Typische Abgastemperatur einer Basisapplikation als Funktion der Drehzahl und der Last (für einen Dieselmotor)

für eine Regeneration erforderlichen motorischen Maßnahmen. Mit der gezeigten Kombination von Maßnahmen wurde jeweils eine Temperatur von 600 °C nach DOC bei einem Restsauerstoffgehalt > 5 % eingestellt. Der Restsauerstoffgehalt ist wichtig, da bei geringerer O_2-Konzentration der Rußabbrand zu langsam verläuft.

Im gesamten Kennfeld wird während der Regeneration die Abgasrückführung abgeschaltet, um hohe Anteile von unverbrannten Kohlenwasserstoffen in der Verbrennungsluft zu vermeiden. Zugleich erhält man dadurch ein stabiles 1-Regler-Konzept für die Luftmassenregelung.

Das Kennfeld gliedert sich grob in sechs Bereiche, die durch unterschiedliche Maßnahmen zur Temperaturanhebung gekennzeichnet sind.

Bereich 1:
Es sind keine motorischen Maßnahmen erforderlich, da bereits in der Basisapplikation die Abgastemperatur über 600 °C beträgt.

Bereich 2:
Zum einen wird der Spritzbeginn der Haupteinspritzung nach „Spät" verschoben, zum anderen erfolgt zusätzlich eine angelagerte Nacheinspritzung. Bei der Applikation ist zu beachten, dass diese Nacheinspritzung noch an der Verbrennung teilnimmt und einen Beitrag zum Drehmoment liefert.

Bereich 3:
In diesem Bereich ist aufgrund der geringen Aufladung und der großen Kraftstoffmenge das Luftverhältnis $\lambda < 1,4$. Eine angelagerte, d. h. frühe Nacheinspritzung würde hier örtlich zu sehr kleinen Luftverhältnissen und somit zu einem starken Anstieg der Schwarzrauchemissionen führen; deshalb wird stattdessen eine abgesetzte, d. h. späte Nacheinspritzung appliziert.

Bereich 4:
Die gewünschte Temperaturanhebung wird durch eine Kombination von Ladedruckabsenkung, Nacheinspritzung und Spätverstel-

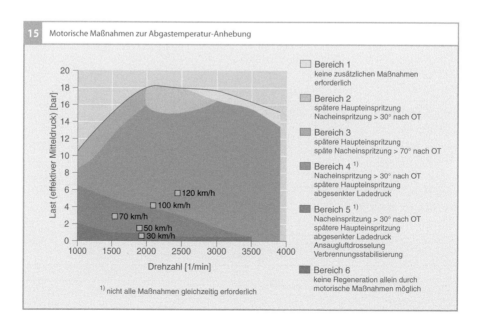

15   Motorische Maßnahmen zur Abgastemperatur-Anhebung

Last (effektiver Mitteldruck) [bar]

Drehzahl [1/min]

120 km/h
100 km/h
70 km/h
50 km/h
30 km/h

Bereich 1
keine zusätzlichen Maßnahmen erforderlich

Bereich 2
spätere Haupteinspritzung
Nacheinspritzung > 30° nach OT

Bereich 3
spätere Haupteinspritzung
späte Nacheinspritzung > 70° nach OT

Bereich 4 [1)]
Nacheinspritzung > 30° nach OT
spätere Haupteinspritzung
abgesenkter Ladedruck

Bereich 5 [1)]
Nacheinspritzung > 30° nach OT
spätere Haupteinspritzung
abgesenkter Ladedruck
Ansaugluftdrosselung
Verbrennungsstabilisierung

Bereich 6
keine Regeneration allein durch motorische Maßnahmen möglich

[1)] nicht alle Maßnahmen gleichzeitig erforderlich

lung der Haupteinspritzung erreicht. Die Anteile der einzelnen Maßnahmen müssen im Hinblick auf Emissionen, Verbrauch und Geräusch optimiert werden und sind meist nicht alle gleichzeitig erforderlich.

Bereich 5:
In diesem Bereich ist eine große Temperaturerhöhung gegenüber dem normalen Betrieb erforderlich, daher muss neben den oben beschriebenen Maßnahmen zusätzlich die Luftmasse über die Drosselklappe reduziert werden. Außerdem sind Maßnahmen zur Stabilisierung der Verbrennung notwendig: Erhöhung der Kraftstoffmenge der Voreinspritzung sowie Anpassung des zeitlichen Abstands zwischen Vor- und Haupteinspritzung.

Bereich 6:
Lediglich in diesem kleinen Bereich bei niedrigsten Lasten ist kein stabiler Regenerationsbetrieb bei Temperaturen > 600 °C nach Katalysator möglich.

Diesel-Oxidationskatalysator

Funktionen
Der Diesel-Oxidationskatalysator (**Diesel Oxidation Catalyst, DOC**) erfüllt verschiedene Funktionen für die Abgasnachbehandlung:
- Senkung der CO- und HC-Emissionen
- Reduktion der Partikelmasse
- Oxidation von NO zu NO_2
- Einsatz als katalytischer Brenner

Senkung der CO- und HC-Emissionen
Am DOC werden Kohlenmonoxid (CO) und Kohlenwasserstoffe (HC) zu Kohlendioxid (CO_2) und Wasserdampf (H_2O) oxidiert. Die Oxidation am DOC erfolgt ab einer gewissen Grenztemperatur, der Light-off-Temperatur, fast vollständig. Die Light-off-Temperatur liegt je nach Abgaszusammensetzung, Strömungsgeschwindigkeit und Katalysatorzusammensetzung bei 170...200 °C. Ab dieser Temperatur steigt der Umsatz innerhalb eines Temperaturintervalls von 20...30 °C auf über 90 %.

Reduktion der Partikelmasse
Die vom Dieselmotor emittierten Partikel bestehen zum Teil aus Kohlenwasserstoffen, die bei steigenden Temperaturen vom Partikelkern desorbieren. Durch Oxidation dieser Kohlenwasserstoffe im DOC kann die Partikelmasse (PM) um 15...30 % reduziert werden.

Oxidation von NO zu NO_2
Eine wesentliche Funktion des DOC ist die Oxidation von NO zu NO_2. Ein hoher NO_2-Anteil am NO_X ist für eine Reihe von nachgelagerten Komponenten (Partikelfilter, NSC, SCR) wichtig.

Im motorischen Rohabgas beträgt der NO_2-Anteil am NO_X in den meisten Betriebspunkten nur etwa 1 : 10. NO_2 steht mit NO in Anwesenheit von Sauerstoff (O_2) in einem temperaturabhängigen Gleichgewicht. Dieses Gleichgewicht liegt bei niedrigen Temperaturen (< 250 °C) aufseiten von NO_2. Oberhalb von etwa 450 °C ist hingegen NO die thermodynamisch bevorzugte Komponente. Aufgabe des DOC ist es, bei niedrigen Temperaturen das NO_2 : NO-Verhältnis durch Einstellen des thermodynamischen Gleichgewichts zu erhöhen. Je nach Katalysatorbeschichtung und Zusammensetzung des Abgases gelingt dies ab einer Temperatur von 180...230 °C, sodass die Konzentration von NO_2 in diesem Temperaturbereich stark ansteigt. Entsprechend dem thermodynamischen Gleichgewicht sinkt die NO_2-Konzentration mit steigenden Temperaturen wieder ab.

Katalytischer Brenner
Der Oxidationskatalysator kann auch als katalytische Heizkomponente („katalytischer Brenner", „Cat-Burner") eingesetzt werden. Dabei wird die bei der Oxidation von CO und HC frei werdende Reaktionswärme zur Erhöhung der Abgastemperatur hinter DOC genutzt. Die CO- und HC-Emissionen werden zu diesem Zweck über eine motorische Nacheinspritzung oder über ein nachmotori-

sches Einspritzventil gezielt erhöht.

Katalytische Brenner werden z. B. zur Anhebung der Abgastemperatur bei der Partikelfilter-Regeneration eingesetzt.

Als Näherung für die bei der Oxidation freigesetzte Wärme gilt, dass je 1 Vol.-% CO die Temperatur des Abgases um etwa 90 °C steigt. Da die Temperaturerhöhung sehr schnell erfolgt, stellt sich im Katalysator ein starker Temperaturgradient ein. Im ungünstigsten Fall erfolgen der CO- bzw. HC-Umsatz und die Wärmefreisetzung nur im vorderen Bereich des Katalysators. Die dadurch entstehende Werkstoffbelastung des keramischen Trägers und des Katalysators begrenzt den zulässigen Temperaturhub auf etwa 200...250 °C.

Aufbau
Struktureller Aufbau
Oxidationskatalysatoren bestehen aus einer Trägerstruktur aus Keramik oder Metall, einer Oxidmischung („Washcoat") aus Aluminiumoxid (Al_2O_3), Ceroxid (CeO_2) und Zirkonoxid (ZrO_2) sowie aus den katalytisch aktiven Edelmetallkomponenten Platin (Pt), Palladium (Pd) und Rhodium (Rh).

Primäre Aufgabe des Washcoats ist es, eine große Oberfläche für das Edelmetall bereitzustellen und die bei hohen Temperaturen auftretende Sinterung des Katalysators, die zu einer irreversiblen Abnahme der Katalysatoraktivität führt, zu verlangsamen. Die hochporöse Struktur des Washcoats muss ihrerseits stabil gegenüber Sinterungsprozessen sein.

Die für die Beschichtung eingesetzte Edelmetallmenge, häufig auch als Beladung bezeichnet, wird in g/ft³ angegeben. Die Beladung liegt im Bereich 50...90 g/ft³ (1,8...3,2 g/l). Da nur die Oberflächenatome chemisch aktiv sind, ist es ein Ziel der Entwicklung, möglichst kleine Edelmetallparti-

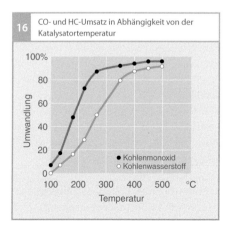

16   CO- und HC-Umsatz in Abhängigkeit von der Katalysatortemperatur

Umwandlung / Temperatur

● Kohlenmonoxid
○ Kohlenwasserstoff

kel (Größenordnung einige nm) zu erzeugen und zu stabilisieren, umso den Edelmetalleinsatz zu minimieren.

Über den strukturellen Aufbau des Katalysators und die Wahl der Katalysatorzusammensetzung lassen sich wesentliche Eigenschaften wie Anspringverhalten (Light-off-Temperatur), Umsatz, Temperaturstabilität, Toleranz gegenüber Vergiftung, aber auch die Herstellungskosten, in großen Bereichen verändern.

Innere Struktur

Wesentliche Parameter des Katalysators sind die Dichte der Kanäle (angegeben in cpi, Channels per inch^2), die Wandstärke der einzelnen Kanäle und die Außenmaße des Katalysators (Querschnittsfläche und Länge). Kanaldichte und Wandstärke bestimmen das Aufwärmverhalten, den Abgasgegendruck sowie die mechanische Stabilität des Katalysators.

Auslegung

Das Katalysatorvolumen V_{Kat} wird abhängig vom Abgasvolumenstrom festgelegt, der seinerseits proportional zum Hubvolumen V_{Hub} des Motors ist. Typische Werte für die Auslegung eines Oxidationskatalysators sind $V_{Kat}/V_{Hub} = 0,6...0,8$.

Das Verhältnis von Abgasvolumenstrom zu Katalysatorvolumen wird als Raumgeschwindigkeit (Einheit: h^{-1}) bezeichnet. Typische Werte für einen Oxidationskatalysator betragen $150\,000...250\,000\ h^{-1}$.

Betriebsbedingungen

Wesentlich für eine wirkungsvolle Abgasnachbehandlung sind neben dem Einsatz des richtigen Katalysators auch die richtigen Betriebsbedingungen. Diese können durch das Motormanagement in einem weiten Bereich eingestellt werden.

Bei zu hohen Betriebstemperaturen treten Sinterungsprozesse auf, d. h., aus mehreren kleineren Edelmetallpartikeln entsteht ein größeres Partikel mit entsprechend kleinerer Oberfläche und dadurch herabgesetzter Aktivität. Aufgabe des Abgastemperaturmanagements ist es deshalb, die Haltbarkeit des Katalysators durch Vermeidung zu hoher Temperaturen zu verbessern.

Abgasnachbehandlung für Ottomotoren

Abgasemissionen und Schadstoffe

In den vergangenen Jahren konnte der Schadstoffausstoß der Kraftfahrzeuge durch technische Maßnahmen drastisch gesenkt werden. Dabei wurden sowohl die Rohemissionen durch innermotorische Maßnahmen und intelligente Motorsteuerungskonzepte als auch die in die Umwelt emittierten Emissionen durch verbesserte Abgasnachbehandlungssysteme signifikant reduziert.

Bild 1 zeigt die Abnahme der jährlichen Emissionen des Straßenverkehrs in Deutschland zwischen 1999 (100 %) und 2009 sowie die Abnahme des durchschnittlichen Kraftstoffverbrauchs eines Pkw und die des gesamten im Personen-Straßenverkehr verbrauchten Kraftstoffs. Zum einen trägt hierzu die Einführung verschärfter Emissionsgesetzgebungen in Europa 2000 (Euro 3) und 2005 (Euro 4) bei, zum anderen aber auch der Trend zu sparsameren Fahrzeugen. Der Anteil des Straßenverkehrs an den insgesamt von Industrie, Verkehr, Haushalten und Kraftwerken verursachten Emissionen ist unterschiedlich und beträgt 2009 nach Angaben des Umweltbundesamtes

- 41 % für Stickoxide,
- 37 % Kohlenmonoxid,
- 18 % für Kohlendioxid,
- 9 % für flüchtige Kohlenwasserstoffe ohne Methan.

Verbrennung des Luft-Kraftstoff-Gemischs

Bei einer vollständigen, idealen Verbrennung reinen Kraftstoffs mit genügend Sauerstoff würde nur Wasserdampf (H_2O) und Kohlendioxid (CO_2) entstehen. Wegen der nicht idealen Verbrennungsbedingungen im Brennraum (z. B. nicht verdampfte Kraftstoff-Tröpfchen) und aufgrund der weiteren Bestandteile des Kraftstoffs (z. B. Schwefel) entstehen bei der Verbrennung neben Wasser und Kohlendioxid zum Teil auch toxische Nebenprodukte.

Durch Optimierung der Verbrennung und Verbesserung der Kraftstoffqualität wird die Bildung der Nebenprodukte immer weiter verringert. Die Menge des entstehenden CO_2 hingegen ist auch unter Idealbedingungen nur abhängig vom Kohlenstoffgehalt des Kraftstoffs und kann deshalb nicht durch die Verbrennungsführung beeinflusst werden. Die CO_2-Emissionen sind proportional zum

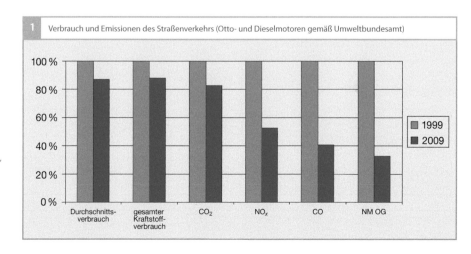

Bild 1
Der Durchschnittsverbrauch ist auf die gesamte Strecke bezogen, der gesamte Kraftstoffverbrauch betrifft den kompletten Personen-Straßenverkehr.
NMOG flüchtige Kohlenwasserstoffe ohne Methan

1   Verbrauch und Emissionen des Straßenverkehrs (Otto- und Dieselmotoren gemäß Umweltbundesamt)

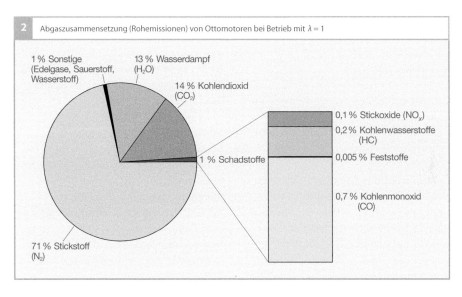

2   Abgaszusammensetzung (Rohemissionen) von Ottomotoren bei Betrieb mit $\lambda = 1$

1 % Sonstige
(Edelgase, Sauerstoff,
Wasserstoff)

13 % Wasserdampf
(H_2O)

14 % Kohlendioxid
(CO_2)

0,1 % Stickoxide (NO_x)

0,2 % Kohlenwasserstoffe
(HC)

0,005 % Feststoffe

1 % Schadstoffe

0,7 % Kohlenmonoxid
(CO)

71 % Stickstoff
(N_2)

Bild 2
Angaben in Volumen-
prozent

Die Konzentrationen
der Abgasbestandtei-
le, insbesondere der
Schadstoffe, können
abweichen; sie hängen
u. a. von den Betriebsbe-
dingungen des Motors
und den Umgebungs-
bedingungen (z. B.
Luftfeuchtigkeit) ab.

Kraftstoffverbrauch und können daher nur durch einen verringerten Kraftstoffverbrauch oder durch den Einsatz kohlenstoffärmerer Kraftstoffe, wie z. B. Erdgas (CNG, Compressed Natural Gas), gesenkt werden.

Hauptbestandteile des Abgases

Wasser

Der im Kraftstoff enthaltene chemisch gebundene Wasserstoff verbrennt mit Luftsauerstoff zu Wasserdampf (H_2O), der beim Abkühlen zum größten Teil kondensiert. Er ist an kalten Tagen als Dampfwolke am Auspuff sichtbar. Sein Anteil am Abgas beträgt ungefähr 13 %.

Kohlendioxid

Der im Kraftstoff enthaltene chemisch gebundene Kohlenstoff bildet bei der Verbrennung Kohlenstoffdioxid (CO_2) mit einem Anteil von ca. 14 % im Abgas (für typische Benzinkraftstoffe). Kohlenstoffdioxid wird meist einfach als Kohlendioxid bezeichnet.

Kohlendioxid ist ein farbloses, geruchloses, ungiftiges Gas und ist als natürlicher Bestandteil der Luft in der Atmosphäre vorhanden. Es wird in Bezug auf die Abgas-

emissionen bei Kraftfahrzeugen nicht als Schadstoff eingestuft. Es ist jedoch ein Mitverursacher des Treibhauseffekts und der damit zusammenhängenden globalen Klimaveränderung. Der CO_2-Gehalt in der Atmosphäre ist seit der Industrialisierung um rund 30 % auf heute ca. 400 ppm gestiegen. Die Reduzierung der CO_2-Emissionen auch durch Verringerung des Kraftstoffverbrauchs wird deshalb immer dringlicher.

Stickstoff

Stickstoff (N_2) ist mit einem Anteil von 78 % der Hauptbestandteil der Luft. Er ist am chemischen Verbrennungsprozess nahezu unbeteiligt und stellt mit ca. 71 % den größten Anteil des Abgases dar.

Schadstoffe

Bei der Verbrennung des Luft-Kraftstoff-Gemischs entsteht eine Reihe von Nebenbestandteilen. Der Anteil dieser Stoffe beträgt im Rohabgas (Abgas nach der Verbrennung, vor der Abgasnachbehandlung) bei betriebswarmem Motor und stöchiometrischer Luft-Kraftstoff-Gemischzusammensetzung ($\lambda = 1$) rund 1 % der gesamten Abgasmenge.

Die wichtigsten Nebenbestandteile sind
- Kohlenmonoxid (CO),
- Kohlenwasserstoffe (HC),
- Stickoxide (NO_x).

Betriebswarme Katalysatoren können diese Schadstoffe zu mehr als 99 % in unschädliche Stoffe (CO_2, H_2O, N_2) konvertieren.

Kohlenmonoxid

Kohlenmonoxid (CO) entsteht bei unvollständiger Verbrennung eines fetten Luft-Kraftstoff-Gemischs infolge von Luftmangel. Aber auch bei Betrieb mit Luftüberschuss entsteht Kohlenmonoxid – jedoch nur in sehr geringem Maß – aufgrund von fetten Zonen im inhomogenen Luft-Kraftstoff-Gemisch. Nicht verdampfte Kraftstofftröpfchen bilden lokal fette Bereiche, die nicht vollständig verbrennen.

Kohlenmonoxid ist ein farb- und geruchloses Gas. Es verringert beim Menschen die Sauerstoffaufnahmefähigkeit des Bluts und führt daher zur Vergiftung des Körpers.

Kohlenwasserstoffe

Unter Kohlenwasserstoffen (HC, Hydrocarbon) versteht man chemische Verbindungen von Kohlenstoff (C) und Wasserstoff (H). Die HC-Emissionen sind auf eine unvollständige Verbrennung des Luft-Kraftstoff-Gemischs bei Sauerstoffmangel zurückzuführen. Bei der Verbrennung können aber auch neue Kohlenwasserstoffverbindungen entstehen, die im Kraftstoff ursprünglich nicht vorhanden waren (z. B. durch Aufbrechen von langen Molekülketten).

Die aliphatischen Kohlenwasserstoffe (Alkane, Alkene, Alkine sowie ihre zyklischen Abkömmlinge) sind nahezu geruchlos. Ringförmige aromatische Kohlenwasserstoffe (z. B. Benzol, Toluol, polyzyklische Kohlenwasserstoffe) sind geruchlich wahrnehmbar. Kohlenwasserstoffe gelten teilweise bei längerer Einwirkung als Krebs erregend.

Teiloxidierte Kohlenwasserstoffe (z. B. Aldehyde, Ketone) riechen unangenehm und bilden unter Sonneneinwirkung Folgeprodukte, die bei längerer Einwirkung von bestimmten Konzentrationen ebenfalls als Krebs erregend gelten.

Stickoxide

Stickoxide (NO_x) ist der Sammelbegriff für Verbindungen aus Stickstoff und Sauerstoff. Stickoxide bilden sich bei allen Verbrennungsvorgängen mit Luft infolge von Nebenreaktionen mit dem enthaltenen Stickstoff. Beim Verbrennungsmotor entstehen hauptsächlich Stickstoffoxid (NO) und Stickstoffdioxid (NO_2), in geringem Maß auch Distickstoffoxid (N_2O).

Stickstoffoxid (NO) ist farb- und geruchlos und wandelt sich in Luft langsam in Stickstoffdioxid (NO_2) um. Stickstoffdioxid (NO_2) ist in reiner Form ein rotbraunes, stechend riechendes, giftiges Gas. Bei Konzentrationen, wie sie in stark verunreinigter Luft auftreten, kann NO_2 zur Schleimhautreizung führen. Stickoxide sind mitverantwortlich für Waldschäden (saurer Regen) durch Bildung von salpetriger Säure (HNO_2) und Salpetersäure (HNO_3) sowie für die Smog-Bildung.

Schwefeldioxid

Schwefelverbindungen im Abgas – vorwiegend Schwefeldioxid (SO_2) – entstehen aufgrund des Schwefelgehalts des Kraftstoffs. SO_2-Emissionen sind nur zu einem geringen Anteil auf den Straßenverkehr zurückzuführen. Sie werden nicht durch die Abgasgesetzgebung begrenzt.

Die Bildung von Schwefelverbindungen muss trotzdem weitestgehend verhindert werden, da sich SO_2 an den Katalysatoren (Dreiwegekatalysator, NO_x-Speicherkatalysator) festsetzt und diese vergiftet, d. h. ihre Reaktionsfähigkeit herabsetzt.

SO_2 trägt wie auch die Stickoxide zur Entstehung des sauren Regens bei, da es in der

Atmosphäre oder nach Ablagerung zu schwefeliger Säure und Schwefelsäure umgesetzt werden kann.

Feststoffe

Bei unvollständiger Verbrennung entstehen Feststoffe in Form von Partikeln. Sie bestehen – abhängig vom eingesetzten Brennverfahren und Motorbetriebszustand – hauptsächlich aus einer Aneinanderkettung von Kohlenstoffteilchen (Ruß) mit einer sehr großen spezifischen Oberfläche. An den Ruß lagern sich unverbrannte oder teilverbrannte Kohlenwasserstoffe, zusätzlich auch Aldehyde mit aufdringlichem Geruch an. Am Ruß binden sich auch Kraftstoff- und Schmierölaerosole (in Gasen feinstverteilte feste oder flüssige Stoffe) sowie Sulfate. Für die Sulfate ist der im Kraftstoff enthaltene Schwefel verantwortlich.

Einflüsse auf Rohemissionen

Bei der Verbrennung des Luft-Kraftstoff-Gemischs entstehen als Nebenprodukte hauptsächlich die Schadstoffe NO_x, CO und HC. Die Mengen dieser Schadstoffe, die im Rohabgas (Abgas nach der Verbrennung, vor der Abgasreinigung) enthalten sind, hängen stark vom Brennverfahren und Motorbetrieb ab. Entscheidenden Einfluss auf die Bildung von Schadstoffen haben die Luftzahl λ und der Zündzeitpunkt.

Das Katalysatorsystem konvertiert im betriebswarmen Zustand die Schadstoffe zum größten Teil, sodass die vom Fahrzeug in die Umgebung abgegebenen Emissionen weitaus geringer sind als die Rohemissionen. Um die abgegebenen Schadstoffe mit einem vertretbaren Aufwand für die Abgasnachbehandlung zu minimieren, muss jedoch schon die Rohemission so gering wie möglich gehalten werden. Dies gilt insbesondere nach einem Kaltstart des Motors, wenn das Katalysator-

system noch nicht die Betriebstemperatur zur Konvertierung der Schadstoffe erreicht hat. Für diese kurze Zeit werden die Rohemissionen nahezu unbehandelt in die Umgebung abgegeben. Die Reduzierung der Rohemissionen in dieser Phase ist daher ein wichtiges Entwicklungsziel.

Einflussgrößen

Luft-Kraftstoff-Verhältnis

Die Schadstoffemission eines Motors wird ganz wesentlich durch das Luft-Kraftstoff-Verhältnis (Luftzahl λ) bestimmt.

- $\lambda = 1$: Die zugeführte Luftmasse entspricht der theoretisch erforderlichen Luftmasse zur vollständigen stöchiometrischen Verbrennung des zugeführten Kraftstoffs. Motoren mit Saugrohreinspritzung oder Direkteinspritzung werden in den meisten Betriebsbereichen mit stöchiometrischem Luft-Kraftstoff-Gemisch ($\lambda = 1$) betrieben, damit der Dreiwegekatalysator seine bestmögliche Reinigungswirkung entfalten kann.
- $\lambda < 1$: Es besteht Luftmangel und damit ergibt sich ein fettes Luft-Kraftstoff-Gemisch. Um Bauteile im Abgassystem vor Übertemperatur z.B. bei langen Volllastfahrten zu schützen, kann angefettet werden.
- $\lambda > 1$: In diesem Bereich herrscht Luftüberschuss und damit ergibt sich ein mageres Luft-Kraftstoff-Gemisch. Um z.B. im Kaltstart die HC-Rohemissionen effektiv und schnell mit ausreichend Sauerstoff konvertieren zu können, kann der Motor mager betrieben werden. Der erreichbare Maximalwert für λ – „die Magerlaufgrenze" – ist stark von der Konstruktion und vom verwendeten Gemischaufbereitungssystem abhängig. An der Magerlaufgrenze ist das Luft-Kraftstoff-Gemisch nicht mehr zündwillig. Es treten Verbrennungsaussetzer auf.

Motoren mit Benzin-Direkteinspritzung können betriebspunktabhängig im Schicht-

oder im Homogenbetrieb gefahren werden. Der Homogenbetrieb ist durch eine Einspritzung im Ansaughub gekennzeichnet, wobei sich ähnliche Verhältnisse wie bei der Saugrohreinspritzung ergeben. Diese Betriebsart wird bei hohen abzugebenden Drehmomenten und bei hohen Drehzahlen eingestellt. In dieser Betriebsart beträgt die eingestellte Luftzahl in der Regel $\lambda = 1$.

Im Schichtbetrieb wird der Kraftstoff nicht homogen im gesamten Brennraum verteilt. Dies erreicht man durch eine Einspritzung, die erst im Verdichtungstakt erfolgt. Innerhalb der dadurch im Zentrum des Brennraums entstehenden Kraftstoffwolke sollte das Luft-Kraftstoff-Gemisch möglichst homogen mit der Luftzahl $\lambda = 1$ verteilt sein. In den Randbereichen des Brennraums befindet sich nahezu reine Luft oder sehr mageres Luft-Kraftstoff-Gemisch. Für den gesamten Brennraum ergibt sich dann insgesamt eine Luftzahl von $\lambda > 1$, d. h., es liegt ein mageres Luft-Kraftstoff-Gemisch vor.

Luft-Kraftstoff-Gemischaufbereitung

Für eine vollständige Verbrennung muss der zu verbrennende Kraftstoff möglichst homogen mit der Luft durchmischt sein. Dazu ist eine gute Zerstäubung des Kraftstoffs notwendig. Wird diese Voraussetzung nicht erfüllt, schlagen sich große Kraftstofftropfen am Saugrohr oder an der Brennraumwand nieder. Diese großen Tropfen können nicht vollständig verbrennen und führen zu erhöhten HC-Emissionen.

Für eine niedrige Schadstoffemission ist eine gleichmäßige Luft-Kraftstoff-Gemischverteilung über alle Zylinder erforderlich. Einzeleinspritzanlagen, bei denen in den Saugrohren nur Luft transportiert und der Kraftstoff direkt vor das Einlassventil (bei Saugrohreinspritzung) oder direkt in den Brennraum (bei Benzin-Direkteinspritzung) eingespritzt wird, garantieren eine gleichmäßige Luft-Kraftstoff-Gemischverteilung. Bei Vergaser- und Zentraleinspritzanlagen ist das nicht gewährleistet, da sich große Kraftstofftröpfchen an den Rohrkrümmungen der einzelnen Saugrohre niederschlagen können.

Drehzahl

Eine höhere Motordrehzahl bedeutet eine größere Reibleistung im Motor selbst und eine höhere Leistungsaufnahme der Nebenaggregate (z. B. Wasserpumpe). Bezogen auf die zugeführte Leistung sinkt daher die abgegebene Leistung, der Motorwirkungsgrad wird mit zunehmender Drehzahl schlechter.

Wird eine bestimmte Leistung bei höherer Drehzahl abgegeben, bedeutet das einen höheren Kraftstoffverbrauch, als wenn die gleiche Leistung bei niedriger Drehzahl abgegeben wird. Damit ist auch ein höherer Schadstoffausstoß verbunden.

Motorlast

Die Motorlast und damit das erzeugte Motordrehmoment hat für die Schadstoffkomponenten Kohlenmonoxid CO, die unverbrannten Kohlenwasserstoffe HC und die Stickoxide NO_x unterschiedliche Auswirkungen. Auf die Einflüsse wird nachfolgend eingegangen.

Zündzeitpunkt

Die Entflammung des Luft-Kraftstoff-Gemischs, das heißt die zeitliche Phase vom Funkenüberschlag bis zur Ausbildung einer stabilen Flammenfront, hat auf den Verbrennungsablauf einen wesentlichen Einfluss. Sie wird durch den Zeitpunkt des Funkenüberschlags, die Zündenergie sowie die Luft-Kraftstoff-Gemischzusammensetzung an der Zündkerze bestimmt. Eine große Zündenergie bedeutet stabile Entflammungsverhältnisse mit positiven Auswirkungen auf die Stabilität des Verbrennungsablaufs von Arbeitsspiel zu Arbeitsspiel und damit auch auf die Abgaszusammensetzung.

HC-Rohemission

Einfluss des Drehmoments

Mit steigendem Drehmoment erhöht sich die Temperatur im Brennraum. Die Dicke der Zone, in der die Flamme in der Nähe der Brennraumwand aufgrund nicht ausreichend hoher Temperaturen gelöscht wird, nimmt daher mit steigendem Drehmoment ab. Aufgrund der vollständigeren Verbrennung entstehen dann weniger unverbrannte Kohlenwasserstoffe.

Zudem fördern die höheren Abgastemperaturen, die aufgrund der höheren Brennraumtemperaturen bei hohem Drehmoment während der Expansionsphase und des Ausschiebens entstehen, eine Nachreaktion der unverbrannten Kohlenwasserstoffe zu CO_2 und Wasser. Die leistungsbezogene Rohemission unverbrannter Kohlenwasserstoffe wird somit bei hohem Drehmoment wegen der höheren Temperaturen im Brennraum und im Abgas reduziert.

Einfluss der Drehzahl

Mit steigenden Drehzahlen nimmt die HC-Emission des Ottomotors zu, da die zur Aufbereitung und zur Verbrennung des Luft-Kraftstoff-Gemischs zur Verfügung stehende Zeit kürzer wird.

Einfluss des Luft-Kraftstoff-Verhältnisses

Bei Luftmangel ($\lambda < 1$) werden aufgrund von unvollständiger Verbrennung unverbrannte Kohlenwasserstoffe gebildet. Die Konzentration ist umso höher, je größer die Anfettung ist (Bild 3). Im fetten Bereich steigt deshalb die HC-Emission mit abnehmender Luftzahl λ.

Auch im mageren Bereich ($\lambda > 1$) nehmen die HC-Emissionen zu. Das Minimum liegt im Bereich von $\lambda = 1{,}05...1{,}2$. Der Anstieg im mageren Bereich wird durch unvollständige Verbrennung in den Randbereichen des Brennraums verursacht. Bei sehr mageren Luft-Kraftstoff-Gemischen kommt zu diesem Effekt noch hinzu, dass verschleppte Verbrennungen bis hin zu Zündaussetzern auftreten, was zu einem drastischen Anstieg der HC-Emission führt. Die Ursache dafür ist eine Luft-Kraftstoff-Gemischungleichverteilung im Brennraum, die schlechte Entflammungsbedingungen in mageren Brennraumzonen zur Folge hat.

Die Magerlaufgrenze des Ottomotors hängt im Wesentlichen von der Luftzahl an der Zündkerze während der Zündung und von der Summen-Luftzahl (Luft-Kraftstoff-Verhältnis über den gesamten Brennraum betrachtet) ab. Durch gezielte Ladungsbewegung im Brennraum kann sowohl die Homogenisierung und damit die Entflammungssicherheit erhöht als auch die Flammenausbreitung beschleunigt werden.

Im Schichtbetrieb bei der Benzin-Direkteinspritzung wird hingegen keine Homogenisierung des Kraftstoff-Luft-Gemischs im gesamten Brennraum angestrebt, sondern im Bereich der Zündkerze ein gut entflammbares Luft-Kraftstoff-Gemisch geschaffen. Bedingt dadurch sind in dieser Betriebsart deutlich größere Summen-Luftzahlen als bei Homogenisierung des Luft-Kraftstoff-Gemischs realisierbar. Die HC-Emissionen im Schichtbetrieb sind im Wesentlichen von der Luft-Kraftstoff-Gemischaufbereitung abhängig.

Entscheidend bei der Direkteinspritzung ist, dass eine Benetzung der Brennraumwände und des Kolbens möglichst vermieden wird, da die Verbrennung eines solchen Wandfilms in der Regel unvollständig erfolgt und so hohe HC-Emissionen zur Folge hat.

Einfluss des Zündzeitpunkts

Mit früherem Zündwinkel α_Z (größere Werte in Bild 3 relativ zum oberen Totpunkt) nimmt die Emission unverbrannter Kohlenwasserstoffe zu, da die Nachreaktion in der

Expansionsphase und in der Auspuffphase wegen der geringeren Abgastemperatur ungünstiger verläuft (Bild 3). Nur im sehr mageren Bereich kehren sich die Verhältnisse um. Bei magerem Luft-Kraftstoff-Gemisch ist die Verbrennungsgeschwindigkeit so gering, dass bei spätem Zündwinkel die Verbrennung noch nicht abgeschlossen ist, wenn das Auslassventil öffnet. Die Magerlaufgrenze des Motors wird bei spätem Zündwinkel schon bei geringerer Luftzahl λ erreicht.

CO-Rohemission
Einfluss des Drehmoments
Ähnlich wie bei der HC-Rohemission begünstigen die höheren Prozesstemperaturen bei hohem Drehmoment die Nachreaktion von CO während der Expansionsphase. Das CO wird zu CO_2 oxidiert.

Einfluss der Drehzahl
Auch die Drehzahlabhängigkeit der CO-Emission entspricht der der HC-Emission.

Mit steigenden Drehzahlen nimmt die CO-Emission des Ottomotors zu, da die zur Aufbereitung und zur Verbrennung des Luft-Kraftstoff-Gemischs zur Verfügung stehende Zeit kürzer wird.

Einfluss des Luft-Kraftstoff-Verhältnisses
Im fetten Bereich ist die CO-Emission nahezu linear von der Luftzahl abhängig (Bild 4). Der Grund dafür ist der Sauerstoffmangel und die damit verbundene unvollständige Oxidation des Kohlenstoffs.

Im mageren Bereich (bei Luftüberschuss) ist die CO-Emission sehr niedrig und nahezu unabhängig von der Luftzahl. CO entsteht hier nur durch die unvollständige Verbrennung von schlecht homogenisiertem Luft-Kraftstoff-Gemisch.

Einfluss des Zündzeitpunkts
Die CO-Emission ist vom Zündzeitpunkt nahezu unabhängig (Bild 4) und fast ausschließlich eine Funktion der Luftzahl λ.

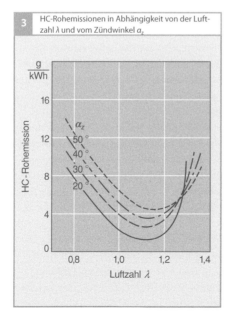

3 HC-Rohemissionen in Abhängigkeit von der Luftzahl λ und vom Zündwinkel a_z

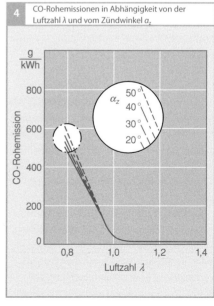

4 CO-Rohemissionen in Abhängigkeit von der Luftzahl λ und vom Zündwinkel a_z

NO$_x$-Rohemission

Einfluss des Drehmoments

Die mit dem Drehmoment steigende Brennraumtemperatur begünstigt die NO$_x$-Bildung. Die NO$_x$-Rohemission nimmt daher mit dem abgegebenen Drehmoment überproportional zu.

Einfluss der Drehzahl

Da die zur Verfügung stehende Reaktionszeit zur Bildung von NO$_x$ bei höheren Drehzahlen kleiner ist, nehmen die NO$_x$-Emissionen mit steigender Drehzahl ab. Zusätzlich gilt es, den Restgasgehalt im Brennraum zu berücksichtigen, der zu niedrigeren Spitzentemperaturen führt. Da dieser Restgasgehalt in der Regel mit steigender Drehzahl abnimmt, ist dieser Effekt zu der oben beschriebenen Abhängigkeit gegenläufig.

Einfluss des Luft-Kraftstoff-Verhältnisses

Das Maximum der NO$_x$-Emission liegt bei leichtem Luftüberschuss im Bereich von $\lambda = 1{,}05...1{,}1$. Im mageren sowie im fetten Bereich fällt die NO$_x$-Emission ab, da die Spitzentemperaturen der Verbrennung sinken. Der Schichtbetrieb bei Motoren mit Benzin-Direkteinspritzung ist durch große Luftzahlen gekennzeichnet. Die NO$_x$-Emissionen sind verglichen mit dem Betriebspunkt bei $\lambda = 1$ niedrig, da nur ein Teil des Gases an der Verbrennung teilnimmt.

Einfluss der Abgasrückführung

Dem Luft-Kraftstoff-Gemisch kann zur Emissionsreduzierung verbranntes Abgas (Inertgas) zugeführt werden. Entweder wird durch eine geeignete Nockenwellenverstellung Inertgas nach der Verbrennung im Brennraum zurückgehalten (interne Abgasrückführung) oder aber es wird durch eine externe Abgasrückführung Abgas entnommen und nach einer Vermischung mit der Frischluft dem Brennraum zugeführt. Durch diese Maßnahmen werden die Flammentemperatur im Brennraum und die NO$_x$-Emissionen gesenkt. Insbesondere im Schichtbetrieb bei Motoren mit Benzin-Direkteinspritzung wird die externe Abgasrückführung eingesetzt. In Bild 5 ist die Abhängigkeit der NO$_x$-Rohemission im Schichtbetrieb von der Abgasrückführrate (AGR) dargestellt. Im mageren Betrieb können die NO$_x$-Rohemissionen nicht von einem Dreiwegekatalysator

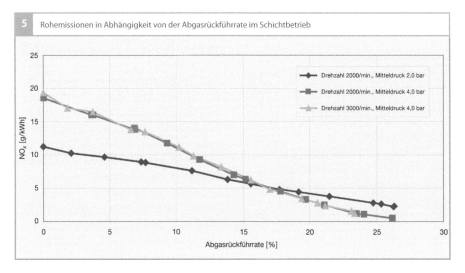

5 Rohemissionen in Abhängigkeit von der Abgasrückführrate im Schichtbetrieb

NO$_x$ [g/kWh]

Abgasrückführrate [%]

Drehzahl 2000/min., Mitteldruck 2,0 bar
Drehzahl 2000/min., Mitteldruck 4,0 bar
Drehzahl 3000/min., Mitteldruck 4,0 bar

Bild 5
Die interne und die externe Abgasrückführung haben tendenziell die gleiche Wirkung

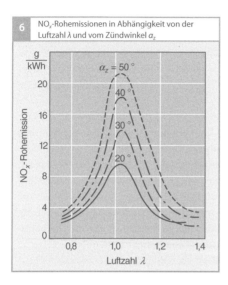

6 NO$_x$-Rohemissionen in Abhängigkeit von der Luftzahl λ und vom Zündwinkel α_z

konvertiert werden. Es werden NO$_x$-Speicherkatalysatoren eingesetzt, welche die NO$_x$-Rohemissionen im Schichtbetrieb einspeichern und zyklisch durch eine kurze Anfettung regeneriert werden. Eine Reduktion der NO$_x$-Rohemissionen hat damit einen Einfluss auf den Kraftstoffverbrauch, da sich die NO$_x$-Einspeicherzeiten im Schichtbetrieb verlängern. Die Abgasrückführrate erhöht allerdings die Laufunruhe und die HC-Rohemissionen, so dass in der Applikation ein Kompromiss gefunden werden muss.

Einfluss des Zündzeitpunkts
Im gesamten Bereich der Luftzahl λ nimmt die NO$_x$-Emission mit früherem Zündwinkel α_Z zu (**Bild 6**). Ursache dafür ist die höhere Brennraumspitzentemperatur bei früherem Zündzeitpunkt, die das chemische Gleichgewicht auf die Seite der NO$_x$-Bildung verschiebt und vor allem die Reaktionsgeschwindigkeit der NO$_x$-Bildung erhöht.

Ruß-Emission
Ottomotoren weisen nahe des stöchiometrischen Luft-Kraftstoff-Gemischs im Gegensatz zu Dieselmotoren nur äußerst geringe Ruß-Emissionen auf. Ruß entsteht lokal bei diffusiver Verbrennung von sehr fettem Luft-Kraftstoff-Gemisch ($\lambda < 0{,}4$) bei hohen Verbrennungstemperaturen von bis zu 2 000 K. Diese Bedingungen können bei Benetzung der Kolben und des Brennraumdaches oder aufgrund von Restkraftstoff an den Einlassventilen und in Quetschspalten sowie unverbrannten Kraftstofftropfen auftreten. Da die Motortemperatur einen wesentlichen Einfluss auf die Ausbildung von benetzenden Kraftstofffilmen hat, beobachtet man hohe Rußemissionen in erster Linie im Kaltstart und während der Warmlaufphase des Motors. Daneben kann auch bei inhomogener Gasphase in lokalen Fettzonen Ruß gebildet werden. Im Schichtbetrieb bei Motoren mit Benzin-Direkteinspritzung kann es bei lokal sehr fetten Zonen oder Kraftstofftropfen zur Rußbildung kommen. Deshalb ist der Schichtbetrieb nur bis zu einer mittleren Drehzahl möglich, um sicherzustellen, dass die Zeit zur Luft-Kraftstoff-Gemischaufbereitung ausreichend groß ist.

Katalytische Abgasreinigung

Die Abgasgesetzgebung legt Grenzwerte für die Schadstoffemissionen von Kraftfahrzeugen fest. Zur Einhaltung dieser Grenzwerte sind motorische Maßnahmen allein nicht ausreichend, vielmehr steht beim Ottomotor die katalytische Nachbehandlung des Abgases zur Konvertierung der Schadstoffe im Vordergrund. Dafür durchströmt das Abgas einen oder mehrere im Abgastrakt sitzende Katalysatoren, bevor es ins Freie gelangt. An der Katalysatoroberfläche werden die im Abgas vorliegenden Schadstoffe durch chemische Reaktionen in ungiftige Stoffe umgewandelt.

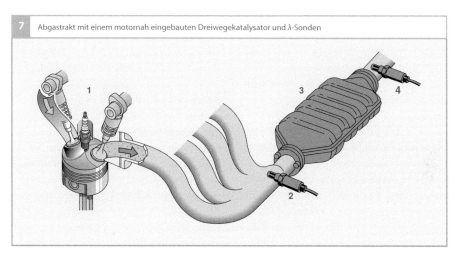

7   Abgastrakt mit einem motornah eingebauten Dreiwegekatalysator und λ-Sonden

Bild 7
1   Motor
2   λ-Sonde vor dem
    Katalysator (Zwei-
    punkt-Sonde oder
    Breitband-λ-Sonde,
    je nach System)
3   Dreiwegekatalysator
4   Zweipunkt-λ-Sonde
    hinter dem Katalysa-
    tor (nur für Systeme
    mit Zwei-Sonden-λ-
    Regelung)

Übersicht

Die katalytische Nachbehandlung des Abgases mithilfe des Dreiwegekatalysators ist derzeit das wirkungsvollste Abgasreinigungsverfahren für Ottomotoren. Der Dreiwegekatalysator ist sowohl für Motoren mit Saugrohreinspritzung als auch mit Benzin-Direkteinspritzung ein Bestandteil des Abgasreinigungssystems (Bild 7).

Bei homogener Luft-Kraftstoff-Gemischverteilung mit stöchiometrischem Luft-Kraftstoff-Verhältnis ($\lambda = 1$) kann der betriebswarme Dreiwegekatalysator die Schadstoffe Kohlenmonoxid (CO), Kohlenwasserstoffe (HC) und Stickoxide (NO_x) nahezu vollständig umwandeln. Die genaue Einhaltung von $\lambda = 1$ erfordert jedoch eine Luft-Kraftstoff-Gemischbildung mittels elektronisch geregelter Benzineinspritzung; diese hat den bis zur Einführung des Dreiwegekatalysators hauptsächlich verwendeten Vergaser heute vollständig ersetzt. Eine präzise λ-Regelung überwacht die Zusammensetzung des Luft-Kraftstoff-Gemischs und regelt sie auf den Wert $\lambda = 1$. Obwohl diese idealen Bedingungen nicht in allen Betriebszuständen eingehalten werden können, kann im Mittel eine Schadstoffreduzierung um mehr als 98 % erreicht werden.

Da der Dreiwegekatalysator im mageren Betrieb (bei $\lambda > 1$) die Stickoxide nicht umsetzen kann, wird bei Motoren mit magerer Betriebsart zusätzlich ein NO_x-Speicherkatalysator eingesetzt. Eine andere Möglichkeit der NO_x-Minderung bei $\lambda > 1$ ist die selektive katalytische Reduktion (SCR, siehe z. B. [1, 2]). Dieses Verfahren wird bereits bei Diesel-Nfz und Diesel-Pkw eingesetzt. Die SCR-Technik findet jedoch bei Ottomotoren bisher keine Anwendung.

Der separate Oxidationskatalysator, der bei Dieselmotoren zur Oxidation von HC und CO angewendet wird, wird bei Ottomotoren nicht eingesetzt, da der Dreiwegekatalysator diese Funktion erfüllt.

Entwicklungsziele

Angesichts immer weiter herabgesetzter Emissionsgrenzwerte bleibt die Verringerung des Schadstoffausstoßes ein wichtiges Ziel der Motorenentwicklung. Während ein betriebswarmer Katalysator inzwischen sehr hohe Konvertierungsraten nahe 100 % erreicht, werden in der Kaltstart- und Aufwärmphase erheblich größere Mengen an Schadstoffen ausgestoßen als mit betriebswarmem Katalysator: Der Anteil der emittierten Schadstoffe aus dem Startprozess und der nachfolgenden Nachstartphase kann sowohl im europäischen als auch im amerikanischen Testzyklus (NEFZ bzw. FTP 75) bis zu 90 % der Gesamtemissionen ausmachen. Für eine Reduzierung der Emissionen ist es daher zwingend, sowohl ein schnelles Aufheizen des Katalysators zu erreichen, als auch möglichst niedrige Rohemissionen in der Startphase und während des Heizens des Katalysators zu erzeugen. Dies wird zum einen durch optimierte Softwaremaßnahmen, zum anderen aber auch durch eine Optimierung der Komponenten Katalysator und λ-Sonde erreicht. Das Anspringen des Katalysators im Kaltstart hängt maßgeblich von der Washcoattechnologie und der darauf abgestimmten Edelmetallbeladung ab. Eine frühe Betriebsbereitschaft der λ-Sonde ermöglicht ein schnelles Erreichen des λ-geregelten Betriebs verbunden mit einer Reduzierung der Emissionen auf Grund geringerer Abweichungen der Zusammensetzung des Luft-Kraftstoff-Gemischs vom Sollwert als bei rein gesteuertem Betrieb.

Katalysatorkonzepte
Katalysatoren lassen sich in kontinuierlich arbeitende Katalysatoren und diskontinuierlich arbeitende Katalysatoren unterteilen.

Kontinuierlich arbeitende Katalysatoren setzen die Schadstoffe ununterbrochen und ohne aktiven Eingriff in die Betriebsbedingungen des Motors um. Kontinuierlich arbeitende Systeme sind der Dreiwegekatalysator, der Oxidationskatalysator und der SCR-Katalysator (selektive katalytische Reduktion; Einsatz nur bei Dieselmotoren, siehe z. B. [1, 2]). Bei diskontinuierlich arbeitenden Katalysatoren gliedert sich der Betrieb in unterschiedliche Phasen, die jeweils durch eine aktive Änderung der Randbedingungen durch die Motorsteuerung eingeleitet werden. Der NO_x-Speicherkatalysator arbeitet diskontinuierlich: Bei

Sauerstoffüberschuss im Abgas wird NO_x eingespeichert, für die anschließende Regenerationsphase wird kurzfristig auf fetten Betrieb (Sauerstoffmangel) umgeschaltet.

Katalysator-Konfigurationen
Randbedingungen
Die Auslegung der Abgasanlage wird durch mehrere Randbedingungen definiert: Aufheizverhalten im Kaltstart, Temperaturbelastung in der Volllast, Bauraum im Fahrzeug sowie Drehmoment und Leistungsentfaltung des Motors.

Die erforderliche Betriebstemperatur des Dreiwegekatalysators begrenzt die Einbaumöglichkeit. Motornahe Katalysatoren kommen in der Nachstartphase schnell auf Betriebstemperatur, können aber bei hoher Last und hoher Drehzahl sehr hoher thermischer Belastung ausgesetzt sein. Motorferne Katalysatoren sind diesen Temperaturbelastungen weniger ausgesetzt. Sie benötigen in der Aufheizphase aber mehr Zeit, um die Betriebstemperatur zu erreichen, sofern dies nicht durch eine optimierte Strategie zur Aufheizung des Katalysators (z. B. Sekundärlufteinblasung) beschleunigt wird.

Strenge Abgasvorschriften verlangen spezielle Konzepte zur Aufheizung des Katalysators beim Motorstart. Je geringer der Wärmestrom ist, der zum Aufheizen des Katalysators erzeugt werden kann, und je niedriger die Emissionsgrenzwerte liegen, desto näher am Motor sollte der Katalysator angeordnet sein – sofern keine zusätzlichen Maßnahmen zur Verbesserung des Aufheizverhaltens getroffen werden. Oft werden luftspaltisolierte Krümmer eingesetzt, die geringere Wärmeverluste bis zum Katalysator aufweisen, um damit eine größere Wärmemenge zum Aufheizen des Katalysators zur Verfügung zu stellen.

Vor- und Hauptkatalysator

Eine verbreitete Konfiguration beim Dreiwegekatalysator ist die geteilte Anordnung mit einem motornahen Vorkatalysator und einem Unterflurkatalysator (Hauptkatalysator). Motornahe Katalysatoren verlangen eine Optimierung der Beschichtung bezüglich der Hochtemperaturstabilität, Unterflurkatalysatoren hingegen werden hinsichtlich niedrige Anspringtemperatur (Low Temperature Light off) sowie einer guten NO_x-Konvertierung optimiert. Für eine schnellere Aufheizung und Schadstoffumwandlung ist der Vorkatalysator in der Regel kleiner und besitzt eine höhere Zelldichte sowie eine größere Edelmetallbeladung.

NO_x-Speicherkatalysatoren sind aufgrund ihrer geringeren maximal zulässigen Betriebstemperatur im Unterflurbereich angeordnet. Alternativ zu der klassischen Aufteilung in zwei separate Gehäuse und Anbaupositionen gibt es auch zweistufige Katalysatoranordnungen (Kaskadenkatalysatoren), in denen zwei Katalysatorträger in einem gemeinsamen Gehäuse hintereinander untergebracht sind. Damit kann das System kostengünstiger dargestellt werden. Die beiden Träger sind zur thermischen Entkopplung durch einen kleinen Luftspalt voneinander getrennt. Beim Kaskadenkatalysator ist die thermische Belastung des zweiten Katalysators aufgrund der räumlichen Nähe vergleichbar mit der des ersten Katalysators. Dennoch gestattet diese Anordnung eine unabhängige Optimierung der beiden Katalysatoren bezüglich Edelmetallbeladung, Zelldichte und Wandstärke. Der erste Katalysator besitzt im Allgemeinen eine größere Edelmetallbeladung und höhere Zelldichte für ein gutes Anspringverhalten im Kaltstart. Zwischen den beiden Trägern kann eine λ-Sonde für die Regelung und Überwachung der Abgasnachbehandlung angebracht sein.

Auch Konzepte mit nur einem Gesamtkatalysator kommen zum Einsatz. Mit modernen Beschichtungsverfahren ist es möglich, unterschiedliche Edelmetallbeladungen im vorderen und hinteren Teil des Katalysators zu erzeugen. Diese Konfiguration hat zwar geringere Auslegungsfreiheiten, ist jedoch mit vergleichsweise niedrigen Kosten umsetzbar. Sofern das zur Verfügung stehende Platzangebot es erlaubt, wird der Katalysator möglichst motornah angebracht. Bei Einsatz eines effektiven Katalysator-Aufheizverfahrens ist aber auch eine motorferne Positionierung möglich.

Mehrflutige Konfigurationen

Die Abgasstränge der einzelnen Zylinder werden vor dem Katalysator zumindest teilweise durch den Abgaskrümmer zusammengeführt. Bei Vierzylindermotoren kommen häufig Abgaskrümmer zum Einsatz, die alle vier Zylinder nach einer kurzen Strecke zusammenführen. Dies ermöglicht den Einsatz eines motornahen Katalysators, der bezüglich des Aufheizverhaltens günstig positioniert werden kann (Bild 8a).

Für eine leistungsoptimierte Motorauslegung werden bei Vierzylindermotoren bevorzugt 4-in-2-Abgaskrümmer eingesetzt, bei denen zunächst nur jeweils zwei Abgasstränge zusammengefasst werden. Damit kann der Abgasgegendruck reduziert werden. Die Positionierung eines Katalysators erst nach der zweiten Zusammenführung zu einem einzigen Gesamtabgasstrang ist für das Aufheizverhalten recht ungünstig. Daher werden teilweise bereits nach der ersten Zusammenführung zwei motornahe (Vor-)Katalysatoren eingebaut und ggf. nach der zweiten Zusammenführung noch ein weiterer (Haupt-)Katalysator eingesetzt (Bild 8b). Ähnlich stellt sich die Situation bei Motoren mit mehr als vier Zylindern dar, insbeson-dere bei Motoren mit mehr als einer Zylinderbank (V-Motoren). Auf jeder Bank können Vor- und Hauptkatalysatoren entsprechend der bisherigen Beschreibungen eingesetzt werden. Zu unterscheiden ist, ob die Abgasanlage komplett zweiflutig verläuft (Bild 8c) oder ob im Unterflurbereich eine Y-förmige Zusammenführung zu einem Gesamtabgasstrang erfolgt. Im letztgenannten Fall kann bei einer Konfiguration mit Vor- und Hauptkatalysatoren ein gemeinsamer Hauptkatalysator für beide Bänke zum Einsatz kommen (Bild 8d).

Bild 8
1 Vorkatalysator
2 Hauptkatalysator
3 erste Zusammenführung
4 zweite Zusammenführung

a) Einsatz eines motornahen Vorkatalysators und eines Hauptkatalysators
b) 4-in-2-Abgaskrümmer für leistungsoptimierte Motorauslegung mit zwei motornahen Vorkatalysatoren und einem Hauptkatalysator
c) Motor mit mehr als einer Zylinderbank (V-Motor): Abgasanlage verläuft komplett zweiflutig mit je einem Vor- und einem Hauptkatalysator
d) Motor mit mehr als einer Zylinderbank (V-Motor): Y-förmige Zusammenführung im Unterflurbereich zu einem Gesamtabgasstrang mit einem gemeinsamen Hauptkatalysator für beide Bänke

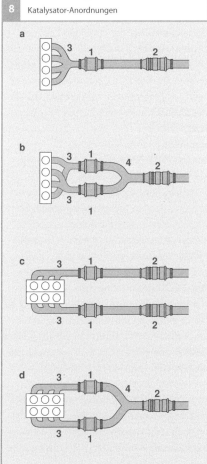

8 Katalysator-Anordnungen

a
b
c
d

Katalysatorheizkonzepte

Eine nennenswerte Konvertierung erreichen Katalysatoren erst ab einer bestimmten Betriebstemperatur (Anspringtemperatur, Light-off-Temperatur). Beim Dreiwegekatalysator beträgt sie ca. 300 °C, bei gealterten Katalysatoren kann diese Temperaturschwelle höher liegen. Bei zunächst kaltem Motor und kalter Abgasanlage muss der Katalysator daher möglichst schnell auf Betriebstemperatur aufgeheizt werden. Hierzu ist kurzfristig eine Wärmezufuhr erforderlich, die durch unterschiedliche Konzepte bereitgestellt werden kann.

Rein motorische Maßnahmen

Für ein effektives Heizen des Katalysators mit motorischen Maßnahmen muss sowohl die Abgastemperatur angehoben als auch der Abgasmassenstrom erhöht werden. Dies wird durch verschiedene Maßnahmen erreicht, die alle den motorischen Wirkungsgrad verschlechtern und somit einen erhöhten Abgaswärmestrom erzeugen.

Die Wärmestromanforderung an den Motor ist abhängig von der Katalysatorposition und der Auslegung der Abgasanlage, da bei kalter Abgasanlage das Abgas auf dem Weg zum Katalysator abkühlt.

Zündwinkelverstellung
Die zentrale Maßnahme zur Erhöhung des Abgaswärmestroms ist die Zündwinkelverstellung in Richtung „spät". Die Verbrennung wird möglichst spät eingeleitet und findet in der Expansionsphase statt. Am Ende der Expansionsphase hat das Abgas dann noch eine relativ hohe Temperatur. Auf den Motorwirkungsgrad wirkt sich die späte Verbrennung ungünstig aus.

Leerlaufdrehzahl
Als unterstützende Maßnahme wird i. A. zusätzlich die Leerlaufdrehzahl angehoben und

damit der Abgasmassenstrom erhöht. Die höhere Drehzahl gestattet eine stärkere Spätverstellung des Zündwinkels; um eine sichere Entflammung zu gewährleisten, sind die Zündwinkel jedoch ohne weitere Maßnahmen auf etwa 10 ° bis 15 ° nach dem oberen Totpunkt begrenzt. Die dadurch begrenzte Heizleistung genügt nicht immer, um die aktuellen Emissionsgrenzwerte zu erreichen.

Auslassnockenwellenverstellung
Ein weiterer Beitrag zur Erhöhung des Wärmestroms kann ggf. durch eine Auslassnockenwellenverstellung erreicht werden. Durch ein möglichst frühes Öffnen der Auslassventile wird die ohnehin spät stattfindende Verbrennung frühzeitig abgebrochen und damit die erzeugte mechanische Energie weiter reduziert. Die entsprechende Energiemenge steht als Wärmemenge im Abgas zur Verfügung.

Homogen-Split
Bei der Benzin-Direkteinspritzung gibt es grundsätzlich die Möglichkeit der Mehrfacheinspritzung. Dies erlaubt es, ohne zusätzliche Komponenten, den Katalysator schnell auf Betriebstemperatur aufheizen zu können. Bei der Maßnahme „Homogen-Split" wird zunächst durch Einspritzen während des Ansaugtakts ein homogenes mageres Grundgemisch erzeugt. Eine anschließende kleine Einspritzung während des Verdichtungstakts oder auch nahe der Zündung nach OT ermöglicht sehr späte Zündzeitpunkte (etwa 20 ° bis 30 ° nach OT) und führt zu hohen Abgaswärmeströmen. Die erreichbaren Abgaswärmeströme sind vergleichbar mit denen einer Sekundärlufteinblasung.

Sekundärlufteinblasung
Durch thermische Nachverbrennung von unverbrannten Kraftstoffbestandteilen lässt sich die Temperatur im Abgassystem erhöhen. Hierzu wird ein fettes ($\lambda = 0{,}9$) bis sehr fettes ($\lambda = 0{,}6$) Grundgemisch eingestellt. Über eine Sekundärluftpumpe wird dem Abgassystem Sauerstoff zugeführt, sodass sich eine magere Zusammensetzung im Abgas ergibt.

Bei sehr fettem Grundgemisch ($\lambda = 0{,}6$) oxidieren die unverbrannten Kraftstoffbestandteile oberhalb einer bestimmten Temperaturschwelle exotherm. Um diese Temperatur zu erreichen, muss einerseits mit späten Zündwinkeln das Temperaturniveau erhöht werden und andererseits die Sekundärluft möglichst nahe an den Auslassventilen eingeleitet werden. Die exotherme Reaktion im Abgassystem erhöht den Wärmestrom in den Katalysator und verkürzt somit die Aufheizdauer. Zudem werden die HC- und CO-Emissionen im Vergleich zu rein motorischen Maßnahmen noch vor Eintritt in den Katalysator reduziert.

Bei weniger fettem Grundgemisch ($\lambda = 0{,}9$) findet vor dem Katalysator keine nennenswerte Reaktion statt. Die unverbrannten Kraftstoffbestandteile oxidieren erst im Katalysator und heizen diesen somit von innen auf. Dazu muss jedoch zunächst die Stirnfläche des Katalysators durch konventionelle Maßnahmen (wie Zündwinkelspätverstellung) auf Betriebstemperatur gebracht werden. In der Regel wird ein weniger fettes Grundgemisch eingestellt, da bei einem sehr fetten Grundgemisch die exotherme Reaktion vor dem Katalysator nur unter stabilen Randbedingungen zuverlässig abläuft.

Die Sekundärlufteinblasung erfolgt mit einer elektrischen Sekundärluftpumpe (**Bild 9**, Pos. 1), die aufgrund des hohen Strombedarfs über ein Relais (3) geschaltet wird. Das Sekundärluftventil (5) verhindert das Rückströmen von Abgas in die Pumpe und muss bei ausgeschalteter Pumpe ge-

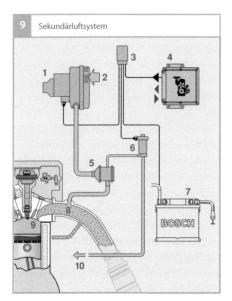

9 Sekundärluftsystem

schlossen sein. Es ist entweder ein passives Rückschlagventil oder es wird rein elektrisch oder pneumatisch angesteuert. Im letzten Fall wird wie hier dargestellt ein elektrisch betätigtes Steuerventil (6) benötigt. Bei betätigtem Steuerventil öffnet das Sekundärluftventil durch den Saugrohrunterdruck. Die Koordination des Sekundärluftsystems wird von dem Motorsteuergerät (4) übernommen.

λ-Regelkreis

Aufgabe

Damit die Konvertierungsraten des Dreiwegekatalysators für die Schadstoffkomponenten HC, CO und NO_x möglichst hoch sind, müssen die Reaktionskomponenten im stöchiometrischen Verhältnis vorliegen. Das erfordert, dass das stöchiometrische Luft-Kraftstoff-Verhältnis sehr genau eingehalten wird und eine Luft-Kraftstoff-Gemischzusammensetzung mit $\lambda = 1{,}0$ vorliegt. Um bei der Luft-Kraftstoff-Gemischbildung diesen Sollwert im Motorbetrieb einstellen zu können, wird der Vorsteuerung des Luft-Kraft-

stoff-Gemischs ein Regelkreis überlagert, da allein mit einer Steuerung der Kraftstoffzumessung keine ausreichende Genauigkeit erzielt wird.

Arbeitsweise

Mit dem λ-Regelkreis können Abweichungen von einem bestimmten Luft-Kraftstoff-Verhältnis erkannt und über die Menge des eingespritzten Kraftstoffs korrigiert werden. Als Maß für die Zusammensetzung des Luft-Kraftstoff-Gemischs dient der Restsauerstoffgehalt im Abgas, der mittels λ-Sonden gemessen wird.

Das Funktionsschema der λ-Regelung ist in Bild 10 dargestellt. In Abhängigkeit von der Art der Sonde vor dem Katalysator (Pos. 3a) wird zwischen einer Zweipunkt-λ-Regelung oder einer stetigen λ-Regelung unterschieden.

Bei der Zweipunkt-λ-Regelung, die nur auf den Wert $\lambda = 1$ regeln kann, sitzt eine Zweipunkt-λ-Sonde im Abgastrakt vor dem Vorkatalysator (4). Der Einsatz einer Breitband-λ-Sonde vor dem Vorkatalysator hingegen erlaubt eine stetige λ-Regelung auch auf λ-Werte, die vom Wert 1 abweichen.

Eine größere Genauigkeit wird durch eine Zweisonden-Regelung erreicht, bei der sich hinter dem Vorkatalysator (4) eine zweite λ-Sonde (3b) befindet. Der erste λ-Regelkreis basierend auf dem Signal der Sonde vor dem Katalysator wird durch eine zweite λ-Regelschleife basierend auf dem Signal der λ-Sonde hinter dem Katalysator korrigiert.

Zweipunkt-Regelung

Die Zweipunkt-λ-Regelung regelt die Luftzahl auf $\lambda = 1$ ein. Eine Zweipunkt-λ-Sonde als Messsensor im Abgasrohr liefert kontinuierlich Informationen darüber, ob das Luft-Kraftstoff-Gemisch fetter oder magerer als $\lambda = 1$ ist. Eine hohe Sondenspannung (z. B.

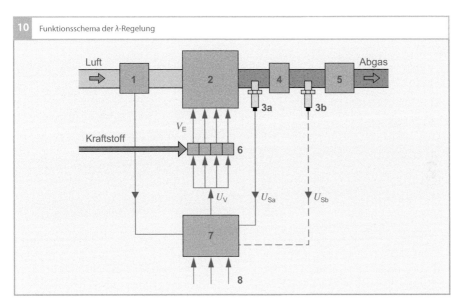

10   Funktionsschema der λ-Regelung

Luft

Abgas

Kraftstoff

V_E

U_V U_{Sa} U_{Sb}

800 mV) zeigt ein fettes, eine niedrige Sondenspannung (z. B. 200 mV) ein mageres Luft-Kraftstoff-Gemisch an.

Bei jedem Übergang von fettem zu magerem sowie von magerem zu fettem Luft-Kraftstoff-Gemisch weist das Ausgangssignal der Sonde einen Spannungssprung auf, der von einer Regelschaltung ausgewertet wird. Bei jedem Spannungssprung ändert die Stellgröße ihre Stellrichtung. Die Stellgröße (Regelfaktor) korrigiert multiplikativ die Gemischvorsteuerung und erhöht oder vermindert damit die Einspritzmenge.

Die Stellgröße ist aus einem Sprung und einer Rampe (Bild 11) zusammengesetzt. Das bedeutet, dass bei einem Sprung des Sondensignals das Luft-Kraftstoff-Gemisch zunächst um einen bestimmten Betrag sofort sprunghaft verändert wird, um möglichst schnell eine Gemischkorrektur herbeizuführen. Anschließend folgt die Stellgröße einer rampenförmigen Anpassungsfunktion, bis erneut ein Spannungssprung des Sondensignals erfolgt. Die Amplitude dieser Stellgröße wird hierbei typisch im Bereich von

2…3 % festgelegt. Das Luft-Kraftstoff-Gemisch wechselt somit ständig seine Zusammensetzung in einem sehr engen Bereich um λ = 1. Hierdurch ergibt sich eine beschränkte Reglerdynamik, welche durch die Totzeit im System (die im wesentlichen aus der Gaslaufzeit besteht) und die Gemischkorrektur (in Form der Steigung der Rampe) bestimmt ist.

Die typische Abweichung des Sauerstoffnulldurchgangs und damit des Sprungs der λ-Sonde vom theoretischen Wert bei λ = 1 bedingt durch die Variation der Abgaszusammensetzung, kann kompensiert werden, indem der Stellgrößenverlauf asymmetrisch gestaltet wird (Fett- oder Mager-Verschiebung). Bevorzugt wird hierbei das Festhalten des Rampenendwerts für eine gesteuerte Verweilzeit t_V nach dem Sondensprung (Bild 11): Bei der Verschiebung nach „fett" verharrt die Stellgröße für eine Verweilzeit t_V noch auf Fettstellung, obwohl das Sondensignal bereits in Richtung fett gesprungen ist. Erst nach Ablauf der Verweilzeit schließen sich Sprung und Rampe der Stellgröße in

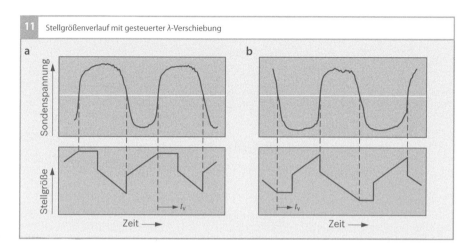

Bild 11
t_V Verweilzeit nach
     Sondensprung
a) Fettverschiebung
b) Magerverschiebung

11 Stellgrößenverlauf mit gesteuerter λ-Verschiebung

a

b

Sondenspannung

Stellgröße

Zeit →   Zeit →

t_V t_V

Richtung „mager" an. Springt das Sondensignal anschließend in Richtung „mager", regelt die Stellgröße direkt dagegen (mit Sprung und Rampe), ohne auf der Magerstellung zu verharren.

Bei der Verschiebung nach „mager" verhält es sich umgekehrt: Zeigt das Sondensignal mageres Luft-Kraftstoff-Gemisch an, so verharrt die Stellgröße für die Verweilzeit t_V auf Magerstellung und regelt dann erst in Richtung „fett". Beim Sprung des Sondensignals von „mager" nach „fett" wird hingegen sofort entgegengesteuert.

Stetige λ-Regelung
Die Dynamik einer Zweipunkt-λ-Regelung kann verbessert werden, wenn die Abweichung von λ = 1 tatsächlich gemessen wird. Die Breitband-λ-Sonde liefert ein stetiges Signal. Damit kann auch die Abweichung von λ = 1 gemessen und direkt bewertet werden. Mit der Breitbandsonde lässt sich damit eine kontinuierliche Regelung auf den Sollwert λ = 1 mit stationär sehr kleiner Amplitude in Verbindung mit hoher Dynamik erreichen. Die Parameter dieser Regelung werden in Abhängigkeit von den Betriebspunkten des Motors berechnet und angepasst. Vor allem die unvermeidlichen Rest-

fehler der stationären und instationären Vorsteuerung können mit dieser Art der λ-Regelung deutlich schneller kompensiert werden.

Die Breitband-λ-Sonde ermöglicht es darüber hinaus, auch auf Soll-Gemischzusammensetzungen zu regeln, die von λ = 1 abweichen. Der Messbereich erstreckt sich auf λ-Werte im Bereich von λ = 0,7 bis „reine Luft" (theoretisch λ → ∞), der Bereich der aktiven λ-Regelung ist je nach Anwendungsfall begrenzt. Damit lässt sich eine geregelte Anfettung (λ < 1) z. B. für den Bauteileschutz wie auch eine geregelte Abmagerung (λ > 1) z. B. für einen mageren Warmlauf beim Katalysatorheizen realisieren. Entsprechend **Bild 3** können dadurch die HC-Emissionen bei noch nicht erreichter Anspringtemperatur des Katalysators reduziert werden. Die stetige λ-Regelung ist damit für den mageren und fetten Betrieb geeignet.

Zweisonden-Regelung
Die λ-Regelung mit der λ-Sonde vor dem Katalysator hat eine eingeschränkte Genauigkeit, da die Sonde starken Belastungen (Vergiftungen, ungereinigtes Abgas) ausgesetzt ist. Der Sprungpunkt einer Zweipunktsonde bzw. die Kennlinie einer Breitband-

sonde können sich z. B. durch geänderte Abgaszusammensetzungen verschieben. Eine λ-Sonde hinter dem Katalysator ist diesen Einflüssen in wesentlich geringerem Maße ausgesetzt. Eine λ-Regelung, die alleine auf der Sonde hinter dem Katalysator basiert, hat jedoch wegen der langen Gaslaufzeiten Nachteile in der Dynamik, insbesondere reagiert sie auf Luft-Kraftstoff-Gemischänderungen träger.

Eine größere Genauigkeit wird mit der Zweisonden-Regelung (wie in **Bild 10** dargestellt) erreicht. Dabei wird der beschriebenen schnellen Zweipunkt- oder der stetigen λ-Regelung über eine zusätzliche Zweipunkt-λ-Sonde hinter dem Katalysator (**Bild 12a**) eine langsamere Korrekturregelschleife überlagert. Bei der so entstandenen Kaskadenregelung wird die Sondenspannung der Zweipunkt-Sonde hinter dem Katalysator mit einem Sollwert (z. B. 600 mV) verglichen. Darauf basierend wertet die Regelung die Abweichungen vom Sollwert aus und verändert additiv zur vorgesteuerten Verweilzeit t_V die Fett- bzw. Magerverschiebung der inneren Regelschleife einer Zweipunktregelung oder den Sollwert einer stetigen Regelung.

Dreisonden-Regelung
Sowohl aus Sicht der Katalysatordiagnose (zur getrennten Überwachung des Vor- und des Hauptkatalysators) als auch der Abgaskonstanz ist zur Erfüllung der strengen US-Abgasvorschrift SULEV (Super Ultra Low Emission Vehicle, Kategorie der kalifornischen Abgasgesetzgebung) der Einsatz einer dritten Sonde hinter dem Hauptkatalysator empfehlenswert (**Bild 12b**). Das Zweisondenregelsystem (mit einer Einfachkaskade) wird durch eine extrem langsame Regelung mit der dritten Sonde hinter dem Hauptkatalysator erweitert.

Da die Anforderungen an die Einhaltung der SULEV-Grenzwerte für eine Laufleistung von 150 000 Meilen gelten, kann die Alte-

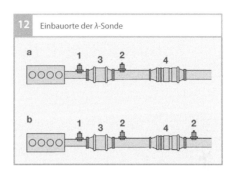

Bild 12
a) Zweisonden-Regelung
b) Dreisonden-Regelung

1 Zweipunkt- oder Breitband- λ-Sonde
2 Zweipunkt-λ-Sonde
3 Vorkatalysator
4 Hauptkatalysator

rung des Vorkatalysators dazu führen, dass die λ-Messung mit der Zweipunkt-Sonde hinter dem Vorkatalysator an Genauigkeit verliert. Dies wird durch die Regelung mit der Zweipunkt-Sonde hinter dem Hauptkatalysator kompensiert.

Regelung des NO_x-Speicherkatalysators
λ-Regelung bei der Benzin-Direkteinspritzung
Bei Systemen mit Benzin-Direkteinspritzung können unterschiedliche Betriebsarten realisiert werden. Die Auswahl der jeweiligen Betriebsart erfolgt in Abhängigkeit vom Betriebspunkt des Motors und wird von der Motorsteuerung eingestellt. Im Homogenbetrieb unterscheidet sich die λ-Regelung nicht von den bisher aufgeführten Regelstrategien. In den Schichtbetriebsarten ($\lambda > 1$) ist eine Abgasnachbehandlung mit einem NO_x-Speicherkatalysator notwendig. Der Dreiwegekatalysator kann die NO_x-Emissionen im mageren Betrieb nicht konvertieren. Die λ-Regelung ist in diesen Betriebsarten deaktiviert.

Regelung des NO_x-Speicherkatalysators
Für Systeme, die zusätzlich einen mageren Motorbetrieb ($\lambda > 1$) unterstützen, ist eine Regelung des NO_x-Speicherkatalysators (**Bild 13**) notwendig.

Der NO_x-Speicherkatalysator ist ein diskontinuierlich arbeitender Katalysator. In einer ersten Betriebsphase mit Magerbetrieb

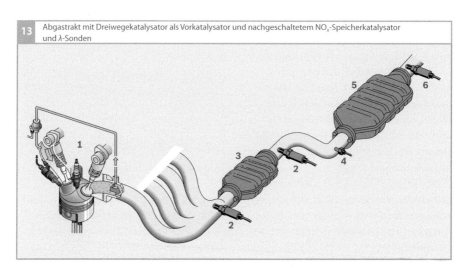

13 Abgastrakt mit Dreiwegekatalysator als Vorkatalysator und nachgeschaltetem NO_x-Speicherkatalysator und λ-Sonden

Bild 13
1   Motor mit Abgas-
    rückführsystem
2   λ-Sonde
3   Dreiwegekatalysator
    (Vorkatalysator)
4   Temperatursensor
5   NO_x-Speicherkata-
    lysator (Hauptkata-
    lysator)
6   NO_x-Sensor mit inte-
    grierter Zweipunkt-
    λ-Sonde

werden die NO_x-Emissionen eingespeichert. Ist die NO_x-Speicherfähigkeit des Katalysators erschöpft, wird durch einen aktiven Eingriff in der Motorsteuerung in eine zweite Betriebsphase umgeschaltet, welche kurzzeitig fetten Motorbetrieb zur Regeneration des NO_x-Speichers liefert. Die Aufgabe der Regelung des NO_x-Speicherkatalysators besteht darin, den Füllstand des NO_x-Speicherkatalysators zu beschreiben und zu entscheiden, ab wann die Regeneration durchgeführt werden muss. Des Weiteren muss entschieden werden, ab wann wieder in den Magerbetrieb umgeschaltet werden kann. Der Kraft-

stoffverbrauchsvorteil durch die Schichtbetriebsart überwiegt in Summe deutlich dem Kraftstoffverbrauchsnachteil durch die Regeneration mit fettem Luft-Kraftstoff-Gemisch. In **Bild 14** sind schematisch die NO_x-Massenströme vor und nach dem NO_x-Speicherkatalysator dargestellt.

NO_x-Einspeicherphase
Zur Regelung des NO_x-Speicherkatalysators wird der NO_x-Rohmassenstrom in Abhängigkeit von Betriebsparametern modelliert; er ist in **Bild 14** beispielhaft als konstant dargestellt. Dieser Massenstrom dient als Eingang in ein NO_x-Einspeichermodell, welches sowohl den Füllstand als auch die NO_x-Emissionen hinter dem Katalysator modelliert. Zu Beginn der Einspeicherphase wird die NO_x-Rohemission nahezu vollständig eingespeichert, der modellierte NO_x-Massenstrom hinter Katalysator ist nahezu null. Mit zunehmender Einspeicherung steigen die NO_x-Emissionen hinter NO_x-Speicherkatalysator an. Die Regelung entscheidet, zu welchem Zeitpunkt der Wirkungsgrad der Einspeicherung nicht mehr ausreicht, und triggert eine NO_x-Regeneration. Das Modell

Bild 14
NO_x-Emissionen vor und nach dem NO_x-Speicherkatalysator in der Einspeicherphase
1   NO_x-Rohemission
2   modellierter NO_x-Massenstrom hinter dem NO_x-Speicherkatalysator

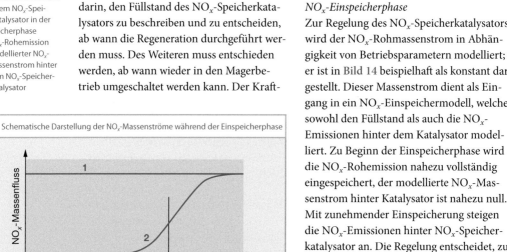

14 Schematische Darstellung der NO_x-Massenströme während der Einspeicherphase

kann durch den dem NO_x-Speicherkatalysator nachgeschalteten NO_x-Sensor adaptiert werden.

NO_x-Regenerationsphase
Die Regenerationsphase wird auch Ausspeicherphase genannt. Zur Regeneration des NO_x-Speicherkatalysators wird von der Schichtbetriebsart in den Homogenbetrieb umgeschaltet und angefettet ($\lambda = 0,8\ldots0,9$), um die eingespeicherten NO_x-Emissionen durch Fettgas konvertieren zu können. Das Ende der Regenerationsphase und damit der Trigger für die Umschaltung in die Schichtbetriebsart, wird durch zwei Verfahren bestimmt: Beim ersten, modellgestützten Verfahren erreicht die berechnete Menge des noch im Speicherkatalysator vorhandenen NO_x eine untere Grenze. Beim zweiten Verfahren misst die im NO_x-Sensor integrierte λ-Sonde die Sauerstoffkonzentration im Abgas hinter dem NO_x-Speicherkatalysator und zeigt einen Spannungssprung von „mager" nach „fett", wenn die Regeneration beendet ist.

Dreiwegekatalysator
Arbeitsweise
Der Dreiwegekatalysator wandelt die bei der Verbrennung des Luft-Kraftstoff-Gemischs entstehenden Schadstoffkomponenten Kohlenwasserstoffe (HC), Kohlenmonoxid (CO) und Stickoxide (NO_x) in ungiftige Bestandteile um. Als Endprodukte entstehen Wasserdampf (H_2O), Kohlendioxid (CO_2) und Stickstoff (N_2).

Konvertierung der Schadstoffe
Die Konvertierung der Schadstoffe lässt sich in Oxidations- und Reduktionsreaktionen unterteilen. Die Oxidation von Kohlenmonoxid und Kohlenwasserstoffen verläuft beispielsweise nach folgenden Gleichungen:

$$2\,CO + O_2 \rightarrow 2\,CO_2 \qquad (1)$$

$$2\,C_2H_6 + 7\,O_2 \rightarrow 4\,CO_2 + 6\,H_2O \qquad (2)$$

Die Reduktion von Stickoxiden läuft gemäß folgender, beispielhafter Gleichungen ab:

$$2\,NO + 2\,CO \rightarrow N_2 + 2\,CO_2 \qquad (3)$$

$$2\,NO_2 + 2\,CO \rightarrow N_2 + 2\,CO_2 + O_2 \qquad (4)$$

Der für die Oxidation von Kohlenwasserstoffen und Kohlenmonoxid benötigte Sauerstoff wird entweder direkt dem Abgas oder den im Abgas vorhandenen Stickoxiden entzogen, abhängig von der Zusammensetzung des Luft-Kraftstoff-Gemischs. Bei $\lambda = 1$ stellt sich ein Gleichgewicht zwischen den Oxidations- und den Reduktionsreaktionen ein. Der Restsauerstoffgehalt im Abgas bei $\lambda = 1$ (ca. 0,5 %) und der im Stickoxid gebundene Sauerstoff ermöglichen eine vollständige Oxidation von Kohlenwasserstoffen und Kohlenmonoxid; gleichzeitig werden dadurch die Stickoxide reduziert. Somit dienen Kohlenwasserstoffe und Kohlenmonoxid als Reduktionsmittel für die Stickoxide.

Sauerstoffspeicherkomponenten werden bei der Herstellung der Beschichtung von Dreiwegekatalysatoren eingesetzt. Die wichtigste Substanz ist das Ceroxid. Sauerstoffspeicherkomponenten gleichen die Luftzahlschwankungen bei auf $\lambda = 1$ geregelten Motoren aus, in dem sie ihre Oxidationsstufe z. B. von +III auf +IV und umgekehrt wechseln und dabei Sauerstoff einspeichern und freisetzen können. Man erzielt dadurch eine im Bereich der Reaktionszone des Katalysators konstante Luftzahl. Daneben basieren die aktuell zur Bestimmung des Katalysatorzustands eingesetzten On-Board-Diagnose-Funktionen auf der Fähigkeit des Katalysators, Sauerstoff einzuspeichern und freizusetzen. Diese Fähigkeit nimmt ebenso wie seine Edelmetallaktivität mit zunehmender Alterung ab und kann mit Hilfe der vor und hinter dem Katalysator angeordneten

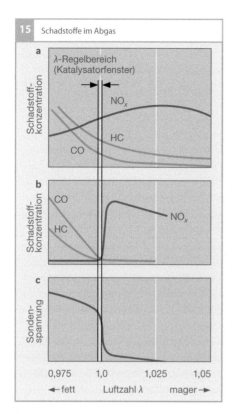

15   Schadstoffe im Abgas

a

λ-Regelbereich
(Katalysatorfenster)

Schadstoff-konzentration

NO$_x$

HC

CO

b

Schadstoff-konzentration

CO

NO$_x$

HC

c

Sonden-spannung

0,975   1,0   1,025   1,05

←fett   Luftzahl λ   mager→

Bild 15
a   vor der katalytischen
     Nachbehandlung
     (im Rohabgas)
b   nach der katalyti-
     schen Nachbehand-
     lung
c   Spannungskennlinie
     der Zweipunkt-λ-
     Sonde

λ-Sonden bestimmt werden. Dabei laufen
folgende Reaktionen ab:

$$2\,Ce_2O_3 + O_2 \leftrightarrow 4\,CeO_2 \quad \text{für } \lambda > 1, \quad (5)$$

$$2\,CeO_2 + CO \leftrightarrow Ce_2O_3 + CO_2 \quad \text{für } \lambda < 1.$$
$$(6)$$

Bei andauerndem Sauerstoffüberschuss (λ >
1) werden Kohlenwasserstoffe und Kohlenmonoxid durch den im Abgas vorhandenen
Sauerstoff oxidiert. Daher stehen sie nicht
für die Reduktion der Stickoxide zur Verfügung. Die NO$_x$-Rohemissionen werden daher unbehandelt freigesetzt. Bei andauerndem Sauerstoffmangel (λ < 1) laufen die
Reduktionsreaktionen der Stickoxide mit
Kohlenwasserstoffen und Kohlenmonoxid
als Reduktionsmittel ab. Überschüssige Koh-

lenwasserstoffe und überschüssiges Kohlenmonoxid, die mangels Sauerstoff nicht umgesetzt werden können, werden unbehandelt
freigesetzt.

Konvertierungsrate
Die Menge der freigesetzten Schadstoffe ergibt sich aus der Konzentration der Schadstoffe im Rohabgas (Bild 15a) und aus der
Konvertierungsrate, d. h. aus dem Anteil, der
im Katalysator umgewandelt werden kann.
Beide Größen hängen von der eingestellten
Luftzahl λ ab. Eine für alle drei Schadstoffkomponenten möglichst hohe Konvertierungsrate erfordert eine Luft-Kraftstoff-
Gemischzusammensetzung im stöchiometrischen Verhältnis mit λ = 1,0. Der λ-Regelbereich, in dem das Luft-Kraftstoff-Verhältnis λ liegen muss, ist damit sehr klein. Die
Luft-Kraftstoff-Gemischbildung muss daher
in einem λ-Regelkreis nachgeführt werden.
    Die Konvertierungsraten für HC und CO
nehmen mit zunehmender Luftzahl stetig zu,
d. h., die Emissionen nehmen ab (Bild 15b).
Bei λ = 1 ist der Anteil dieser Schadstoffkomponenten nur noch sehr gering. Mit höherer Luftzahl (λ > 1) bleibt die Konzentration dieser Schadstoffe auf diesem niedrigen
Niveau. Die Konvertierung der Stickoxide
(NO$_x$) ist im fetten Bereich
(λ < 1) gut. Ab λ = 1 behindert schon eine
geringe Erhöhung des Sauerstoffanteils im
Abgas die Reduktion der Stickoxide und
lässt deren Konzentration steil ansteigen.
Diese starke Änderung der Abgaszusammensetzung nach dem Dreiwegekatalysator
spiegelt sich auch in der Spannungskennlinie
einer Zweipunkt-λ-Sonde wieder (Bild 15c),
deren Platin-Elektroden ebenfalls als Katalysator wirken.

Aufbau

Der Katalysator (Bild 16) besteht im Wesentlichen aus einem Blechbehälter als Ge-

häuse (6), einem Träger (5) und einer Trägerschicht (Washcoat) mit der aktiven katalytischen Edelmetallbeschichtung (4).

Träger
Als Trägermaterial für die katalytisch aktive Beschichtung am weitesten verbreitet ist heute die Keramik. Als Alternative zu Keramikträgern werden in geringerem Umfang auch Metallträger eingesetzt. Der Träger hat zunächst keine katalytischen Eigenschaften, sondern soll der aktiven Beschichtung eine möglichst große Oberfläche und gute Hafteigenschaften bieten. Dennoch spielt der Träger eine Rolle bei der Auslegung des Abgasreinigungssystems. Anforderungen an den Träger sind: Geringer Gegendruckaufbau im Abgassystem, eine geringe Masse, eine hohe mechanische und thermische Stabilität, ein geringes thermisches Ausdehnungsverhalten, die Freiheit bei der äußeren Formgebung (Kontur) und nicht zuletzt eine kostengünstige Ausführung.

Keramische Monolithen
Keramische Monolithen sind Keramikkörper, die von mehreren tausend kleinen Kanälen durchzogen sind. Es handelt sich um monolithische Strukturen, die durch Extrudieren der Rohmaterialmischung und anschließendes Brennen hergestellt werden. Diese Kanäle werden vom Abgas durchströmt. Die Keramik besteht aus hochtemperaturfestem Magnesium-Aluminium-Silikat. Der auf mechanische Spannungen empfindlich reagierende Monolith ist in einem Blechgehäuse befestigt. Hierzu werden mineralische Quellmatten (Bild 16, Pos. 2) verwendet, die sich beim ersten Aufheizen bleibend ausdehnen und gleichzeitig für Gasdichtheit sorgen. Die keramischen Monolithen sind die derzeit am häufigsten eingesetzten Katalysatorträger.

Metallische Monolithen
Eine Alternative zum keramischen Monolithen ist der metallische Monolith. Er ist aus fein gewellter, ca. 0,03...0,05 mm dünner Metallfolie gewickelt und in einem Hochtemperaturprozess gelötet. Aufgrund der dünnen Wandungen lässt sich eine größere Anzahl von Kanälen pro Fläche unterbringen. Dies verringert den Strömungswiderstand für das Abgas und bringt dadurch Vorteile bei der Optimierung von Hochleistungsmotoren.

Bild 16
Dreiwegekatalysator mit λ-Sonde
a   Katalysator als gesamtes Bauelement
b   Träger mit Washcoat- und Edelmetallbeschichtung
1   λ-Sonde
2   Quellmatte
3   wärmegedämmte Doppelschale
4   Washcoat (Al_2O_3-Trägerschicht) mit Edelmetallbeschichtung
5   Träger (Monolith)
6   Gehäuse
7   Abgasstrom mit Schadstoffen

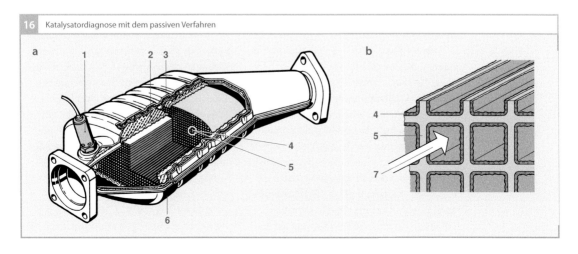

16 Katalysatordiagnose mit dem passiven Verfahren

Beschichtung

Die einzelnen Komponenten der katalytischen Beschichtung können wie folgt aufgeteilt werden:

- Trägeroxide,
- weitere oxidische Komponenten,
- Edelmetalle und andere katalytisch aktive Materialien.

Der Washcoat ist eine Beschichtung mit großer Rauheit auf dem Trägermaterial zur Vergrößerung der Oberfläche. Er besteht aus porösem Aluminiumoxid (Al_2O_3) und anderen Metalloxiden.

In der Praxis haben sich – mit Ausnahme bei der Reduktion von Stickoxiden durch Ammoniak – die Edelmetalle als wirksame Katalysatoren herausgestellt. Dabei zeichnen sich insbesondere Platin und Palladium durch eine hohe Oxidationskraft und Rhodium als wirksamer Katalysator für die Umsetzung von NO mit Kohlenmonoxid aus. Iridium hat eine begrenzte Anwendung als Katalysator für die Reaktion der Stickoxide mit Kohlenwasserstoffen bei mager betriebenen Motoren gefunden. Die in einem Katalysator enthaltene Edelmetallmenge beträgt ca. 1...5 g. Dieser Wert hängt u. a. vom Hubraum des Motors, von den Rohemissionen, von der Abgastemperatur und von der zu erfüllenden Abgasnorm ab.

Aktuelle Katalysatorkonzepte sind sogenannte „Edelmetall-im-Washcoat-Katalysatoren". Darunter versteht man die Fixierung der Edelmetallkomponenten auf definierten Trägeroxiden durch einen vorgeschalteten Verfahrensschritt. Diese Fixierung kann durch die chemischen Eigenschaften gegeben sein oder über thermische Prozesse herbeigeführt werden. Erst danach werden die einzelnen edelmetallhaltigen Komponenten zusammengeführt und durch einen Beschichtungsprozess auf das Substrat aufgebracht. Durch dieses Verfahren erreicht

man, dass die Edelmetallkomponente auf einem definierten Washcoatbestandteil fixiert ist, so dass Synergien zwischen beiden Komponenten genutzt werden. Ein Beispiel für eine solche Vorgehensweise ist die Fällung von Platin auf einer Cer-Komponente, bevor in dem folgenden Schritt Aluminiumoxid als weiteres Trägeroxid beigefügt wird.

Die Beschichtung des Trägers wird so eingestellt, dass eine definierte Beladung mit dem Washcoat (und damit auch mit dem Edelmetall) erreicht wird. Für die Beschichtbarkeit von wesentlicher Bedeutung sind die Fließeigenschaft des Washcoats und die Partikelgröße der Washcoatkomponenten, die an die Trägereigenschaften angepasst sein muss.

Betriebsbedingungen

Betriebstemperatur

Damit die Oxidations- und Reduktionsreaktionen zur Umwandlung der Schadstoffe ablaufen können, muss den Reaktionspartnern eine bestimmte Aktivierungsenergie zugeführt werden. Diese Energie wird in Form von Wärme durch den aufgeheizten Katalysators bereitgestellt.

Der Katalysator setzt die Aktivierungsenergie herab (Bild 17), sodass die Light-off-Temperatur (d. h. die Temperatur, bei der 50 % der Schadstoffe umgesetzt werden) absinkt. Die Aktivierungsenergie – und damit die Light-off-Temperatur – ist stark abhängig von den jeweiligen Reaktionspartnern. Eine nennenswerte Konvertierung der Schadstoffe setzt beim Dreiwegekatalysator erst bei einer Betriebstemperatur von über 300 °C ein. Ideale Betriebsbedingungen für hohe Konvertierungsraten und lange Lebensdauer herrschen im Temperaturbereich von 400...800 °C.

Im Bereich von 800...1 000 °C wird die thermische Alterung des Katalysators durch Sinterung der Edelmetalle und der Al_2O_3-

Trägerschicht wesentlich verstärkt. Dies führt zu einer Reduzierung der aktiven Oberfläche. Dabei hat auch die Betriebszeit in diesem Temperaturbereich einen großen Einfluss. Bei Temperaturen über 1 000 °C nimmt die thermische Alterung des Katalysators sehr stark zu und führt zur deutlich reduzierten Konvertierungsleistung.

Durch Fehlfunktion des Motors (z. B. Zündaussetzer) kann die Temperatur im Katalysator auf bis zu 1 400 °C ansteigen, wenn sich unverbrannter Kraftstoff im Abgastrakt entzündet. Solche Temperaturen führen zur völligen Zerstörung des Katalysators durch Schmelzen des Trägermaterials. Um dies zu verhindern, muss insbesondere das Zündsystem sehr zuverlässig arbeiten. Moderne Motorsteuerungen können Zünd- und Verbrennungsaussetzer erkennen. Sie unterbinden gegebenenfalls die Einspritzung für den betreffenden Zylinder, sodass kein unverbranntes Luft-Kraftstoff-Gemisch in den Abgastrakt gelangt.

Thermische Deaktivierung des Katalysators

Die thermische Deaktivierung des Katalysators kann durch mehrere Mechanismen hervorgerufen werden. Dabei kann man die Sinterung des Edelmetalls von der Versinterung der Trägeroxide oder Reaktionen von Washcoatkomponenten untereinander oder mit dem Träger unterscheiden.

Die Edelmetallkomponente ist beim frischen Katalysator extrem fein verteilt. Kristallitgrößen von wenigen Nanometern sind bei hoch aktiven Katalysatoren die Regel. Bei hohen Temperaturen sind die Kristallite mobil und wachsen zu größeren Partikeln zusammen. Dadurch sinkt die Dispersion des Edelmetalls deutlich, die katalytische Aktivität nimmt ab. Eine Stabilisierung durch Oxide seltener Erden verringert die Mobilität, indem die Bindung des Edelmetalls an das Trägeroxid verbessert wird.

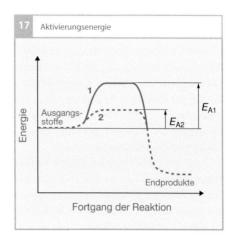

Bild 17
1 Reaktionsverlauf ohne Katalysator
2 mit Katalysator
E_{A1} Aktivierungsenergie ohne Katalysator
E_{A2} Aktivierungsenergie mit Katalysator

Die Kristallstruktur des Aluminiumoxids verändert sich durch hohe Temperaturen. Dabei wird insbesondere die eingesetzte γ-Phase letztlich zu α-Al_2O_3 umgewandelt, was mit einer Reduktion der Oberfläche um den Faktor von circa 100 einher geht. Während des Sinterprozesses werden die Porendurchmesser durch eine Abspaltung von Kristallwasser sukzessive kleiner bis die Porenstruktur zusammenfällt und dadurch aktive Oberflächenplätze nicht mehr zugänglich sind. Man kann also sowohl einen Verlust an aktiven Zentren durch einen Einschluss der Edelmetalle als auch eine Verringerung der Reaktionsrate durch die kleiner werdenden Porenradien mit Auswirkungen auf die Porendiffusion beobachten.

Vergiftung des Katalysators

Motorisches Abgas enthält einige Komponenten, die die katalytische Aktivität verringern können. Ein Beispiel in der Vergangenheit war Blei, das als metallorganische Verbindung dem Kraftstoff zugesetzt war. Durch die Bildung einer inaktiven Blei-Platin-Legierung wurde der Katalysator in sehr kurzer Zeit irreversibel geschädigt.

In der heutigen Zeit sind Schwefeloxide oder Bestandteile des Motoröls von Bedeutung. Schwefel als Vergiftungskomponente wird an katalytisch aktiven Zentren adsorbiert und verringert dadurch reversibel die Aktivität des Katalysators. Bei hohen Temperaturen findet man unter mageren Abgasbedingungen auch noch die Bildung von Aluminiumsulfat als Produkt der Reaktion zwischen Schwefeltrioxid (SO_3) und dem Trägeroxid Aluminiumoxid.

Weiterhin ist die Vergiftung durch Motorölaschen ein wichtiger Aspekt. Phosphor als ein typisches Vergiftungselement verringert die katalytische Aktivität deutlich. Dabei zeigt sich sowohl für feldgealterte als auch für am Motorpüfstand gealterte Katalysatoren ein deutlicher Gradient in der Phosphorverteilung über die Katalysatorlänge.

Entwicklungstendenzen des Katalysators
Die Abgasreinigung für Motorkonzepte mit $\lambda = 1$ ist durch folgende Entwicklungsrichtungen gekennzeichnet:
● Übergang von der Unterbodenanordnung des Katalysators in eine motornahe Position,
● Entwicklung von hochtemperaturstabilen Beschichtungen,
● Darstellung einer Sauerstoffspeicherkomponente mit schneller Kinetik,
● Sicherstellung der On-Board-Diagnose-Funktion.

Durch die motornahe Anordnung des Katalysators verringert man die Kaltstartemissionen, die – über den Fahrzyklus betrachtet – über 70 % der Gesamtemissionen ausmachen. Der Einsatz von Katalysatoren in motornaher Anordnung stellt besondere Anforderungen an die Temperaturstabilität der Systeme. Ein wichtiger Washcoatbestandteil ist dabei die Sauerstoffspeicherkomponente. Während der Schubabschaltung (Fuel Cut) wird durch das große Luftangebot die Cer-Komponente oxidiert. Das Abgas

der anschließenden Beschleunigungsphase enthält größere Mengen unverbrannter Kohlenwasserstoffe, die bei hohen Temperaturen mit dem Sauerstoff aus dem Ceroxid zu Kohlendioxid, Kohlenmonoxid unter Wärmebildung reagieren. Die freigesetzte Wärmemenge ist direkt an die Sauerstoffspeichermenge gekoppelt.

Die Absenkung der Menge an Sauerstoffspeicherkomponenten im Vorkatalysator ergibt eine niedrigere Temperaturbelastung während einer Hochtemperaturalterung, die bei sequentiell ablaufenden Schubabschaltungs- und Beschleunigungsvorgängen auftritt. Dies führt zu einem geringeren Alterungseffekt, so dass die Fahrzeugemissionen im Zyklus günstig beeinflusst werden. Für Vorkatalysatoren sind temperaturstabile Beschichtungen von großer Bedeutung. Durch die Absenkung der Menge an Sauerstoffspeicherkomponenten kann die Temperaturstabilität erhöht werden. Dies hat jedoch auch einen Einfluss auf die Güte der OBD-Überwachung, die in der Regel die Veränderung der Sauerstoffspeicherkomponenten während der Laufzeit auswertet. Ein entsprechender Kompromiss muss hier gefunden werden.

NO$_x$-Speicherkatalysator
Aufgabe
In den Magerbetriebsarten kann der Dreiwegekatalysator die bei der Verbrennung entstehenden Stickoxide (NO_x) nicht umwandeln. Kohlenmonoxid (CO) und Kohlenwasserstoffe (HC) werden durch den hohen Restsauerstoffgehalt im Abgas oxidiert und stehen damit als Reduktionsmittel für die Stickoxide nicht mehr zur Verfügung. Der NO_x-Speicherkatalysator (NO_x Storage Catalyst, NSC) reduziert die Stickoxide auf eine andere Weise.

Die wesentlichen Komponenten der Abgasnachbehandlung sind der motornah angeordnete Startkatalysator sowie der in Unterbodenposition angeordnete NO_x-Speicherkatalysator (Bild 18). Der motornahe Startkatalysator sorgt im Homogenbetrieb für die Abgasreinigung und im Schichtbetrieb für die Oxidationsreaktionen. Im Unterbodenbereich befinden sich die NO_x-Speicherkatalysatoren, da hier das Arbeitstemperaturfenster am besten erreicht wird. Hinter den NO_x-Speicherkatalysatoren befinden sich NO_x-Sensoren zur Überwachung der Funktion, davor aus gleichem Grunde Temperatursensoren.

Aufbau und Beschichtung

Die Einlagerung von Stickoxiden beruht auf einer Säure-Base-Reaktion. Als NO_x-Speichermaterial sind grundsätzlich alle Materialien tauglich, die aufgrund ihrer basischen Eigenschaften im Stande sind, in dem durch die Magerbetriebspunkte eines Benzinmotors mit Direkteinspritzung vorgegebenen Temperaturbereich hinreichend stabile Nitrate zu bilden. Diesbezüglich kommen besonders die Oxide der Alkali- (Na, K, Rb, Cs), Erdalkali- (Mg, Ca, Sr, Ba) und in begrenztem Umfang die Seltenerdelemente (z. B. La) in Betracht. Für ottomotorische Anwendungen kommen meist nur Bariumverbindungen zum Einsatz.

Arbeitsweise

Die prinzipielle Arbeitsweise eines NO_x-Speicherkatalysators basiert auf zwei aufeinander folgenden Schritten. Die Stickoxide werden im Katalysator unter mageren Abgasbedingungen zunächst eingelagert und anschließend über bestimmte Regenerationsstrategien durch kurzzeitiges Durchströmen mit reduzierendem (fettem) Abgas zu Stickstoff reduziert. Aus NO_2, das zunächst durch Oxidation des im Abgas fast ausschließlich vorhandenen NO entsteht, bilden sich mit den im Katalysator vorhandenen Alkali- oder Erdalkalikomponenten Nitrate. Dieser Prozess wird durch die katalytische Wirkung der Edelmetalle in der Beschichtung des Katalysators unterstützt.

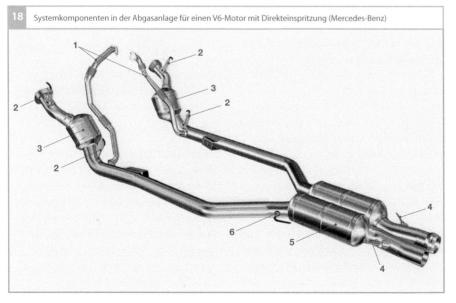

18   Systemkomponenten in der Abgasanlage für einen V6-Motor mit Direkteinspritzung (Mercedes-Benz)

Bild 18
1   Abgasrückführung
2   λ-Sonde
3   motornaher Dreiwegekatalysator
4   NO_x-Sensor
5   NO_x-Speicherkatalysator
6   Temperatursensor

NO$_x$-Einspeicherung

Bei magerem Motorbetrieb (Luftüberschuss, $\lambda > 1$) werden die Stickoxide (NO$_x$) katalytisch an der Oberfläche der Platinbeschichtung zu Stickstoffdioxid (NO$_2$) oxidiert. Anschließend reagiert das NO$_2$ mit den speziellen Oxiden der Katalysatoroberfläche und Sauerstoff (O$_2$) zu Nitraten. So geht z. B. NO$_2$ mit dem Bariumoxid BaO die chemische Verbindung Bariumnitrat Ba(NO$_3$)$_2$ ein:

$$2\,BaO + 4\,NO_2 + O_2 \rightarrow 2\,Ba(NO_3)_2$$

Die temperaturabhängige Speicherfähigkeit von NO$_x$-Speicherkatalysatoren kann primär in zwei ineinander übergehende Aktivitätsbereiche unterteilt werden. Im Niedertemperaturbereich (unter 300 °C) ist die Effizienz des Katalysators mit der Oxidationsgeschwindigkeit von NO zu NO$_2$ gekoppelt, die wiederum mit der Anzahl der zur Verfügung stehenden aktiven Zentren steigt.

Im Hochtemperaturbereich (über 300 °C) ist die NO$_2$-Bildung zunehmend thermodynamisch bestimmt. Daher wird dieser Bereich der NO$_x$-Speicherung maßgeblich von der Speichereffizienz des Speichermaterials bestimmt. Diese wiederum steigt mit der spezifischen Oberfläche des Adsorbens und der Anzahl der freien Speicherplätze.

Mit zunehmender Dauer des Luftüberschusses wird der NO$_x$-Speicher mit NO$_x$ beladen, und es tritt in Abhängigkeit vom Beladungsgrad eine Verminderung der Speichereffizienz auf. Bei Erreichen einer kritischen NO$_x$-Beladung wird durch die Motorsteuerung eine NO$_x$-Regeneration eingeleitet.

Es gibt zwei Möglichkeiten zu erkennen, wann der Katalysator gesättigt und die Einspeicherphase beendet ist: Entweder es berechnet ein modellgestütztes Verfahren unter Berücksichtigung der Katalysatortemperatur die Menge des eingespeicherten NO$_x$ oder ein NO$_x$-Sensor hinter dem NO$_x$-Speicherkatalysator misst die NO$_x$-Konzentration im Abgas.

Regeneration und Konvertierung

In der sich nun anschließenden Regenerationsphase wird der Verbrennung im Verhältnis zum Sauerstoff mehr Reduktionsmittel zugeführt. Die bei der Verbrennung nicht oder nur zum Teil oxidierten Komponenten (HC, CO oder H$_2$) stehen nun zur NO$_x$-Reduktion zur Verfügung. Simultan müssen oxidierte Platingruppenmetalle reduziert und der dynamische Anteil des Sauerstoffspeichers ausgeräumt werden. Gegen Ende der Regenerationsphase puffert der verbliebene gespeicherte Sauerstoff das Überangebot an Reduktionsmittel, so dass Durchbrüche von HC und CO minimiert werden.

Die Reaktionsgeschwindigkeit der Reduktion ist mit HC am kleinsten, mit H$_2$ am größten. Die Regeneration – im Folgenden mit CO als Reduktionsmittel dargestellt – geschieht in der Weise, dass das Kohlenmonoxid das Nitrat – z. B. Bariumnitrat Ba(NO$_3$)$_2$ – zu einem Oxid – z. B. Bariumoxid BaO – reduziert. Dabei entstehen Kohlendioxid und Stickstoffmonoxid:

$$Ba(NO_3)_2 + 3\,CO \rightarrow 3\,CO_2 + BaO + 2\,NO$$

Die Rhodium-Beschichtung reduziert anschließend die Stickoxide mittels Kohlenmonoxid zu Stickstoff und Kohlendioxid:

$$2\,NO + 2\,CO \rightarrow N_2 + 2\,CO_2$$

Es gibt zwei Verfahren, das Ende der Regenerationsphase zu erkennen: Entweder es berechnet ein modellgestütztes Verfahren die Menge des noch im NO$_x$-Speicherkatalysator vorhandenen NO$_x$ oder eine λ-Sonde hinter dem Katalysator misst die Sauerstoffkonzentration im Abgas und zeigt einen Spannungssprung von „mager" nach „fett", wenn die Regeneration beendet ist.

Betriebstemperatur und Einbauort

Die Speicherfähigkeit des NO_x-Speicherkatalysators ist stark temperaturabhängig. Sie erreicht ein Maximum im Bereich von 300...400 °C. Damit liegt der günstige Temperaturbereich sehr viel niedriger als beim Dreiwegekatalysator. Aus diesem Grund und wegen der geringeren maximal zulässigen Betriebstemperatur des NO_x-Speicherkatalysators müssen zwei getrennte Katalysatoren für die katalytische Abgasreinigung eingesetzt werden: Ein motornah eingebauter Dreiwegekatalysator als Vorkatalysator (Bild 18) und ein motorferner NO_x-Speicherkatalysator als Hauptkatalysator (Unterflurkatalysator).

Thermische Deaktivierung des NO_x-Speicherkatalysators

Für die Aufrechterhaltung der NO_x-Speicherfunktionalität eines NO_x-Speicherkatalysators sind zwei Kernkomponenten unabdingbar: eine edelmetallhaltige Oxidationskomponente und eine basische Speicherkomponente.

Die wichtigsten thermischen Alterungsprozesse im NO_x-Speicherkatalysator lassen sich durch die Kombination von physikochemischen Analysemethoden und katalytischen Charakterisierungsmethoden identifizieren.

So führt eine thermische Alterung zu einer Edelmetallagglomeration. Dadurch verringert sich die Anzahl der katalytisch aktiven Zentren für die Oxidation von NO zu NO_2, die die Voraussetzung für die NO_x-Speicherung ist.

Die thermische Alterung des NO_x-Speichermaterials hat bei Überschreiten der für die entsprechende Festkörperreaktion kritischen Temperatur zufolge, dass sich Mischphasen zwischen den NO_x-Speichermaterialien und den entsprechenden Trägeroxiden bilden. Die daraus resultierenden Verbindungen weisen in der Regel eine geringere Fähigkeit zur NO_x-Speicherung auf.

Beide Alterungsphänomene sind neben einer Funktion der Zeit und der Temperatur auch eine Funktion der Gasatmosphäre, in der die thermische Belastung auftritt. Vor allem sauerstoffreiches Abgas führt bei hohen Temperaturen zu starken Alterungseffekten. Durch geeignete Maßnahmen in der Motorapplikation kann eine Deaktivierung des Katalysators weitgehende vermieden werden, so z. B. durch Verbot der Schubabschaltung bei hohen Temperaturen oder durch Einführung einer Katalysatorschutztemperatur.

Schwefel-Vergiftung

Eine wesentliche Beeinträchtigung der Funktionsweise von NO_x-Speicherkatalysatoren liegt in der inhärenten Affinität, neben NO_x auch SO_x zu speichern. Die damit verbundene Belegung der freien NO_x-Speicherplätze führt zu einer kontinuierlichen, vom Schwefelgehalt im Kraftstoff abhängigen Abnahme in der NO_x-Speicherkapazität. Für die Schwefelvergiftung ist in erster Linie der Schwefel im Kraftstoff verantwortlich. Die Vergiftung mit Schwefel erfolgt über die Bildung von Sulfaten durch die Reaktion von SO_2 mit dem Speichermaterial. Diese Sulfate blockieren dabei die Speicherzentren für die Nitratbildung und der NO_x-Umsatz sinkt mit steigender Schwefelbeladung.

Da die Bildung der Sulfate überwiegend reversibel ist, können diese durch fettes Abgas wieder zersetzt werden. Allerdings sind die Sulfate thermodynamisch stabiler als die Nitrate und werden deswegen nicht bei der typischen NO_x-Regeneration reduziert. Für die Entschwefelung sind höhere Temperaturen und längere Zeiten erforderlich. Die notwendigen Temperaturen für eine ausreichende Entschwefelung liegen bei 600 … 750 °C. Höhere Temperaturen begünstigen die

Schwefelfreisetzung. Jede Entschwefelung stellt eine signifikante thermische Belastung für den Katalysator dar. Daher muss die Temperatur genau eingestellt und kontrolliert werden.

Durch die Verwendung von quasi schwefelfreiem Kraftstoff wird die Vergiftung durch Schwefel zwar verringert, aber regelmäßige Entschwefelungen sind trotzdem notwendig. Auf dem Katalysator wird über die Lebensdauer auch bei Verwendung von Kraftstoff mit einem Schwefelanteil kleiner als 15 ppm eine erhebliche Schwefelmenge akkumuliert. Allerdings verlängern sich bei Verwendung von schwefelfreiem Kraftstoff die Entschwefelungsintervalle, woraus sich eine geringere thermische Beanspruchung des Katalysators ergibt.

Entwicklung motornaher Startkatalysatoren
Der motornah angeordnete Startkatalysator leistet beim Kaltstart und im Homogenbetrieb einen wichtigen Beitrag zur Abgasreinigung und fördert im Schichtbetrieb die Oxidationsreaktionen. Ein wesentlicher Entwicklungsschwerpunkt für den motornah angeordneten Startkatalysator ist wie bei mit $\lambda = 1$ betriebenen Fahrzeugen die Optimierung des Kaltstartverhaltens. Die Verwendung des strahlgeführten Brennverfahrens führt bekanntermaßen zu einem deutlichen Absinken der Abgastemperaturen im Schichtbetrieb. Neben dem frühen Anspringen des Startkatalysators ist daher auch ein hohes Aktivitätsniveau, insbesondere für die Konvertierung von HC bei niedrigen Temperaturen im ECE-Zyklusbereich des neuen europäischen Fahrzyklus (NEFZ) gefordert.

Generelle Anforderungskriterien für Startkatalysatoren sind:
- verbessertes Kaltstartverhalten des Katalysators,
- Tieftemperatur-HC-Aktivität,
- HC-Aktivität im Schichtbetrieb,
- niedriger Regenerationsmittelverbrauch während der NO_x-Regeneration,
- OBD-Funktionalität,
- Hochtemperaturstabilität,
- dynamisches Verhalten bei Lastwechseln im oberen Last- und Drehzahlbereich.

Bei der Entwicklung von Startkatalysatoren kommt dem Sauerstoffspeicherverhalten eine besondere Bedeutung zu. Die Absenkung der Sauerstoffspeicherfähigkeit zeigt unter mageren Abgasbedingungen deutliche Vorteile im Anspringverhalten, während im Bereich um $\lambda = 1$ eine erhöhte Sauerstoffspeicherfähigkeit in der Tendenz Vorteile zeigt.

Abhängig von der Applikation mit den entsprechenden Homogen- und Schichtanteilen ist es notwendig, das Sauerstoffspeicherverhalten der Startkatalysatortechnologie anzupassen. Für einen niedrigen Reduktionsmittelverbrauch während der NO_x-Regeneration ist eine niedrige Sauerstoffspeicherkapazität im Startkatalysator wünschenswert.

Entwicklung von NO_x-Speicherkatalysatoren
Für die Entwicklung von NO_x-Speicherkatalysatoren ist eine Reihe von Kriterien entscheidend:
- temperaturabhängige NO_x-Speicherfähigkeit (NO_x-Fenster),
- NO_x-Regenerationskinetik,
- thermische Stabilität,
- HC-Konvertierung im Magerbetrieb,
- Sauerstoffspeicherfähigkeit (Oxygen Storage Capacity, OSC),
- Dreiwegeaktivität,
- Entschwefelungscharakteristik.

Die genannten Kriterien lassen sich prinzipiell in Eigenschaften unterteilen, die entweder für den Magerbetrieb oder für den Regenerationsbetrieb und den Betrieb bei $\lambda = 1$ bestimmend sind.

Die Anzahl der katalytisch aktiven Zentren sind für die Oxidationsgeschwindigkeit von NO zu NO_2, aber auch in besonderem Maße für das Anspringverhalten der HC-Oxidation bei den niedrigen Temperaturen im neuen europäischen Fahrzyklus entscheidend. Die Anzahl der katalytisch aktiven Zentren wird hauptsächlich von zwei Faktoren bestimmt: der Edelmetallmenge und der nach Alterung resultierenden Edelmetalldispersion. Da eine Erhöhung der Edelmetallmenge aus Kostengründen nicht erwünscht ist, kommt der Stabilisierung der Edelmetalldispersion eine besondere Bedeutung zu.

Mit Verbreiterung des temperaturabhängigen NO_x-Speicherfensters muss auch eine über den gesamten Temperaturbereich ausreichend schnelle Regenerationskinetik gewährleistet sein. Die periodische Regeneration der gespeicherten Stickoxide erfolgt durch kurzzeitiges Umschalten auf fette Betriebsweise. Durch den Wechsel zu reduzierenden Bedingungen wird der Sauerstoffpartialdruck verringert und die Konzentrationen von HC, CO, H_2 und CO_2 erhöht, womit zwei parallel ablaufende Prozesse auf dem Katalysator gestartet werden, nämlich die Zersetzung der in der Magerphase gespeicherten Nitrate und Oxide und die Reduktion des freigesetzten NO_x. Die genaue Abstimmung von Sauerstoff- und NO_x-Speicherkomponenten bewirkt eine Verringerung der Regenerationszeit.

Alternative Abgasnachbehandlungssysteme

Für die zukünftigen weltweit verschärften Abgasgrenzwerte werden eine Vielzahl von alternativen Systemen zur Abgasreinigung diskutiert.

Elektrisch beheizter Katalysator
Beim Start des Motors wird ein verhältnismäßig kleines Katalysatorvolumen mit elektrischer Energie aufgeheizt. Es wird damit ein sehr schneller Temperaturanstieg in diesem kleinen Volumen erzielt. Dies reicht aus, um die Anspringtemperatur dieses Teilvolumens zu überschreiten, so dass bereits sehr früh eine erste Umsetzung erreicht wird. Die ersten Reaktionen erzeugen nun weitere Wärme, um das nachfolgende System, bestehend aus einem Vorkatalysator und einem Hauptkatalysator, aufzuheizen und damit zu aktivieren. Die Aufheizung des gesamten Konverters, bestehend aus Vor- und Hauptkatalysator, erfolgt mit Hilfe dieser elektrischen „Initialzündung" sehr viel schneller als bei einem passiven System.

Beim elektrisch beheizten Katalysator durchströmt das Abgas zunächst eine ca. 20 mm dicke katalytische Trägerscheibe, die mit einer elektrischen Leistung von etwa 2 kW aufgeheizt werden kann. Unterstützend kann ein Sekundärluftsystem eingesetzt werden. Durch die zusätzliche Wärmefreisetzung (Exothermie) bei der Konvertierung des Abgas-Sekundärluft-Gemischs in der beheizten Scheibe des Katalysators wird die Aufheizung weiter beschleunigt.

Im Vergleich zu den Wärmeströmen von bis zu 20 kW, die durch motorische Maßnahmen gegebenenfalls in Verbindung mit einer Sekundärlufteinblasung erzielt werden können, erscheinen 2 kW elektrische Leistung relativ gering. Für den Betrieb des Katalysators ist jedoch die Temperatur des Katalysatorträgers entscheidend, nicht die Temperatur des Abgases. Die direkte elektrische Beheizung des Trägers ist hoch effektiv und führt zu sehr guten Emissionswerten.

Bei einem konventionellen Pkw mit 12 V Versorgungsspannung stellen die auftretenden hohen Ströme zur Beheizung des Katalysators eine deutliche Belastung des Bordnetzes dar. Ein verstärkter Generator und ggf. eine zweite Batterie sind daher erforderlich, sofern eine einzelne den durch den elektrisch beheizten Katalysator stark erhöhten Energiebedarf der Kaltstartphase nicht abdecken kann. Günstiger sieht es beim Einsatz in elektrischen Hybridfahrzeugen aus, die ohnehin über ein leistungsfähigeres Bordnetz mit Spannungen von mehreren Hundert Volt verfügen. Allerdings weisen die dort eingesetzten Spannungswandler nur eine Leistung im Bereich von 2 kW auf, sodass hier ebenfalls Anpassungen erforderlich wären, um die elektrische Leistung bis zum Erreichen der Anspringtemperatur zu Verfügung zu stellen. Der elektrisch beheizte Katalysator fand bisher lediglich in einzelnen Kleinserienprojekten Anwendung.

HC-Adsorber

Die im Kaltstart erzeugten Kohlenwasserstoffe können aufgrund der zu geringen Katalysatortemperatur zunächst nicht katalytisch umgesetzt werden. HC-Adsorber dienen dazu, HC-Moleküle im kalten Zustand zunächst zwischenzuspeichern und anschließend, wenn das Abgasreinigungssystem aufgeheizt ist, in den nachfolgenden Katalysator zur Umsetzung wieder abzugeben. HC-Adsorber basieren auf zeolithischen Materialien. Die Zeolithmischung muss dahingehend optimiert werden, dass die Speicherung und die nachfolgende Desorption auf die im Abgas auftretenden HC-Moleküle abgestimmt sind.

Das ideale Adsorbermaterial speichert im kalten Zustand HC und gibt sie wieder ab, wenn der nachfolgende Katalysator möglichst schon vollständig aufgeheizt ist. Die Desorptionstemperatur des Adsorbers sollte damit zwischen 300 und 350 °C liegen. Dabei wird berücksichtigt, dass der nachfolgende Katalysator bei 250 bis 300 °C anspringt, jedoch zeitlich verzögert gegenüber dem Adsorber aufgeheizt wird. Unter diesen Umständen wäre eine einfache „Reihenschaltung" von Adsorber und Katalysator realisierbar. Die Desorption von HC beginnt allerdings schon bei ca. 200 °C. Das entspricht einer Temperatur des nachfolgenden Katalysators, bei der dieser noch nicht aktiv ist. Die bis dahin gespeicherten Kohlenwasserstoffe würden das Abgasreinigungssystem nach der Desorption unverändert verlassen und in der Summenemission wäre kein Vorteil durch den Adsorber festzustellen.

Um diese Lücke zu schließen, sind die folgenden Systeme in der Entwicklung: Das externe Bypass-System arbeitet mit dem Adsorber im Bypass, der durch eine Abgasklappe im Hauptstrom gesteuert werden kann. Im Kaltstart ist diese Klappe zunächst geschlossen. Das Abgas strömt zuerst durch einen noch inaktiven (kalten) Vorkatalysator in den Adsorber. HC wird gespeichert, die Restwärme wird mit dem Abgas in den nachfolgenden Hauptkatalysator geleitet. Ist im weiteren Verlauf der Adsorber nun mit HC gesättigt und ist die Desorptionstemperatur erreicht, wird die Klappe geöffnet und damit der Adsorber stillgelegt. Der Vorkatalysator, der durch seine Lage einen Temperaturvorsprung gegenüber dem Adsorber hat, ist zu diesem Zeitpunkt gerade aktiv geworden und sorgt für die weitere HC-Konvertierung. Wenn schließlich das Abgasreinigungssystem seine Betriebstemperatur erreicht hat und auch der Hauptkatalysator vollständig aktiviert ist, kann der gesättigte

Adsorber die Kohlenwasserstoffe zur Umsetzung in den Hauptkatalysator abgeben. Dies kann entweder durch ein gezieltes Schließen der Abgasklappe erreicht werden oder - je nach geometrischer Auslegung der Verzweigungsstellen von Bypass- und Hauptleitung - über einen längeren Zeitbereich auch bei geöffneter Klappe von selbst erfolgen. Der hohe technische und finanzielle Aufwand für Bypassleitung, Abgasklappe und Steuerung einschließlich der notwendigen Diagnose macht die Suche nach alternativen Systemen notwendig.

Das In-Line-System besteht aus einer Reihenschaltung von optionalem Vorkatalysator, HC-Adsorber mit katalytisch aktiver Beschichtung und einem Hauptkatalysator. Das Ziel ist es, die Lücke zwischen Desorption und Anspringen dadurch zu verringern, dass die Desorption der Kohlenwasserstoffe und deren katalytische Umsetzung gewissermaßen zeitgleich und am selben Ort stattfinden sollen. Deshalb werden zu dem Adsorbermaterial zusätzlich katalytisch aktive Komponenten eingebracht. Der Zeitverzug beim Aufheizen des Katalysators entfällt dadurch. Die Anforderung an eine äußerst niedrige Anspringtemperatur der katalytischen Schicht auf dem Adsorber besteht jedoch weiterhin. Da die Lücke zwischen Desorption und Anspringen dennoch nicht vollständig geschlossen werden kann, ist ein maximaler Wirkungsgrad von 50 % bezogen auf die Kaltstart-HC-Emission zu erwarten. Das Hauptproblem, das einer Serieneinführung noch im Wege steht, ist die ungenügende Dauerstandfestigkeit der Adsorber-Katalysator-Kombination.

Kombination von HC-Adsorber und elektrisch beheiztem Katalysator
Eine effektive Lösung für das Schließen der Lücke zwischen Desorption des Adsorbers und Anspringen des Katalysators ist die Kombination aus einem HC-Adsorber und einem elektrisch beheizten Katalysator. Während der Adsorber die Kaltstart-HC-Emissionen adsorbiert, kann ein stromabwärts gelegener elektrisch heizbarer Katalysator zunächst den Hauptkatalysator aktivieren. Die erforderliche elektrische Leistung des Heizelementes ist geringer als ohne HC-Adsorber, da hier die notwendige Aufheizgeschwindigkeit geringer ist. Wenn schließlich die Desorptionstemperatur des Adsorbers überschritten wird, steht ein ausreichend aktives Katalysatorvolumen für die Konversion der desorbierten HC zur Verfügung. Dieses System stellt ein Maximum an Aufwand dar, welches deshalb aktuell nur für spezielle Anwendungen mit geringer Stückzahl in Frage kommt.

Literatur

[1]   Konrad Reif: *Automobilelektronik – Eine Einführung für Ingenieure.* 5., überarbeitete Auflage, Springer Vieweg Verlag, Wiesbaden 2015, ISBN 978-3-658-05047-4

[2]   Konrad Reif (Hrsg.): *Dieselmotor-Management: Systeme, Komponenten, Steuerung und Regelung.* 5., überarbeitete und erweiterte Auflage, Springer Vieweg, Wiesbaden 2012, ISBN 978-3-8348-1715-0

Emissionsgesetzgebung

Übersicht

Seit Inkrafttreten der ersten Abgasgesetzgebung für Ottomotoren Mitte der 1960er-
Jahre in Kalifornien wurden dort die zulässigen Grenzwerte für die verschiedenen
Schadstoffe im Abgas immer weiter reduziert. Mittlerweile haben alle Industriestaa-
ten Abgasgesetze eingeführt, die die Grenzwerte für Otto- und Dieselmotoren sowie
die Prüfmethoden festlegen. Zusätzlich zu
den Abgasemissionen werden in einigen
Ländern auch die Verdunstungsemissionen
aus dem Kraftstoffsystem von Ottomotor-
fahrzeugen begrenzt.

Es gibt im Wesentlichen folgende Abgasgesetzgebungen, Bild 1 gibt einen Überblick
über deren Geltungsbereiche:

- CARB-Gesetzgebung (California Air Re-
  sources Board), Kalifornien,
- EPA-Gesetzgebung (Environmental Pro-
  tection Agency), USA,
- EU-Gesetzgebung (Europäische Union)
  und die korrespondierenden UN/ECE-
  Regelungen (United Nations/Economic
  Commission for Europe),
- Japan-Gesetzgebung.

Klasseneinteilung

In Staaten mit Kfz-Abgasvorschriften besteht
eine Unterteilung der Fahrzeuge in verschiedene Klassen.

- Pkw: Die Emissionsprüfung erfolgt auf
  einem Fahrzeug-Rollenprüfstand.
- Leichte Nfz: Je nach nationaler Gesetzgebung liegt die Obergrenze der zulässigen
  Gesamtmasse bei 3,5…6,35 t. Die Emissionsprüfung erfolgt auf einem Fahrzeug-
  Rollenprüfstand (wie bei Pkw).

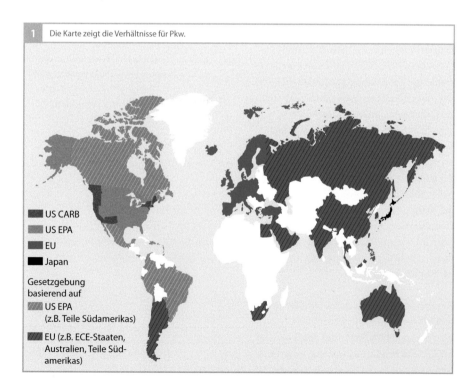

1 Die Karte zeigt die Verhältnisse für Pkw.

- US CARB
- US EPA
- EU
- Japan

Gesetzgebung
basierend auf
- US EPA
  (z.B. Teile Südamerikas)
- EU (z.B. ECE-Staaten,
  Australien, Teile Süd-
  amerikas)

Bild 1
Überblick über die
Geltungsbereiche der
verschiedenen Abgas-
gesetzgebungen.

- Schwere Nfz: Zulässige Gesamtmasse über 3,5…6,35 t (je nach nationaler Gesetzgebung). Die Emissionsprüfung erfolgt auf einem Motorenprüfstand.
- Non-Road (z. B. Baufahrzeuge, Land- und Forstwirtschaftsfahrzeuge): Die Emissionsprüfung erfolgt auf einem Motorenprüfstand, wie bei schweren Nfz.

Prüfverfahren

Nach den USA haben die Staaten der EU und Japan eigene Prüfverfahren zur Abgaszertifizierung von Kraftfahrzeugen entwickelt. Andere Staaten haben diese Verfahren in gleicher oder modifizierter Form übernommen.

Je nach Fahrzeugklasse und Zweck der Prüfung werden drei vom Gesetzgeber festgelegte Prüfungen angewendet:

- Typprüfung (TA, Type Approval) zur Erlangung der allgemeinen Betriebserlaubnis,
- Serienprüfung als stichprobenartige Kontrolle der laufenden Fertigung durch die Abnahmebehörde (COP, Conformity of Production),
- Feldüberwachung zur Überprüfung des Emissionsminderungssystems von Serienfahrzeugen privater Fahrzeughalter im realen Fahrbetrieb (im „Feld").

Typprüfung

Typprüfungen sind eine Voraussetzung für die Erteilung der allgemeinen Betriebserlaubnis für einen Fahrzeug- oder Motortyp. Dazu müssen Prüfzyklen unter definierten Randbedingungen gefahren und Emissionsgrenzwerte eingehalten werden. Die Prüfzyklen (Testzyklen) und die Emissionsgrenzwerte sind länderspezifisch festgelegt.

Für Pkw und leichte Nfz sind unterschiedliche dynamische Testzyklen vorgeschrieben, die sich entsprechend ihrer Entstehungsart unterscheiden (siehe Testzyklen für Pkw und leichte Nfz):

- Aus Aufzeichnungen tatsächlicher Straßenfahrten abgeleitete Testzyklen, z. B. FTP-Testzyklus (Federal Test Procedure) in den USA,
- aus Abschnitten mit konstanter Beschleunigung und Geschwindigkeit konstruierte (synthetisch erzeugte) Testzyklen, z. B. MNEFZ (modifizierter neuer europäischer Fahrzyklus) in Europa.

Zur Bestimmung der ausgestoßenen Schadstoffmassen wird der durch den Testzyklus festgelegte Geschwindigkeitsverlauf nachgefahren. Während der Fahrt wird das Abgas gesammelt und nach Ende des Fahrprogramms hinsichtlich der Schadstoffmassen analysiert (siehe Abgas-Messtechnik).

Für schwere Nfz und Non-Road-Anwendungen werden auf dem Motorenprüfstand stationäre (z. B. 13-Stufentest) und dynamische Testzyklen (z. B. US HDDTC oder ETC) gefahren (siehe Testzyklen für schwere Nfz).

Serienprüfung

In der Regel führt der Fahrzeughersteller selbst die Serienprüfung als Teil der Qualitätskontrolle während der Fertigung durch. Dabei werden im Wesentlichen die gleichen Prüfverfahren und die gleichen Grenzwerte angewandt wie bei der Typprüfung. Die Zulassungsbehörde kann beliebig oft Nachprüfungen anordnen. Die EU-Vorschriften und ECE-Richtlinien berücksichtigen die Fertigungsstreuung durch Stichprobenmessungen an drei bis maximal 32 Fahrzeugen pro Fahrzeugtyp. Die schärfsten Anforderungen werden in den USA angewandt, wo insbesondere in Kalifornien eine annähernd lückenlose Qualitätsüberwachung verlangt wird.

Feldüberwachung

Für die Emissionskontrolle im realen Fahrbetrieb werden stichprobenartig Serienfahrzeuge privater Fahrzeughalter ausge-
wählt. Laufleistung und Alter des Fahrzeugs
müssen innerhalb festgelegter Grenzen liegen. Das Verfahren der Emissionsprüfung ist
gegenüber der Typprüfung zum Teil verein-
facht.

Abgasgesetzgebung für Pkw und leichte Nfz

CARB-Gesetzgebung

Die Abgasgrenzwerte der kalifornischen
Luftreinhaltebehörde CARB (California Air
Resources Board) für Pkw und leichte Nutzfahrzeuge (LDT, Light-Duty Trucks) sind in
den Abgasnormen LEV I und LEV II (LEV,
Low Emission Vehicle, d. h. Fahrzeuge mit
niedrigen Abgas- und Verdunstungsemissionen) festgelegt. Die Einführung der LEV-III-
Gesetzgebung ist für 2015 bis 2025 vorgesehen.

Seit Modelljahr 2004 gilt die Norm LEV II
für alle Neufahrzeuge bis zu einer zulässigen
Gesamtmasse von 14 000 lbs (lb: pound;
1 lb = 0,454 kg, 14000 lb = 6,35 t).

Ursprünglich galt die CARB-Gesetzgebung nur im US-Bundesstaat Kalifornien,
sie wurde inzwischen aber in einigen weiteren Bundesstaaten übernommen.

Fahrzeugklassen

Bild 2 gibt eine Übersicht der Einteilung der
Fahrzeuge in Fahrzeugklassen.

Abgasgrenzwerte

Die CARB-Gesetzgebung legt Grenzwerte
für Kohlenmonoxid (CO), Stickoxide (NO_x),
nicht-methanhaltige organische Gase
(NMOG), Formaldehyd (HCHO) und Partikelmasse (Diesel: LEV I und LEV II; Otto:

nur LEV II) fest (Bild 3). Bei der LEV-III-
Gesetzgebung ist aufgrund der extrem niedrigen Emissionsgrenzwerte ein Summenwert
aus NMOG und NO_x vorgesehen.

Die Schadstoffemissionen werden im
FTP-75-Fahrzyklus (Federal Test Procedure)
ermittelt. Die Grenzwerte sind auf die Fahrstrecke bezogen und in Gramm pro Meile
festgelegt.

Im Zeitraum 2001 bis 2004 wurde der
SFTP-Standard (Supplement Federal Test
Procedure) mit zwei weiteren Testzyklen
eingeführt. Dafür gelten weitere Grenzwerte,
die zusätzlich zu den FTP-Grenzwerten
einzuhalten sind.

Abgaskategorien

Der Automobilhersteller kann innerhalb der
zulässigen Grenzwerte und unter Einhaltung
des Flottendurchschnitts unterschiedliche
Fahrzeugkonzepte einsetzen, die nach ihren
Emissionswerten für NMOG-, CO-, NO_x-
und Partikelemissionen in folgende Abgas-
kategorien eingeteilt werden:
- LEV (Low-Emission Vehicle),
- ULEV (Ultra-Low-Emission Vehicle),
- SULEV (Super Ultra-Low-Emission
  Vehicle).

Seit 2004 gilt für neu zugelassene Fahrzeuge
die Abgasnorm LEV II. SULEV mit deutlich
niedrigeren Grenzwerten ist hinzu gekom-
men. Die Kategorien LEV und ULEV bleiben bestehen. Die CO- und NMOG-Grenz-
werte sind gegenüber LEV I unverändert,
der NO_x-Grenzwert hingegen liegt für
LEV II deutlich niedriger.

Mit LEV III werden insgesamt sechs Fahr-
zeugkategorien zur Auswahl stehen (Bild 3),
davon eine Kategorie unterhalb von SULEV.
Zusätzlich zu den Kategorien von LEV I und
LEV II sind in der ZEV-Gesetzgebung drei
Kategorien von emissionsfreien oder fast
emissionsfreien Fahrzeugen definiert:

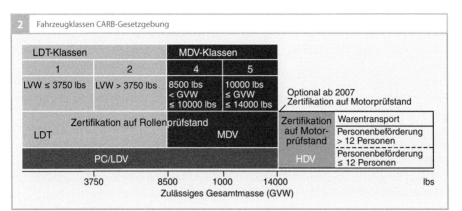

2 Fahrzeugklassen CARB-Gesetzgebung

Bild 2
LDT Light Duty Truck
MDV Medium Duty
Vehicle
HDV Heavy Duty Vehicle
PC Passenger Car
LDV Light Duty Vehicle
LVW Loaded Vehicle
Weight (Fahrzeug-Leer-
masse plus 300 Pfund)
GVW Gross Vehicle
Weight (zulässige
Gesamtmasse)

- ZEV (Zero-Emission Vehicle, Fahrzeuge ohne Abgas- und Verdunstungsemissionen).
- PZEV (Partial ZEV), entspricht im Wesentlichen SULEV, es bestehen jedoch höhere Anforderungen bezüglich Verdunstungsemissionen (Zero Evap) und Dauerhaltbarkeit.
- AT-PZEV (Advanced Technology PZEV),

z. B. PZEV-Gasfahrzeuge oder PZEV-Hybridfahrzeuge.

Phase-in

Mit Einführung der LEV-II-Norm mussten mindestens 25 % der neu zugelassenen Fahrzeuge nach dieser Norm zertifiziert sein. Die Phase-in-Regelung sah vor, dass jedes Jahr zusätzlich 25 % der Neuzulassungen dem

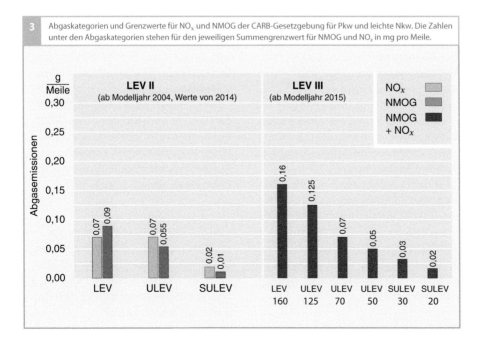

3 Abgaskategorien und Grenzwerte für NO$_x$ und NMOG der CARB-Gesetzgebung für Pkw und leichte Nkw. Die Zahlen unter den Abgaskategorien stehen für den jeweiligen Summengrenzwert für NMOG und NO$_x$ in mg pro Meile.

LEV-II-Standard entsprechen mussten. Seit 2007 müssen alle Fahrzeuge nach der LEV-II-Norm zugelassen werden.

Dauerhaltbarkeit

Für die Zulassung eines Fahrzeugtyps (Typprüfung) muss der Fahrzeughersteller nachweisen, dass die Emissionen der limitierten Schadstoffe die jeweiligen Grenzwerte über 50 000 Meilen oder 5 Jahre (Half Useful Life) und über 100 000 Meilen (für LEV I) beziehungsweise 120 000 Meilen (für LEV II) oder 10 Jahre (Full Useful Life) nicht überschreiten. Optional kann der Fahrzeughersteller die Fahrzeuge auch für eine Laufleistung von 150 000 Meilen mit gleichen Grenzwerten wie für 120 000 Meilen zertifizieren. Dann erhält er einen Bonus bei der Bestimmung des NMOG-Flottendurchschnitts.

Für Fahrzeuge der Abgaskategorien ZEV, AT-PZEV und PZEV gelten 150 000 Meilen oder 15 Jahre (Full Useful Life).

Mit LEV III soll die Dauerhaltbarkeit („durability") generell auf 150 000 Meilen Laufleistung ausgedehnt werden.

Dauerhaltbarkeitsprüfung

Der Fahrzeughersteller muss für die Dauerhaltbarkeitsprüfung zwei Fahrzeugflotten aus der Fertigung bereitstellen: Eine Flotte, bei der jedes Fahrzeug vor der Prüfung 4 000 Meilen gefahren ist und eine Flotte für den Dauerversuch, mit der die Verschlechterungsfaktoren der einzelnen Schadstoffkomponenten ermittelt werden.

Für den Dauerversuch werden die Fahrzeuge über 50 000 beziehungsweise 100 000 oder 120 000 Meilen nach einem bestimmten Fahrprogramm gefahren. Im Abstand von 5 000 Meilen werden die Abgasemissionen gemessen. Inspektionen und Wartungen dürfen nur in den vorgeschriebenen Intervallen erfolgen.

Alternativ können die Fahrzeughersteller auch vom Gesetzgeber festgelegte Verschlechterungsfaktoren verwenden. Hierzu fährt der Fahrzeughersteller Dauerlaufversuche und ermittelt, um welchen Prozentsatz sich die Emissionen für jede Schadstoffkomponente verschlechtert haben. Dann werden Faktoren definiert, um welchen Faktor die Emissionen am neuen Fahrzeug besser sein müssen als das gesetzliche Limit, damit noch nach der Dauerlaufstrecke die Limits eingehalten werden.

Flottendurchschnitt (NMOG)

Jeder Fahrzeughersteller muss dafür sorgen, dass seine Fahrzeuge im Durchschnitt einen bestimmten Grenzwert für die Abgasemissionen nicht überschreiten (Bild 4). Als Kriterium werden hierfür die NMOG-Emissionen herangezogen (mit LEV III die Summenkonzentration von $NMOG$ und NO_x). Der Flottendurchschnitt ergibt sich für LEV I und LEV II aus dem Mittelwert des NMOG-Grenzwerts für Half Useful Life aller von einem Fahrzeughersteller in einem Jahr verkauften Fahrzeuge. Für LEV III gelten die Grenzwerte für Full Useful Life. Die Grenzwerte für den Flottendurchschnitt sind für Personenkraftwagen und leichte Nutzfahrzeuge unterschiedlich.

Der Grenzwert für den NMOG-Flottendurchschnitt wird jedes Jahr herabgesetzt. Das bedeutet, dass der Fahrzeughersteller immer mehr Fahrzeuge der saubereren Abgaskategorien herstellen muss, um den niedrigeren Flottengrenzwert einhalten zu können.

Flottenverbrauch (Kraftstoffverbrauch)

Der US-Gesetzgeber schreibt dem Fahrzeughersteller einen Zielwert vor, wie viel Kraftstoff seine Fahrzeugflotte im Mittel pro Meile verbrauchen sollte (gemäß Bundesrecht, zuständige Behörde ist die National Highway

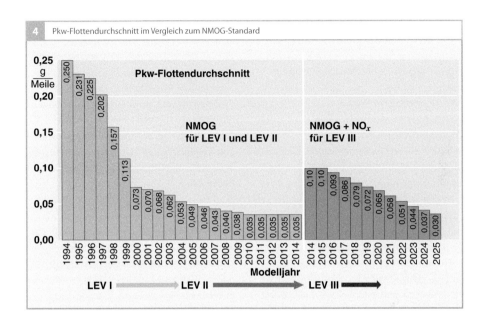

4   Pkw-Flottendurchschnitt im Vergleich zum NMOG-Standard

Traffic Safety Administration, NHTSA). Dabei wird die Metrik „Meilen pro Gallone Kraftstoff (mpg)", und nicht wie sonst üblich „Volumen Kraftstoff pro Strecke" verwendet. Diese Darstellung der Fuel Economy entspricht dem Kehrwert des Streckenverbrauchs. Der vorgeschriebene CAFE-Wert (Corporate Average Fuel Economy) liegt bis 2010 für Pkw bei 27,5 mpg. Das entspricht einem Verbrauch von rund 8,55 l Benzin pro 100 km.

Für leichte Nutzfahrzeuge galt bis 2004 20,7 mpg oder 11,36 l Benzin pro 100 km. Die „fuel economy" wurde zwischen 2005 und 2010 jährlich bis auf 23,5 mpg angehoben.

Für das Modelljahr 2011 wurde das CAFE-System für Pkw und leichte Nfz restrukturiert (u. a. die Definitionen von passenger cars und light trucks) und ambitionierte Zielwerte gesetzt: 33,3 mpg beziehungsweise 22,8 mpg für 2011, 40,1 mpg beziehungsweise 25,4 mpg für 2014, 43,4 mpg beziehungsweise 26,8 mpg für 2016, 46,8 mpg beziehungsweise 33,3 mpg für 2021 und 56,2 mpg beziehungsweise 40,3 mpg für 2025.

Am Ende eines Jahres wird für jeden Fahrzeughersteller aus den verkauften Fahrzeugen die mittlere Fuel Economy berechnet. Für jede 0,1 mpg, die sie den Grenzwert unterschreitet, müssen vom Hersteller pro Fahrzeug 5,50 US-$ Strafe an den Staat abgeführt werden. Für Fahrzeuge, die besonders viel Kraftstoff verbrauchen (Gas Guzzler, Spritsäufer), bezahlt der Käufer zusätzlich eine verbrauchsabhängige Strafsteuer. Der Grenzwert liegt bei 22,5 mpg (10,45 l pro 100 km). Diese Maßnahmen sollen die Entwicklung von Fahrzeugen mit geringerem Kraftstoffverbrauch vorantreiben.

Zur Messung des CAFE-Kraftstoffverbrauchs werden der FTP-75-Testzyklus und der Highway-Zyklus gefahren.

Zur Information der Fahrzeugkäufer über den Kraftstoffverbrauch dient ein Fuel Economy Label. Ab Modelljahr 2008 wird hierfür die „5 Cycle Fuel Economy" (auch als „5 Cycle Method" bezeichnet) eingeführt, die reale Fahrzustände besser wiedergeben soll. Dazu werden Messungen in den SFTP-Zyklen sowie im FTP bei −7 °C berücksichtigt, die u. a aggressive Beschleunigung, hohe Endgeschwindigkeit und auch den Betrieb mit Klimaanlage enthalten.

Emissionsfreie Fahrzeuge

Ab 2005 müssen in Kalifornien 10 % der neu zugelassenen Fahrzeuge der ZEV-Gesetzgebung (Zero-Emission Vehicle) entsprechen. Echte ZEV-Fahrzeuge dürfen im Betrieb keine Emissionen freisetzen. Es handelt sich dabei um Elektroautos, die mit Batterie oder Brennstoffzelle betrieben werden.

Der Anteil von 10 % kann teilweise auch mit Fahrzeugen der Abgaskategorie PZEV (Partial Zero-Emission Vehicles) abgedeckt werden. Diese Fahrzeuge sind nicht abgasfrei, sie emittieren jedoch besonders wenig Schadstoffe. Sie werden je nach Emissionsstandard mit einem Faktor größer als 0,2 gewichtet. Für den Mindestfaktor 0,2 müssen folgende Anforderungen erfüllt werden:

- SULEV-Zertifizierung, Dauerhaltbarkeit 150 000 Meilen oder 15 Jahre.
- Garantiedauer 150 000 Meilen oder 15 Jahre auf alle emissionsrelevanten Teile.
- Keine Verdunstungsemissionen aus dem Kraftstoffsystem (0-EVAP, Zero Evaporation). Das wird durch eine aufwendige Kapselung des Tanksystems erreicht. Es ergibt sich eine stark reduzierte Verdunstungsemission des Gesamtfahrzeugs.

Besondere Bestimmungen gelten für Hybridfahrzeuge mit Otto- oder Dieselmotor und Elektromotor sowie für Gasfahrzeuge (komprimiertes Erdgas, Wasserstoff). Diese Fahrzeuge können als AT-PZEV (Advanced Technology PZEV) auch einen Beitrag zur 10-%-Quote leisten.

Feldüberwachung

Nicht routinemäßige Überprüfung
Für im Verkehr befindliche Fahrzeuge (In-Use-Fahrzeuge) wird stichprobenartig eine Abgasemissionsprüfung nach dem FTP-75-Testverfahren sowie für Ottofahrzeuge ein Verdunstungsemissionstest durchgeführt. Es werden, abhängig von der jeweiligen Abgaskategorie, Fahrzeuge mit Laufstrecken unter 90 000 oder 112 500 Meilen überprüft.

Fahrzeugüberwachung durch den Hersteller
Für Fahrzeuge ab dem Modelljahr 1990 unterliegen die Fahrzeughersteller einem Berichtszwang hinsichtlich Beanstandungen oder Schäden an definierten Emissionskomponenten oder -systemen. Der Berichtszwang besteht maximal 15 Jahre oder 150 000 Meilen, je nach Garantiedauer des Bauteils oder der Baugruppe.

Das Berichtsverfahren ist in drei Berichtsstufen mit ansteigender Detaillierung angelegt: Emissions Warranty Information Report (EWIR), Field Information Report (FIR) und Emission Information Report (EIR). Dabei werden Informationen bezüglich Beanstandungen, Fehlerquoten, Fehleranalyse und Emissionsauswirkungen an die kalifornische Luftreinhaltebehörde weitergegeben. Der Field Information Report dient der Behörde als Entscheidungsgrundlage für Recall-Zwänge (Rückruf) gegenüber dem Fahrzeughersteller.

EPA-Gesetzgebung

Die EPA-Gesetzgebung (Environmental Protection Agency) gilt für alle Bundesstaaten der USA, in denen nicht die strengere CARB-Gesetzgebung aus Kalifornien angewandt wird. In einigen nordöstlichen Bundesstaaten wie z. B. Maine, Massachusetts oder New York wurden bereits 2004 die Regelungen der CARB übernommen. Derzeit (Stand 2014) sind es insgesamt 16 Staaten (einschließlich Kaliforniens).

Für die EPA-Gesetzgebung gilt seit 2004 die Norm Tier 2 (Stufe 2).

Fahrzeugklassen

Mit der Umstellung auf Tier 2 wurde mit den MDPV (Medium Duty Passenger Vehicle) eine weitere Fahrzeugklasse eingeführt (Bild 5). Somit werden alle Fahrzeuge bis zu einer zulässigen Gesamtmasse von 10 000 lbs (4,54 t), die für den Transport von bis zu 12 Personen bestimmt sind, auf dem Fahrzeug-Rollenprüfstand zertifiziert.

Die leichten Nutzfahrzeuge werden in zwei Gruppen unterteilt: LLDT (Light Light-Duty Truck) mit einer zulässigen Gesamtmasse bis 6 000 lbs (2,72 t) und schwerere HLDT (Heavy Light-Duty Truck) mit einer zulässigen Gesamtmasse bis 8 500 lbs (3,86 t).

Seit 2007 ist optional eine Rollenzertifizierung auch für Fahrzeuge bis 14 000 lbs (6,35 t) möglich.

Abgasgrenzwerte

Die EPA-Gesetzgebung legt Grenzwerte für die Schadstoffe Kohlenmonoxid (CO), Stickoxide (NO_x), nicht-methanhaltige organische Gase (NMOG), Formaldehyd (HCHO) und Partikelmasse (PM) fest. Die Schadstoffemissionen werden im FTP-75-Fahrzyklus ermittelt. Die Grenzwerte sind auf die Fahrstrecke bezogen und in Gramm pro Meile angegeben.

Seit 2000 gilt für Pkw der SFTP-Standard (Supplemental Federal Test Procedure) mit zwei weiteren Testzyklen. Die dafür geltenden Grenzwerte sind zusätzlich zu den FTP-Grenzwerten zu erfüllen.

Seit Einführung der Abgasnorm Tier 2 im Jahre 2004 gelten für Fahrzeuge mit Diesel- und Ottomotoren die gleichen Abgasgrenzwerte.

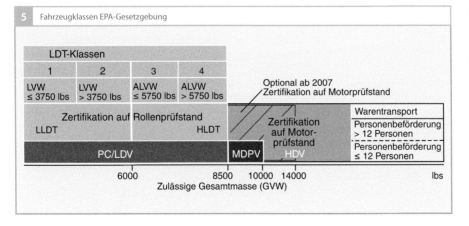

5   Fahrzeugklassen EPA-Gesetzgebung

Bild 5
LDT Light Duty Truck
MDV Medium Duty Vehicle
HDV Heavy Duty Vehicle
PC Passenger Car
LLDT Light Light-Duty Truck
HLDT Heavy Light-Duty Truck
MDPV Medium-Duty Passenger Vehicle
LDV Light Duty Vehicle
LVW Loaded Vehicle Weight
GVW Gross Vehicle Weight
ALV Adjusted Loaded Vehicle Weight, Mittelwert aus Leermasse und Gesamtmasse

Abgaskategorien

Für Tier 2 werden die Grenzwerte für Pkw
und LLDT in zehn und für HLDT und
MDPV in elf Emissionsstandards (Bins) aufgeteilt (Bild 6). Für Pkw und LLDT entfielen
Bin 9 und Bin 10 im Jahr 2007, für HLDT
und MDPV entfielen Bin 9 bis Bin 11 im
Jahr 2009.

Mit der Umstellung auf Tier 2 haben sich
folgende Änderungen ergeben:
- Einführung eines Flottendurchschnitts für
  NO_x,
- Formaldehyd (HCHO) wird als eigenstän-
  dige Schadstoffkategorie limitiert,
- Pkw und LLDT werden bezüglich der
  FTP-Grenzwerte weitestgehend gleich behandelt,
- Full Useful Life wird, abhängig vom Emissionsstandard (Bin), auf 120 000 oder
  150 000 Meilen erhöht.

Phase-in

Mit Einführung von Tier 2 im Jahr 2004
mussten mindestens 25 % der neu zugelassenen Pkw und LLDT nach dieser Norm zertifiziert sein. Die Phase-in-Regelung sah vor,
dass jedes Jahr zusätzlich 25 % der Fahrzeuge dem Tier-2-Standard entsprechen mussten. Seit 2007 dürfen nur noch Fahrzeuge
nach Tier-2-Norm zugelassen werden. Für
HLDT und MDPV ist das Phase-in seit dem
Jahr 2009 beendet.

Dauerhaltbarkeit

Für die Dauerhaltbarkeit gelten die gleichen
Kriterien wie bei CARB.

Flottendurchschnitt

Für den Flottendurchschnitt eines Fahrzeug-
herstellers werden in der EPA-Gesetzgebung
die NO_x-Emissionen herangezogen. Bis 2008
lag der Wert bei 0,2 g/Meile, seit 2008 bei
0,07 g/Meile. Die CARB-Bestimmungen
hingegen legen die NMOG-Emissionen

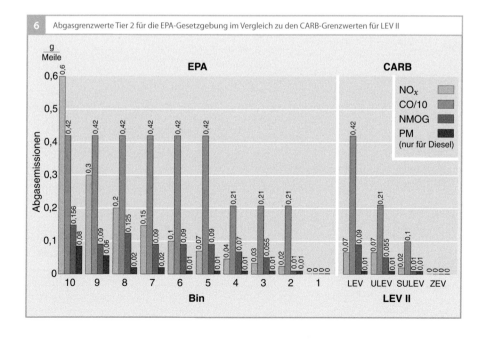

6   Abgasgrenzwerte Tier 2 für die EPA-Gesetzgebung im Vergleich zu den CARB-Grenzwerten für LEV II

(LEV II) beziehungsweise die Emissionen von NMOG und NO_x (mit geplantem LEV III) zugrunde.

Flottenverbrauch (Kraftstoffverbrauch)

Für die in im Zuständigkeitsbereich der EPA zugelassenen Neufahrzeuge gelten die gleichen Vorschriften zur Bestimmung des Flottenverbrauchs wie für CARB.

Für die Modelljahre 2012 bis 2016 wird parallel zur CAFE-Gesetzgebung eine Treibhausgasgesetzgebung der EPA eingeführt, mit Zielwerten von 34,1 mpg (CAFE) beziehungsweise 250 g CO_2-Äquivalente pro Meile (EPA) für 2016. Im Zeitraum von 2017 bis 2025 werden die Zielwerte weiter stufenweise fortgeschrieben, für EPA bis 54,5 mpg (163 g CO_2 pro Meile) und für CAFE bis auf 49,7 mpg (179 g CO_2 pro Meile).

Feldüberwachung

Nicht routinemäßige Überprüfung

Die EPA-Gesetzgebung sieht wie die CARB-Gesetzgebung für im Verkehr befindliche Fahrzeuge (In-Use-Fahrzeuge) eine stichprobenartige Abgasemissionsprüfung nach dem FTP-75-Testverfahren vor. Es werden Fahrzeuge mit niedriger Laufleistung (10 000 Meilen, ca. ein Jahr alt) und Fahrzeuge mit hoher Laufleistung getestet (50 000 Meilen, mindestens aber ein Fahrzeug pro Testgruppe mit 90 000 oder 105 000 Meilen, je nach Emissionsstandard; Fahrzeugalter ca. vier Jahre). Die Anzahl der Fahrzeuge ist abhängig von der Verkaufsstückzahl. Für Fahrzeuge mit Ottomotor muss mindestens ein Fahrzeug pro Testgruppe auch auf Verdunstungsemissionen getestet werden.

Fahrzeugüberwachung durch den Hersteller

Für Fahrzeuge ab Modelljahr 1972 unterliegen die Hersteller einem Berichtszwang hinsichtlich Schäden an definierten Emissionskomponenten oder -systemen, wenn mindestens 25 gleichartige emissionsrelevante Teile eines Modelljahrs einen Defekt aufweisen. Der Berichtszwang endet fünf Jahre nach Ende des Modelljahrs. Der Bericht umfasst eine Schadensbeschreibung der fehlerhaften Komponenten, eine Darstellung der Auswirkungen auf die Abgasemissionen sowie geeignete Abhilfemaßnahmen durch den Hersteller. Der Bericht dient der Umweltbehörde als Entscheidungsgrundlage für Rückrufe (Recalls) gegenüber dem Hersteller.

EU-Gesetzgebung

Die Richtlinien der europäischen Abgasgesetzgebung werden von der EU-Kommission vorgeschlagen und von Umweltministerrat und EU-Parlament ratifiziert. Grundlage der Abgasgesetzgebung für Pkw und leichte Nfz ist die Richtlinie 70/220/EWG [1] aus dem Jahr 1970. Sie legte zum ersten Mal Grenzwerte für die Abgasemissionen fest und wird seither immer wieder aktualisiert.

Die Abgasgrenzwerte für Pkw und leichte Nutzfahrzeuge (leichte Nfz; Light Commercial Vehicles, LCV; Light Duty Trucks, LDT) sind in den Abgasnormen Euro 1 (ab 07/1992), Euro 2 (01/1996), Euro 3 (01/2000), Euro 4 (01/2005), Euro 5 (09/2009) und Euro 6 (09/2014) enthalten.

Anstelle eines Phase-in über mehrere Jahre wie in den USA wird eine neue Abgasnorm in zwei Stufen eingeführt. In der ersten Stufe müssen neu zertifizierte Fahrzeugtypen die neu definierten Abgasgrenzwerte einhalten. In der zweiten Stufe – im Allgemeinen ein Jahr später – muss jedes neu zugelassene Fahrzeug (d. h. alle Typen) die neuen Grenzwerte einhalten. Der Gesetzgeber kann Serienfahrzeuge auf die Einhaltung der Abgasgrenzwerte überprüfen (COP, Conformity of Production, d. h. Übereinstimmung der Produktion sowie Feldüberwachung, In-Service Conformity Check).

Die EU-Richtlinien erlauben Steueranreize (Tax Incentives), wenn Abgasgrenzwerte erfüllt werden, bevor sie zur Pflicht werden. In Deutschland gibt es außerdem abhängig vom Emissionsstandard des Fahrzeugs unterschiedliche Kfz-Steuersätze.

Fahrzeugklassen

Bis zum Ablauf der Euro-4-Gesetzgebung wurden Fahrzeuge mit einer zulässigen Gesamtmasse unter 3,5 t auf dem Rollenprüfstand zertifiziert, wobei zwischen Pkw (Personentransport bis neun Personen) und leichten Nutzfahrzeugen (LDT) für den Gütertransport unterschieden wurde. Für LDT gibt es drei Klassen (Bild 7), abhängig von der Fahrzeug-Bezugsmasse (Leermasse zuzüglich 100 kg). Für Busse (Transport von mehr als neun Personen) und für Fahrzeuge mit einer zulässigen Gesamtmasse über 3,5 t werden Motorenzertifizierungen durchgeführt. Optional können auch die LDT-Motoren auf dem Motorenprüfstand zertifiziert werden.

Mit Inkrafttreten der Euro-5- und Euro-6-Gesetzgebung ist die Fahrzeug-Bezugsmasse (Leermasse zuzüglich 100 kg) das Un-

terscheidungskriterium hinsichtlich der Zertifizierungsprozedur. Fahrzeuge mit einer Bezugsmasse bis zu 2,61 t werden auf dem Rollenprüfstand zertifiziert. Bei Fahrzeugen, deren Bezugsmasse 2,61 t überschreitet, sind Zertifizierungen auf dem Motorenprüfstand vorgeschrieben. Es sind aber Flexibilitäten möglich.

Abgasgrenzwerte

Die EU-Normen legen Grenzwerte für Kohlenmonoxid (CO), Kohlenwasserstoffe (HC), Stickoxide (NO_x) und die Partikelmasse (PM, für Ottomotoren erst ab Euro 5) fest (Bild 8 und Bild 9).

Für die Stufen Euro 1 und Euro 2 wurden die Grenzwerte für die Kohlenwasserstoffe und die Stickoxide als Summenwert zusammengefasst. Seit Euro 3 gilt neben dem Summenwert auch ein gesonderter NO_x-Grenzwert für Dieselfahrzeuge; für Benziner wurde die Summe durch separate HC- und NO_x-Grenzwerte ersetzt. Die Stufe Euro 5 wurde in zwei Schritten als Euro 5a und Euro 5b eingeführt. Mit Euro 5a (ab September 2009) kam für Ottomotoren zusätzlich ein NMHC-Grenzwert (Kohlen-

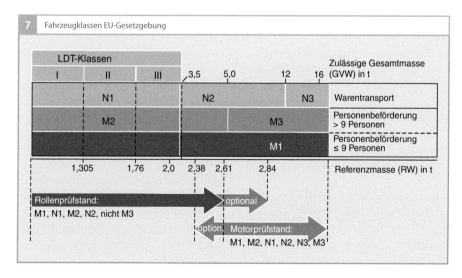

7   Fahrzeugklassen EU-Gesetzgebung

Bild 7
LDT Light Duty Truck
MDV Medium Duty Vehicle
HDV Heavy Duty Vehicle
PC Passenger Car
LDV Light Duty Vehicle
LVW Loaded Vehicle Weight
GVW Gross Vehicle Weight

Zu beachten: Die Achsen für GVW und RW müssen separat betrachtet werden

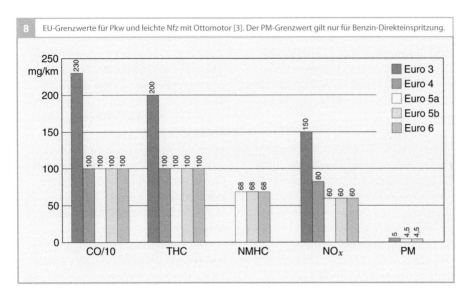

8   EU-Grenzwerte für Pkw und leichte Nfz mit Ottomotor [3]. Der PM-Grenzwert gilt nur für Benzin-Direkteinspritzung.

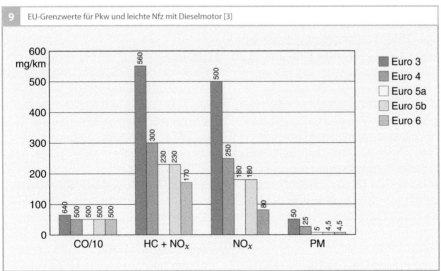

9   EU-Grenzwerte für Pkw und leichte Nfz mit Dieselmotor [3]

wasserstoffe außer Methan) hinzu, mit Euro 5b (ab September 2011) für Diesel ein Partikelanzahlgrenzwert, der ab Euro 6b (September 2014) auch für Fahrzeuge mit Ottomotor gilt.

Die Grenzwerte werden auf die Fahrstrecke bezogen und in Gramm pro Kilometer (g/km) angegeben. Gemessen werden die Abgaswerte auf dem Fahrzeug-Rollenprüfstand, wobei seit Euro 3 der MNEFZ (modifizierter neuer europäischer Fahrzyklus) gefahren wird.

Die Grenzwerte sind für Fahrzeuge mit Diesel- und Ottomotoren unterschiedlich, sie werden jedoch mit Euro 6 weiter angeglichen.

Die Grenzwerte der LDT-Klasse 1 entsprechen denen für Pkw. Pkw mit einer zulässigen Gesamtmasse über 2,5 t wurden für Euro 3 und Euro 4 wie LDT behandelt und somit ebenfalls in eine der drei LDT-Klassen eingestuft. Seit Euro 5 entfällt diese Möglichkeit.

Typprüfung

Die Typprüfung erfolgt ähnlich wie in den USA, mit folgenden Abweichungen: Es werden die Schadstoffe HC, CO, NO_x und für Dieselfahrzeuge zusätzlich die Partikel und die Abgastrübung gemessen.

Die Einlaufstrecke des Prüffahrzeugs vor Testbeginn beträgt 3 000 km. Die Grenzwerte im Typ-I-Test sind Full-Useful-Life-Grenzwerte, d. h., sie müssen auch noch bei Erreichen der Dauerhaltbarkeitsdistanz eingehalten werden. Um die Alterung von Bauteilen bis zur Dauerhaltbarkeitsdistanz zu berücksichtigen, werden auf die in der Typzulassung gemessen Werte Verschlechterungsfaktoren angewendet. Diese sind für jede Schadstoffkomponente gesetzlich vorgegeben; alternativ können kleinere Faktoren im Zuge eines spezifizierten Dauerlaufs (Typ-V-Test) über 80 000 km vom Fahrzeughersteller nachgewiesen werden. Ab Euro 5 ist die Dauerlaufdistanz von 80 000 km auf 160 000 km erhöht worden, wobei weitere alternative Testverfahren möglich sind.

Typ-Tests

Für die Typprüfung sind vier wesentliche Typ-Tests festgelegt. Bei Fahrzeugen mit Ottomotor kommen der Typ-I-, Typ-IV-, Typ-V- und Typ-VI-Test zur Anwendung, bei Dieselfahrzeugen nur der Typ-I- und der Typ-V-Test.

Mit dem Typ I-Test, dem primären Abgastest, werden die Auspuffemissionen nach dem Kaltstart im MNEFZ (modifizierter neuer europäischer Fahrzyklus) ermittelt.

Bei Dieselfahrzeugen wird zusätzlich die Trübung des Abgases erfasst.

Mit dem Typ-IV-Test werden die Verdunstungsemissionen des abgestellten Fahrzeugs gemessen. Das sind im Wesentlichen die Kraftstoffdämpfe, die aus dem kraftstoffführenden System (Tank, Leitungen usw.) ausdampfen.

Der Typ-VI-Test erfasst die Kohlenwasserstoff- und die Kohlenmonoxidemissionen nach dem Kaltstart bei −7 °C. Für diesen Test wird nur der erste Teil (Stadtanteil) des MNEFZ gefahren. Dieser Test ist seit 2002 verbindlich.

Mit dem Typ-V-Test wird die Dauerhaltbarkeit der emissionsmindernden Einrichtungen überprüft. Neben dem spezifizierten Dauerlauftest sind ab Euro 5 alternative Testverfahren möglich (z. B. Prüfstandsalterung).

CO_2-Emission

Für die CO_2-Emissionen gibt es bis 2011 keine gesetzlich festgelegten Grenzwerte, es besteht jedoch eine freiwillige Selbstverpflichtung der Fahrzeughersteller in Europa (ACEA, Association des Constructeurs Européens d'Automobiles), Japan (JAMA, Japan Automobile Manufacturers Association) und Korea (KAMA, Korea Automobile Manufacturers Association). Ziel für das Jahr 2008 (KAMA 2009) war ein CO_2-Ausstoß von maximal 140 g/km für Pkw – das entspricht einem Kraftstoffverbrauch von 5,8 *l*/100 km (Benzin) beziehungsweise 5,3 *l*/100 km (Diesel). Da die Hersteller ihr Ziel nicht erreichten, wurde ein Flottenzielwert für Pkw gesetzlich festgelegt. Innerhalb einer Einführungsphase von 2012 bis 2015 ist ein Flottenwert von 130 g/km zu erzielen (das entspricht 5,3 *l* Benzin pro 100 km oder 4,9 *l* Diesel pro 100 km). Für leichte Nfz legt eine ähnliche Regelung einen Zielwert von 175 g CO_2 pro km für 2017 fest. Für 2020 ist eine weitere Absenkung für Pkw auf 95 g CO_2 pro km und für leichte Nfz auf 147 g CO_2 pro km beschlossen worden. Ähnlich wie in der US-CAFE-Vorschrift müssen bei Nichteinhaltung des Zielwerts Strafen gezahlt werden.

Feldüberwachung

Die EU-Gesetzgebung sieht eine Überprüfung von in Betrieb befindlichen Fahrzeugen im Typ-I-Test vor. Die Mindestanzahl der zu überprüfenden Fahrzeuge eines Fahrzeugtyps beträgt drei, die Höchstzahl hängt vom Prüfverfahren ab.

Die zu überprüfenden Fahrzeuge müssen folgende Kriterien erfüllen:
- Die Laufleistung liegt zwischen 15 000 km und 80 000 km, das Fahrzeugalter zwischen 6 Monaten und 5 Jahren (ab Euro 3).
- Die regelmäßigen Inspektionen nach den Herstellerempfehlungen wurden durchgeführt.
- Das Fahrzeug weist keine Anzeichen von außergewöhnlicher Benutzung (wie z. B. Manipulationen, größere Reparaturen o. Ä.) auf.

Fällt ein Fahrzeug durch stark abweichende Emissionen auf, so ist die Ursache für die überhöhte Emission festzustellen. Weisen mehrere Fahrzeuge aus der Stichprobe aus dem gleichen Grund erhöhte Emissionen auf, gilt für die Stichprobe ein negatives Ergebnis. Bei unterschiedlichen Gründen wird die Probe um ein Fahrzeug erweitert, sofern die maximale Probengröße noch nicht erreicht ist.

Stellt die Typgenehmigungsbehörde fest, dass ein Fahrzeugtyp die Anforderungen nicht erfüllt, muss der Fahrzeughersteller Maßnahmen zur Beseitigung der Mängel ausarbeiten. Die Maßnahmen müssen sich auf alle Fahrzeuge beziehen, die vermutlich denselben Defekt haben. Gegebenenfalls muss auch eine Rückrufaktion erfolgen.

Periodische Abgasuntersuchung

In Deutschland müssen Pkw und leichte Nfz drei Jahre nach der Erstzulassung und dann alle zwei Jahre zur „Hauptuntersuchung und Teiluntersuchung Abgas". Bei Fahrzeugen mit Ottomotor steht dabei die CO-Messung sowie die λ-Regelung im Vordergrund, bei Dieselfahrzeugen die Trübungsmessung. Für Fahrzeuge mit On-Board-Diagnose-System (OBD) werden Daten des Diagnosesystems berücksichtigt.

Vergleichbare Untersuchungen gibt es auch in anderen Ländern, in Europa z. B. in Österreich, Frankreich, Spanien, der Schweiz sowie in vielen Teilen der USA als Inspection and Maintenance (I/M).

Japan-Gesetzgebung

Auch in Japan werden die zulässigen Emissionswerte schrittweise herabgesetzt. Im September 2007 ist eine weitere Verschärfung der Grenzwerte im Rahmen der New Long Term Standards in Kraft getreten (Tabelle 1).

Für Dieselfahrzeuge gilt seit September 2010 mit der Post New Long Term Regulation eine nochmalige Verschärfung der Grenzwerte (Tabelle 2). Bei Fahrzeugen mit Ottomotor werden die bisherigen synthetischen Testzyklen in zwei Stufen (2008 und 2011) durch den realistischeren JC08-Zyklus ersetzt.

Fahrzeugklassen

Die Fahrzeuge mit einer zulässigen Gesamtmasse bis 3,5 t sind im Wesentlichen in drei Klassen unterteilt (Bild 10): Pkw (bis zehn Sitzplätze), LDV (Light-Duty Vehicle) bis 1,7 t und MDV (Medium-Duty Vehicle) bis 3,5 t. Für MDV gelten gegenüber den anderen beiden Fahrzeugklassen höhere Grenzwerte für CO- und NO_x-Emissionen (für Fahrzeuge mit Ottomotor). Für Dieselmotoren unterscheiden sich die Fahrzeug-

Tabelle 1
Emissionsgrenzwerte
der Japan-Gesetz-
gebung für Pkw (New
Long Term Standards)

	CO g/km	NO$_x$ g/km	NMHC g/km	Partikel g/km
Otto	1,15	0,05	0,05	–
Diesel	0,63	0,14	0,024	0,013

Tabelle 2
Emissionsgrenzwerte
der Japan-Gesetz-
gebung für Pkw
(Post New Long Term
Standards, geplantes
Ziel)

	CO g/km	NO$_x$ g/km	NMHC g/km	Partikel g/km
Otto	–	–	–	–
Diesel	0,63	0,08	0,024	0,005

klassen in den NO$_x$- und Partikel-Grenzwerten.

Abgasgrenzwerte

Die japanische Gesetzgebung legt Grenzwerte für Kohlenmonoxid (CO), Stickoxide (NO$_x$), Kohlenwasserstoffe außer Methan (NMHC), Partikelmasse (für Dieselfahrzeuge, ab 2009 auch für Benzin-Direkteinspritzung mit magerer NO$_x$-Minderungstechnik) und Rauchtrübung (nur für Dieselfahrzeuge) fest (Tabelle 1 und Tabelle 2).

Die Schadstoffemissionen werden mit einer Kombination von 11-Mode- und 10-15-Mode-Testzyklen ermittelt. Damit werden auch Kaltstartemissionen berücksichtigt. 2008 wurde ein neuer Testzyklus eingeführt (JC08). Dieser soll zunächst den 11-Mode ersetzen und ab 2011 auch den 10-15-Mode, sodass dann ausschließlich der JC08 als Kalt- und als Warmstarttest eingesetzt wird.

Verdunstungsverluste

In Japan schließen die Abgasvorschriften eine Begrenzung der Verdunstungsverluste bei Fahrzeugen mit Ottomotoren ein, die nach der SHED-Methode bestimmt werden.

Dauerhaltbarkeit

Der Hersteller muss für Dieselfahrzeuge eine Dauerhaltbarkeit von 45 000 km (New Long Term Standards) beziehungsweise 80 000 km (Post New Long Term Standards) nachweisen. Für Ottomotorfahrzeuge gelten 80 000 km für alle Stufen.

Flottenverbrauch

In Japan gelten Ziele für den Flottenverbrauch eines Herstellers für 2010 und 2015, basierend auf Zielwerten für Fahrzeugmasseklassen. Für die steuerliche Förderung (green tax program) gibt es zwei Stufen, die einen um 15 % beziehungsweise 25 % besseren Kraftstoffverbrauch honorieren.

Bild 10
LDT Light Duty Truck
MDV Medium Duty
Vehicle
HDV Heavy Duty Vehicle
PC Passenger Car
LDV Light Duty Vehicle
LVW Loaded Vehicle
Weight
GVW Gross Vehicle
Weight

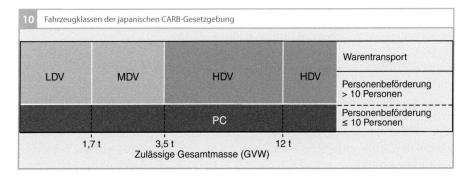

10 Fahrzeugklassen der japanischen CARB-Gesetzgebung

Testzyklen für Pkw und leichte Nfz

USA-Testzyklen
FTP-75-Testzyklus

Die Fahrkurve des FTP-75-Testzyklus (Federal Test Procedure, Bild 11a) setzt sich aus Geschwindigkeitsverläufen zusammen, die in Los Angeles während des Berufsverkehrs gemessen wurden. Dieser Testzyklus wird außer in den USA (einschließlich Kalifornien) z. B. auch in einigen Staaten Südamerikas und in Korea angewandt.

Konditionierung

Zur Konditionierung wird das Fahrzeug für 6…36 Stunden bei einer Raumtemperatur von 20…30 °C abgestellt.

Sammeln der Schadstoffe

Nach dem Starten des Fahrzeugs wird der vorgegebene Geschwindigkeitsverlauf nachgefahren. Die emittierten Schadstoffe werden während definierter Phasen in getrennten Beuteln gesammelt.

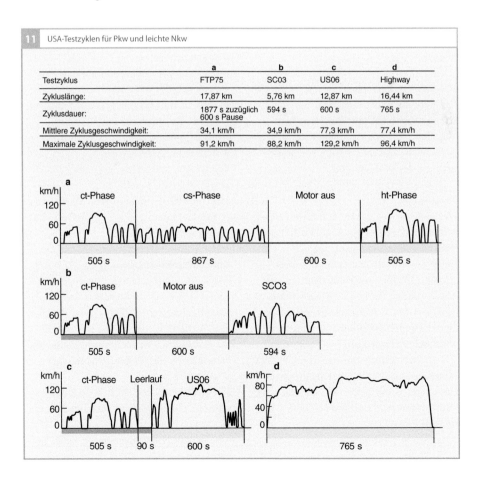

11 USA-Testzyklen für Pkw und leichte Nkw

	a	**b**	**c**	**d**
Testzyklus	FTP75	SC03	US06	Highway
Zykluslänge:	17,87 km	5,76 km	12,87 km	16,44 km
Zyklusdauer:	1877 s zuzüglich 600 s Pause	594 s	600 s	765 s
Mittlere Zyklusgeschwindigkeit:	34,1 km/h	34,9 km/h	77,3 km/h	77,4 km/h
Maximale Zyklusgeschwindigkeit:	91,2 km/h	88,2 km/h	129,2 km/h	96,4 km/h

Phase ct (cold transient)
Das Abgas wird während der kalten Testphase gesammelt.

Phase cs (cold stabilized)
Die stabilisierte Phase beginnt nach der Phase ct. Das Abgas wird ohne Unterbrechen des Fahrprogramms gesammelt. Am Ende der cs-Phase, nach insgesamt 1372 Sekunden, wird der Motor für 600 Sekunden abgestellt (Hot Soak).

Phase ht (hot transient)
Der Motor wird zum Heißtest erneut gestartet. Der Geschwindigkeitsverlauf stimmt mit dem der kalten Übergangsphase (Phase ct) überein.

Phase hs (hot stabilized)
Für Hybridfahrzeuge wird eine weitere Phase hs gefahren. Sie entspricht dem Verlauf von Phase cs. Für andere Fahrzeuge wird angenommen, dass die Emissionswerte identisch mit der cs-Phase sind.

Auswertung
Die Beutelproben der ersten beiden Phasen werden in der Pause vor dem Heißtest analysiert, da die Proben nicht länger als 20 Minuten in den Beuteln verbleiben sollten.

Nach Abschluss des Fahrzyklus wird die Abgasprobe des dritten Beutels ebenfalls analysiert. Für das Gesamtergebnis werden die Emissionen der drei Phasen mit unterschiedlicher Gewichtung berücksichtigt.

Die Schadstoffmassen der Phasen ct und cs werden aufsummiert und auf die gesamte Fahrstrecke dieser beiden Phasen bezogen. Das Ergebnis wird mit dem Faktor 0,43 gewichtet.

Desgleichen werden die aufsummierten Schadstoffmassen der Phasen ht und cs auf die gesamte Fahrstrecke dieser beiden Phasen bezogen und mit dem Faktor 0,57 gewichtet. Das Testergebnis für die einzelnen Schadstoffe (u. a. HC, CO und NO_x) ergibt sich aus der Summe dieser beiden Teilergebnisse.

Die Emissionen werden als Schadstoffausstoß pro Meile angegeben.

SFTP-Zyklen
Die Prüfungen nach dem SFTP-Standard (Supplemental Federal Test Procedure) wurden stufenweise zwischen 2001 und 2004 eingeführt. Sie setzen sich aus zwei Fahrzyklen zusammen, dem SC03-Zyklus (Bild 11b) und dem US06-Zyklus (Bild 11c). Mit den erweiterten Tests sollen folgende zusätzliche Fahrzustände überprüft werden:
- aggressives Fahren,
- starke Geschwindigkeitsänderungen,
- Motorstart und Anfahrt,
- Fahrten mit häufigen, geringen Geschwindigkeitsänderungen,
- Abstellzeiten und
- Betrieb mit Klimaanlage.

Beim SC03- und US06-Zyklus wird zur Vorkonditionierung jeweils die ct-Phase des FTP-75-Zyklus gefahren, ohne die Abgase zu sammeln. Es sind aber auch andere Konditionierungen möglich.

Der SC03-Zyklus (nur für Fahrzeuge mit Klimaanlage) wird bei 35 °C und 40 % relativer Luftfeuchte gefahren. Die einzelnen Fahrzyklen werden folgendermaßen gewichtet: für Fahrzeuge mit Klimaanlage der FTP75 mit 35 %, der SC03 mit 37 % und der US06 mit 28 %; für Fahrzeuge ohne Klimaanlage der FTP75 mit 72 % und der US06 mit 28 % .

Der SFTP- und der FTP75-Testzyklus müssen unabhängig voneinander bestanden werden.

Beim Start eines Fahrzeugs bei tiefen Temperaturen entstehen durch die notwendige Kaltstartanreicherung bei Ottomotoren besonders hohe Schadstoffemissionen, die sich beim derzeit gültigen Abgastest (bei Umgebungstemperatur 20…30 °C) nicht erfassen lassen. Um diese Schadstoffe ebenfalls zu begrenzen, wird bei Fahrzeugen mit Ottomotor ein zusätzlicher Abgastest bei −7 °C durchgeführt. Ein Grenzwert für diesen Test ist jedoch nur für Kohlenmonoxid vorgegeben, für die NMHC-Emissionen wurde 2013 ein Flottengrenzwert eingeführt.

Testzyklen zur Ermittlung des Flottenverbrauchs

Jeder Fahrzeughersteller muss seinen Flottenverbrauch ermitteln. Überschreitet ein Hersteller die Zielwerte, muss er Strafabgaben entrichten.

Der Kraftstoffverbrauch wird aus den Abgasen zweier Testzyklen ermittelt – dem FTP75-Testzyklus (Gewichtung 55 %) und dem Highway-Testzyklus (Gewichtung 45 %). Der Highway-Testzyklus (Bild 11d) wird nach der Vorkonditionierung (Abstellen des Fahrzeugs für zwölf Stunden bei 20…30 °C) einmal ohne Messung gefahren. Anschließend werden die Abgase eines weiteren Durchgangs gesammelt. Aus den CO_2-Emissionen wird der Kraftstoffverbrauch berechnet.

Weitere Testzyklen
FTP72-Test
Der FTP72-Test – auch als UDDS (Urban Dynamometer Driving Schedule) bezeichnet – entspricht dem FTP75-Test ohne den ht-Testabschnitt (Heißtest). Dieser Zyklus wird beim Running-Loss-Test für Fahrzeuge mit Ottomotor gefahren.

New York City Cycle (NYCC)
Dieser Zyklus ist ebenfalls Bestandteil des Running-Loss-Test (für Fahrzeuge mit Ottomotor). Er simuliert niedrige Geschwindigkeiten im Stadtverkehr mit häufigen Stopps.

Hybrid-Zyklus
Für Hybridfahrzeuge wird an den FTP75-Zyklus die Phase hs (Verlauf entspricht der Phase cs angehängt. Dieser Fahrzyklus entspricht somit zwei Mal dem UDDS-Zyklus, deshalb wird er als 2UDDS bezeichnet.

Europäischer Testzyklus
MNEFZ
Der modifizierte neue europäische Fahrzyklus (MNEFZ, Bild 12) wird seit Euro 3 angewandt. Im Gegensatz zum neuen europäischen Fahrzyklus (Euro 2), bei dem die Messung der Emissionen erst 40 Sekunden nach Start des Fahrzeugs einsetzte, bezieht der MNEFZ auch die Kaltstartphase ein (einschließlich Motorstart).

Konditionierung
Zur Konditionierung wird das Fahrzeug bei 20…30 °C mindestens sechs Stunden abgestellt. Für den Typ-VI-Test (nur für Fahrzeuge mit Ottomotor) ist die Starttemperatur seit 2002 auf −7 °C herabgesetzt.

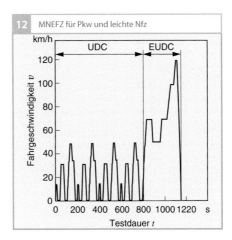

Bild 12
Zykluslänge: 11 km
Mittlere Geschwindigkeit: 33,6 km/h
Maximale Geschwindigkeit: 120 km/h
UDC Urban Driving Cycle (Stadtzyklus)
EUDC Extra Urban Driving Cycle (Überlandfahrt)

Sammeln der Schadstoffe
Das Abgas wird während zwei Phasen in
Beuteln gesammelt, dem innerstädtischen
Zyklus (UDC, Urban Driving Cycle) mit
maximal 50 km/h und dem außerstädtischen
Zyklus (EUDC) mit einer maximalen Ge-
schwindigkeit von 120 km/h.

Auswertung
Die durch die Analyse des Beutelinhalts er-
mittelten Schadstoffmassen werden auf die
Wegstrecke bezogen.

WLTP
Mittelfristig soll der MNEFZ durch einen
neuen, realistischeren Testzyklus (WLTC,
World Harmonized Light Duty Test Cyclus)
und die dazugehörige Testprozedur (WLTP,
World Harmonized Light Duty Test Proce-
dure) ersetzt werden. Hierzu arbeiten auf
UNECE-Ebene (United Nations Economic
Commission for Europe) u. a. die EU, China,
Indien, Japan, Korea und die USA zusam-
men.

Japan-Testzyklus
JC08-Testzyklus
Im Jahre 2008 wurde mit dem JC08 ein neuer Abgastest eingeführt (Bild 13), der zunächst als Kalttest den 11-Mode-Test ablöst.
Seit 2011 wird ausschließlich der JC08 verwendet, sowohl als Kaltstart- als auch als
Warmstarttest. Der Kalttest wird mit 25 %
gewichtet, der Heißtest mit 75 %. Die Schadstoffe werden auf die Fahrstrecke bezogen,
d, h. in Gramm pro Kilometer (g/km) umgerechnet.

Bild 13
Zykluslänge:
8,179 km.
Zykluszeit:
1204 s.
Mittlere
Geschwindigkeit:
24,5 km/h.
Maximale
Geschwindigkeit:
81,6 km/h.

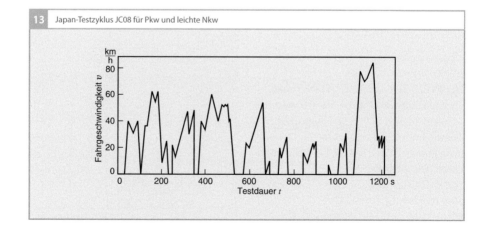

13   Japan-Testzyklus JC08 für Pkw und leichte Nkw

Abgasgesetzgebung für schwere Nfz

USA-Gesetzgebung

Fahrzeugklassen

Schwere Nutzfahrzeuge sind in der EPA-Gesetzgebung als Fahrzeuge mit einer zulässigen Gesamtmasse über 8 500 lbs beziehungsweise über 10 000 lbs (je nach Fahrzeugart, siehe Bild 5) definiert (entspricht 3,9 t beziehungsweise 4,6 t).

In Kalifornien gelten alle Fahrzeuge über 14 000 lbs (6,4 t) als schwere Nutzfahrzeuge (siehe Bild 2). Die kalifornische Gesetzgebung entspricht in wesentlichen Teilen der EPA-Gesetzgebung, es gibt jedoch ein Zusatzprogramm für Stadtbusse.

Abgasgrenzwerte

In den US-Normen sind für Dieselmotoren Grenzwerte für Kohlenwasserstoffe (HC), Kohlenmonoxid (CO), Stickoxide (NO_x), Partikelmasse (PM), Abgastrübung und teilweise für Kohlenwasserstoffe außer Methan (NMHC) festgelegt.

Die zulässigen Grenzwerte werden auf die Motorleistung bezogen und in g/kWh angegeben (Bild 14). Die Emissionen werden am Motorprüfstand im dynamischen Testzyklus mit Kaltstart (HDDTC, Heavy-Duty Diesel Transient Cycle) ermittelt, die Abgastrübung im Federal-Smoke-Test (FST).

Für Fahrzeuge ab Modelljahr 2004 gelten neue, strengere Vorschriften mit deutlich reduzierten NO_x-Grenzwerten. Die Kohlenwasserstoffe außer Methan und Stickoxide sind als Summenwert zusammengefasst. Die CO- und Partikel-Grenzwerte sind gegenüber dem Niveau des Modelljahrs 1998 unverändert geblieben.

Eine weitere, sehr drastische Verschärfung greift seit Modelljahr 2007. Die NO_x- und Partikelemissionen werden separat limitiert und ihre Grenzwerte betragen dann ein Zehntel der Vorgängerwerte. Sie sind ohne Abgasnachbehandlungsmaßnahmen (z.B. Katalysator oder Partikelfilter) nicht erreichbar.

Für die NO_x- und NMHC-Grenzwerte gilt eine schrittweise Einführung (Phase-in) zwi-

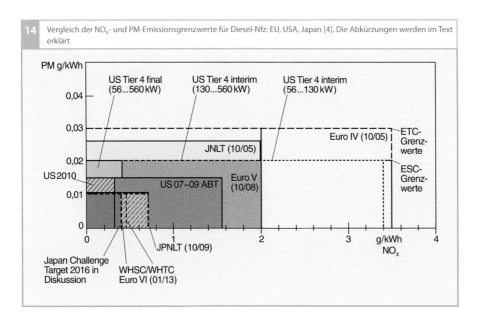

14 Vergleich der NO_x- und PM-Emissionsgrenzwerte für Diesel-Nfz: EU, USA, Japan [4]. Die Abkürzungen werden im Text erklärt

schen Modelljahr 2007 und 2010. Um die Einhaltung der strengen Partikelgrenzwerte zu ermöglichen, wurde der maximal zulässige Schwefelgehalt im Dieselkraftstoff ab Mitte 2006 auf 15 ppm reduziert.

Für schwere Nutzfahrzeuge sind – im Gegensatz zu Pkw und LDT – keine Grenzwerte für die durchschnittlichen Flottenemissionen und den Flottenverbrauch vorgeschrieben.

Consent Decree

Im Jahr 1998 wurde zwischen EPA, CARB und mehreren Motorherstellern eine gerichtliche Einigung erzielt, die eine Bestrafung der Hersteller wegen unerlaubter verbrauchsoptimaler Motoranpassung im Highway-Fahrbetrieb und damit erhöhter NO_x-Emission beinhaltet. Das „Consent Decree" legt unter anderem fest, dass die geltenden Emissionsgrenzwerte zusätzlich zum dynamischen Testzyklus auch im stationären europäischen 13-Stufentest unterschritten werden müssen. Zudem dürfen die Emissionen innerhalb eines vorgegebenen Drehzahl-Drehmoment-Bereichs (Not-to-Exceed-Zone) bei beliebiger Fahrweise nur 25 % über den Grenzwerten für das Modelljahr 2004 liegen.

Diese zusätzlichen Tests sind ab Modelljahr 2007 für alle Diesel-Nfz vorgeschrieben. Die Emissionen in der Not-to-Exceed-Zone dürfen dabei jedoch bis zu 50 % über den Grenzwerten liegen.

Dauerhaltbarkeit

Die Einhaltung der Emissionsgrenzwerte muss über eine vorgegebene Fahrstrecke oder eine bestimmte Zeitdauer nachgewiesen werden. Dabei werden drei Klassen mit zunehmenden Anforderungen an die Dauerhaltbarkeit unterschieden:

- Leichte Nfz von 8 500 lbs (EPA) beziehungsweise 14 000 lbs (CARB) bis 19 500 lbs: 10 Jahre oder 110 000 Meilen.
- Mittelschwere Nfz von 19 500 lbs bis 33 000 lbs: 10 Jahre oder 185 000 Meilen.
- Schwere Nfz über 33 000 lbs: 10 Jahre oder 290 000 Meilen.

Kraftstoffverbrauchsanforderung

In den USA sind Verbrauchsvorschriften für schwere Nutzfahrzeuge in Planung und sollen voraussichtlich in 2017 in Kraft treten.

EU-Gesetzgebung

Fahrzeugklassen

In Europa zählen zu den schweren Nutzfahrzeugen alle Fahrzeuge mit einer zulässigen Gesamtmasse über 3,5 t und einer Transportkapazität von mehr als neun Personen (siehe Bild 7). Die Emissionsvorschriften (Euro-Normen) sind in der Richtlinie 88/77 EWG [2] festgelegt, die laufend aktualisiert wird.

Abgasgrenzwerte

Wie bei Pkw und leichten Nutzfahrzeugen werden auch bei schweren Nutzfahrzeugen neue Grenzwertstufen in zwei Schritten eingeführt. Im Rahmen der Typgenehmigung müssen zunächst neue Motortypen die neuen Emissionsgrenzwerte einhalten. Ein Jahr später ist die Einhaltung der neuen Grenzwerte Voraussetzung für die Erteilung der Fahrzeugzulassung. Die Übereinstimmung der Produktion (COP, Conformity of Production) kann vom Gesetzgeber überprüft werden, indem Motoren aus der laufenden Serie entnommen und auf die Einhaltung der neuen Abgasgrenzwerte hin getestet werden.

In den Euro-Normen sind für Nfz-Dieselmotoren Grenzwerte für Kohlenwasserstoffe (HC und NMHC), Kohlenmonoxid (CO),

Stickoxide (NO_x), Partikel und die Abgastrübung festgelegt. Die zulässigen Grenzwerte werden auf die Motorleistung bezogen und in g/kWh angegeben (Bild 15).

Die Grenzwertstufe Euro III galt seit Oktober 2000 für alle neu zertifizierten Motortypen und seit Oktober 2001 auch für alle Serienfahrzeuge. Die Emissionen werden im stationären 13-Stufentest (ESC, European Steady-State Cycle) ermittelt, die Abgastrübung in einem zusätzlichen Trübungstest (ELR, European Load Response). Dieselmotoren, die mit Systemen zur Abgasnachbehandlung (z. B. Katalysator oder Partikelfilter) ausgerüstet sind, müssen darüber hinaus bereits im dynamischen Abgastest ETC (European Transient Cycle) getestet werden. Die europäischen Testzyklen werden mit warmem Motor gestartet.

Für kleine Motoren, d. h. Motoren mit einem Hubraum unter 0,75 l pro Zylinder und einer Nenndrehzahl über 3 000 min^{-1}, sind etwas höhere Partikelemissionen zugelassen als für große Motoren. Für den ETC gelten eigene Emissionsgrenzwerte, beispielsweise sind die Partikelgrenzwerte – wegen der zu erwartenden Rußspitzen im dynamischen Betrieb – ungefähr 50 % höher als die ESC-Grenzwerte.

Im Oktober 2005 trat die Grenzwertstufe Euro IV zunächst für Neuzertifizierungen in Kraft, ein Jahr später auch für die Serienproduktion. Gegenüber Euro III wurden alle Grenzwerte deutlich reduziert, am größten ist die Verschärfung bei den Partikelgrenzwerten mit ungefähr 80 %. Mit der Einführung von Euro IV ergaben sich zudem folgende Änderungen:
● Der dynamische Abgastest (ETC) gilt – neben ESC und ELR – verbindlich für alle Dieselmotoren.
● Die Funktion emissionsrelevanter Bauteile muss über die Lebensdauer des Fahrzeugs nachgewiesen werden.

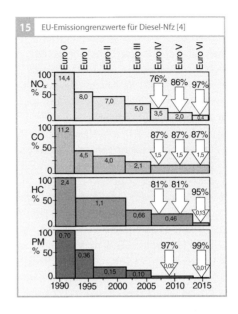

15   EU-Emissiongrenzwerte für Diesel-Nfz [4]

Bild 15
Werte in g/kWh; Prozentuale Verringerungen beziehen sich auf Euro 0

Die Grenzwertstufe Euro V wurde ab Oktober 2008 für alle neu zertifizierten Motortypen eingeführt, ein Jahr später auch für die Serienproduktion. Gegenüber Euro IV wurden nur die NO_x-Grenzwerte verschärft.

Im Januar 2013 trat die Euro VI-Grenzwertstufe für neue Motortypen in Kraft, ein Jahr später für alle neu produzierten Motoren. Gegenüber Euro V sind die Stickoxidemissionen nochmals um 80 % und die Partikelemissionen um mehr als 60 % vermindert (bezogen auf ETC-Grenzwerte für Euro V). Mit Euro VI sollen neue harmonsierte Motorentests eingeführt werden. Auch hier gibt es einen Stationärtest (WHSC, World Harmonized Stationary Cycle) und einen Dynamiktest (WHTC, World Harmonized Transient Cycle). Im Gegensatz zu den bisherigen Euro V-Vorschriften gelten ab Euro VI keine eigenen Partikelgrenzwerte mehr für den Transienttest, sondern sind identisch mit den Vorgaben für den Stationärtest.

Dauerhaltbarkeit

Die Einhaltung der Emissionsgrenzwerte muss über eine vorgegebene Fahrstrecke oder eine bestimmte Zeitdauer nachgewiesen werden. Dabei werden drei Klassen mit zunehmenden Anforderungen an die Dauerhaltbarkeit unterschieden:

- Leichte Nfz bis 3,5 t zulässiger Gesamtmasse: 6 Jahre oder 100 000 km (für Euro IV und Euro V) beziehungsweise 160 000 km (für Euro VI).
- Mittelschwere Nfz kleiner 16 t zulässiger Gesamtmasse: 6 Jahre oder 200 000 km (für Euro IV und Euro V) beziehungsweise 300 000 km (für Euro VI).
- Schwere Nfz über 16 t zulässiger Gesamtmasse: 7 Jahre oder 500 000 km (für Euro IV und Euro V) beziehungsweise 700 000 km (für Euro VI).

Kraftstoffverbrauch

Es sind Vorschriften für den CO_2-Ausstoß in Planung, die voraussichtlich mit transportablem Messequipment am fahrenden Fahrzeug zu ermitteln sind.

Besonders umweltfreundliche Fahrzeuge

Die EU-Richtlinien erlauben steuerliche Anreize für die vorzeitige Erfüllung der Grenzwerte einer Grenzwertstufe und für EEV-Fahrzeuge (Enhanced Environmentally-Friendly Vehicle). Für die Kategorie EEV sind freiwillige Grenzwerte für die Abgastests ESC, ETC und ELR festgeschrieben. Die NO_x- und Partikel-Grenzwerte entsprechen den ESC-Grenzwerten von Euro V. Die Standards für HC, NMHC, CO und die Abgastrübung sind strenger als die von Euro V.

Japan-Gesetzgebung

Fahrzeugklassen

In Japan gelten Fahrzeuge mit einem zulässigen Gesamtmasse über 3,5 t und einer Transportkapazität von mehr als zehn Personen als schwere Nutzfahrzeuge (siehe Bild 10).

Abgasgrenzwerte

Im Oktober 2005 galt die „New Long-Term Regulation". Sie schrieb Grenzwerte für Kohlenwasserstoffe (HC), Stickoxide (NO_x), Kohlenmonoxid (CO), Partikel und die Abgastrübung vor. Die Emissionen werden im neu eingeführten transienten JE05-Testzyklus (Warmtest) ermittelt, die Abgastrübung im japanischen Rauchtest.

Die inzwischen eingeführte „Post New Long-Term Regulation" ist seit September 2009 in Kraft. Die Partikel- und NO_x-Grenzwerte wurden gegenüber 2005 um fast zwei Drittel gesenkt.

Für 2016 ist das „Challenge Target" mit einer weiteren NO_x-Reduktion um etwa Zweidrittel in Diskussion.

Dauerhaltbarkeit

Die Einhaltung der Emissionsgrenzwerte muss über eine vorgegebene Fahrstrecke nachgewiesen werden. Dabei werden drei Klassen mit zunehmenden Anforderungen an die Dauerhaltbarkeit unterschieden:

- Nfz kleiner 8 t zulässiger Gesamtmasse: 250 000 km.
- Mittelschwere Nfz kleiner 12 t zulässiger Gesamtmasse: 450 000 km.
- Schwere Nfz über 12 t zulässiger Gesamtmasse: 650 000 km.

Kraftoffverbrauchsanforderung

Für Lastkraftwagen und Busse mit einer zulässigen Gesamtmasse größer 3,5 t sind Kraftstoffverbrauchsgrenzwerte vorgeschrieben. Dazu werden zwei Fahrzyklen (innerstädtisch und Überlandfahrt) herangezogen.

Die Verbrauchsbestimmung erfolgt aber auf dem Motorenprüfstand. Da der Verbrauch erheblich von der individuellen Fahrzeugmotorisierung und -ausstattung (z. B. Antriebsstrang, Rollwiderstand, Fahrzeugmasse) abhängig ist, wird die Berechnung mithilfe eines Konvertierungsprogramms durchgeführt. Die Anforderungen für ein Nfz mit einer zulässigen Gesamtmasse kleiner als 10 t betragen 7,4 km/*l*, für Sattelzüge mit einer zulässigen Gesamtmasse kleiner als 20 t betragen 2,9 km/*l* und für Busse mit einer zulässigen Gesamtmasse kleiner 14 t betragen 5,0 km/*l*.

Regionale Programme

Neben den landesweit gültigen Vorschriften für Neufahrzeuge gibt es regionale Vorschriften für den Fahrzeugbestand mit dem Ziel, die Emissionen im Feld durch Ersetzen oder Nachrüsten alter Dieselfahrzeuge zu senken.

Das „Vehicle NO_x-Law" gilt seit 2003 unter anderem im Großraum Tokio für Fahrzeuge mit einer zulässigen Gesamtmasse über 3 500 kg. Die Vorschrift besagt, dass 8 bis 12 Jahre nach der Erstregistrierung des Fahrzeugs die NO_x- und Partikelgrenzwerte der jeweils vorhergehenden Grenzwertstufe eingehalten werden müssen (z. B. die 1998er-Grenzwerte ab 2003). Das gleiche Prinzip gilt auch für die Partikelemissionen; hier greift die Vorschrift allerdings schon sieben Jahre nach Erstregistrierung des Fahrzeugs.

Testzyklen für schwere Nfz

Für schwere Nfz werden alle Testzyklen auf dem Motorprüfstand durchgeführt. Bei den instationären Testzyklen werden die Emissionen nach dem CVS-Prinzip gesammelt und ausgewertet, bei den stationären Testzyklen werden die Rohemissionen gemessen. Die Emissionen werden in g/kWh angegeben.

Europa

Alle europäischen Testzyklen werden mit warmem Motor gestartet.

European Steady-State Cycle

Für Fahrzeuge mit mehr als 3,5 t zulässiger Gesamtmasse und mehr als neun Sitzplätzen wird in Europa seit Einführung der Stufe Euro III (Oktober 2000) der 13-Stufentest ESC (European Steady-State Cycle, **Bild 16**) angewendet. Das Testverfahren schreibt Messungen in 13 stationären Betriebszuständen vor, die aus der Volllastkurve des Motors ermittelt werden. Die in den einzelnen Betriebspunkten gemessenen Emissionen werden mit Faktoren gewichtet, ebenso die Leistung. Das Testergebnis ergibt sich für jeden Schadstoff aus der Summe der gewichteten Emissionen dividiert durch die Summe der gewichteten Leistung.

Bei der Zertifizierung können im Testbereich zusätzlich drei NO_x-Messungen durchgeführt werden. Die NO_x-Emissionen dürfen von denen der benachbarten Betriebspunkte nur geringfügig abweichen. Ziel der zusätzlichen Messung ist es, testspezifische Motoranpassungen zu verhindern.

European Transient Cycle

Mit Euro III wurden auch der ETC (European Transient Cycle, **Bild 17**) zur Ermittlung der gasförmigen Emissionen und Partikel sowie der ELR (European Load

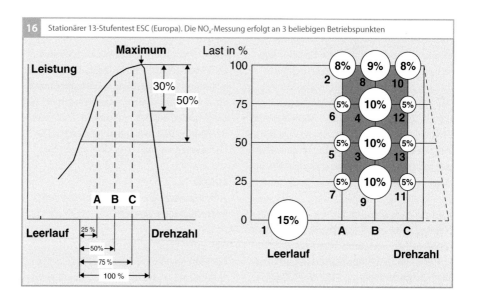

16   Stationärer 13-Stufentest ESC (Europa). Die NO_x-Messung erfolgt an 3 beliebigen Betriebspunkten

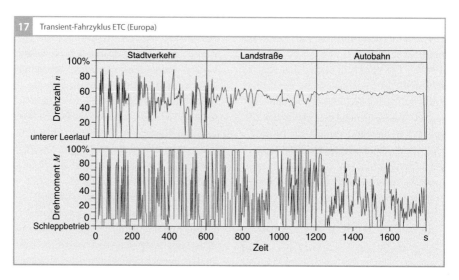

17   Transient-Fahrzyklus ETC (Europa)

Response) zur Bestimmung der Abgastrübung eingeführt. Der ETC gilt in der Stufe Euro III nur für Nfz mit Abgasnachbehandlung (Partikelfilter, Katalysator), ab Euro IV (Oktober 2005) ist er verbindlich für alle Fahrzeuge vorgeschrieben.

Der Prüfzyklus ist aus realen Straßenfahrten abgeleitet und gliedert sich in drei Abschnitte – einen innerstädtischen Teil, einen Überlandteil und einen Autobahnteil. Die Prüfdauer beträgt 30 Minuten, in Sekundenschritten werden Drehzahl- und Drehmomentsollwerte vorgegeben.

Weltweit harmonisierte Zyklen

Ab 2013 sind weltweit harmonisierte Motorentestzyklen mit Einführung der Euro VI Grenzwertstufe anzuwenden. Die vorgeschriebenen Grenzwerte sind sowohl im WHSC (World Harmonized Stationary Cycle) als auch im WHTC (World Harmonized Transient Cycle) gleichermaßen zu erfüllen. Neu hinzu kommt eine WNTE-Zone (World Harmonized not to Exceed Zone), wie sie bisher nur in den USA üblich war. Die NTE-Prüfung erfolgt mit beliebiger Fahrweise innerhalb eines vorgegebenen Drehzahl-Drehmomentbereichs), wobei ein um ca. 25 % erhöhter Emissionsgrenzwert zulässig ist.

Die harmonisierten Motorentests sind im Vergleich zu den derzeitigen europäischen Tests tendenziell niedriglastiger konzipiert (weniger Volllastbetriebspunkte und beim Transienttest deutlich mehr Schubphasen). Die damit verbundenen geringeren Abgastemperaturen erschweren den Betrieb von aktiven Abgasnachbehandlungssytemen, welche regelmäßig regeneriert werden müssen.

USA

Transient FTP dynamometer test cycle

Motoren für schwere Nfz werden seit 1987 nach einem instationären Fahrzyklus (US HDDTC, Heavy Duty Diesel Transient Cycle) mit Kaltstart auf dem Motorprüfstand gemessen. Der Prüfzyklus entspricht im Wesentlichen dem Betrieb eines Motors im Straßenverkehr (Bild 18). Er hat deutlich mehr Leerlaufanteile als der europäische ETC.

Federal Smoke Cycle

Daneben wird in einem weiteren Test, dem Federal Smoke Cycle, die Abgastrübung bei dynamischem und quasistationärem Betrieb geprüft.

Ab dem Modelljahr 2007 müssen die US-Grenzwerte zusätzlich im europäischen 13-Stufentest (ESC) erfüllt werden. Darüber hinaus dürfen die Emissionen in der Not-to-Exceed-Zone (d. h. bei beliebiger Fahrweise innerhalb eines vorgegebenen Drehzahl-Drehmoment-Bereichs) maximal 50 % über den Grenzwerten liegen.

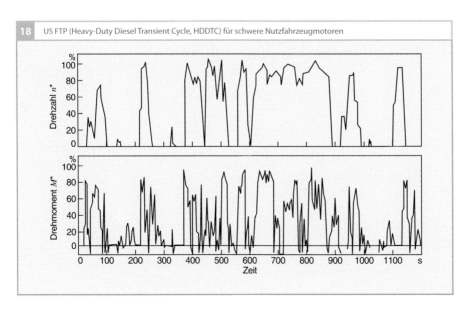

18   US FTP (Heavy-Duty Diesel Transient Cycle, HDDTC) für schwere Nutzfahrzeugmotoren

Bild 18
Sowohl die normierte Drehzahl n^* als auch das normierte Drehmoment M^* sind vom Gesetzgeber vorgegebene Tabellenwerte.

Japan

JE05-Testzyklus

Die Schadstoffemissionen werden seit Oktober 2005 im transienten JE05-Testzyklus ermittelt. Ähnlich wie beim europäischen Pkw-Transienttest besteht der JE05-Testzyklus für Nfz aus einem Überlandteil, einem innerstädtischen Teil und einem Autobahnteil. Die Prüfdauer beträgt 1830 Sekunden. Der Test wird mit warmem Motor gestartet.

Anders als bei den europäischen und US-amerikanischen Nfz-Tests werden beim JE05-Test nicht die Motordrehzahl und das Motormoment vorgegeben, sondern die Fahrgeschwindigkeit. Da der Test auf einem Motorenprüfstand durchgeführt wird, werden die hierfür benötigten Größen Drehzahl und Drehmoment aus den vorgegebenen Geschwindigkeiten sowie aus den individuellen Fahrzeugdaten mithilfe eines Konvertierungsprogramms ermittelt. Benötigte Größen sind unter anderem Fahrzeugmasse, Reifenrollwiderstand, Getriebeübersetzungen, Drehmomentverlauf und Maximaldrehzahl. Für zukünftige Grenzwertstufen sind die harmonisierten europäischen Testzyklen WHSC und WHTC in Diskussion.

Literatur

[1]   70/220/EWG: Richtlinie des Rates (der europäischen Gemeinschaften) vom 20. März 1970 zur Angleichung der Rechtsvorschriften der Mitgliedstaaten über Maßnahmen gegen die Verunreinigung der Luft durch Abgase von Kraftfahrzeugmotoren mit Fremdzündung.

[2]   88/77/EWG: Richtlinie des Rates vom 3. Dezember 1987 zur Angleichung der Rechtsvorschriften der Mitgliedstaaten über Maßnahmen gegen die Emission gasförmiger Schadstoffe und luftverunreinigender Partikel aus Dieselmotoren zum Antrieb von Fahrzeugen.

[3]   Verordnung (EG) Nr. 715/2007 des Europäischen Parlaments und des Rates vom 20. Juni 2007 über die Typgenehmigung von Kraftfahrzeugen hinsichtlich der Emissionen von leichten Personenkraftwagen und Nutzfahrzeugen (Euro 5 und Euro 6) und über den Zugang zu Reparatur- und Wartungsinformationen für Fahrzeuge.

[4]   Verordnung (EG) Nr. 595/2009 des Europäischen Parlaments und des Rates vom 18. Juni 2009 über die Typgenehmigung von Kraftfahrzeugen und Motoren hinsichtlich der Emissionen von schweren Nutzfahrzeugen (Euro VI) und über den Zugang zu Fahrzeugreparatur- und -wartungsinformationen, zur Änderung der Verordnung (EG) Nr. 715/2007 und der Richtlinie 2007/46/EG sowie zur Aufhebung der Richtlinien 80/1269/EWG, 2005/55/EG und 2005/78/EG.

[5]   Richtlinie 2010/26/EU der Kommission vom 31. März 2010 zur Änderung der Richtlinie 97/68/EG des Europäischen Parlaments und des Rates zur Angleichung der Rechtsvorschriften der Mitgliedstaaten über Maßnahmen zur Bekämpfung der Emission von gasförmigen Schadstoffen und luftverunreinigenden Partikeln aus Verbrennungsmotoren für mobile Maschinen und Geräte.

[6]   40 CFR Part 1039: Control of emissions from new and in-use nonroad compression-ignition engines.

[7]   40 CFR Part 86: Control of emissions from new and in-use Highway Vehicles and engines.

[8]   K. Reif (Hrsg.): Ottomotor-Management – Bosch Fachinformation Automobil. 4. Auflage, Springer Vieweg, 2014.

Abgasmesstechnik

Abgasprüfung auf Rollenprüfständen

Die Abgasprüfung auf Rollenprüfständen dient zum einen der Typprüfung zur Erlangung der allgemeinen Betriebserlaubnis, zum anderen der Entwicklung z. B. von Motorkomponenten. Sie unterscheidet sich damit von Prüfungen, die im Rahmen der Hauptuntersuchung und Teiluntersuchung Abgas z. B. mit Werkstatt-Messgeräten durchgeführt werden. Weiterhin werden Abgasprüfungen auf Motorprüfständen durchgeführt, z. B. für die Typprüfung von schweren Nfz.

Die Abgasprüfung auf Rollenprüfständen wird an Fahrzeugen durchgeführt. Die angewandten Verfahren sind derart definiert, dass der praktische Fahrbetrieb auf der Stra-

ße in großem Maße nachgebildet wird. Die Messung auf einem Rollenprüfstand bietet dabei folgende Vorteile:
- hohe Reproduzierbarkeit von Ergebnissen, da die Umgebungsbedingungen konstant gehalten werden können,
- gute Vergleichbarkeit von Tests, da ein definiertes Geschwindigkeits-Zeit-Profil unabhängig vom Verkehrsfluss abgefahren werden kann,
- stationärer Aufbau der erforderlichen Messtechnik.

Prüfaufbau
Das zu testende Fahrzeug wird mit den Antriebsrädern auf drehbare Rollen gestellt (Bild 1). Damit bei der auf dem Prüfstand simulierten Fahrt mit der Straßenfahrt vergleichbare Emissionen entstehen, müssen

Bild 1
1 Rolle mit Dynamometer
2 Vorkatalysator
3 Hauptkatalysator
4 Filter
5 Partikelfilter
6 Verdünnungstunnel
7 Mischpunkt (Mix-T, siehe Text)
8 Ventil
9 Verdünnungsluftkonditionierung
10 Verdünnungsluft
11 Abgas-Luft-Gemisch
12 Gebläse
13 CVS-Anlage (Constant Volume Sampling)
14 Verdünnungsluftprobenbeutel
15 Abgasprobenbeutel (für Messung über den Mischpunkt)
16 Abgasprobenbeutel (für die Messung über den Tunnel)
17 Partikelzähler
① Pfad für die Abgasmessung über den Mischpunkt (ohne Bestimmung der Partikelemission)
② Pfad für die Abgasmessung über den Verdünnungstunnel (mit Bestimmung der Partikelemission)

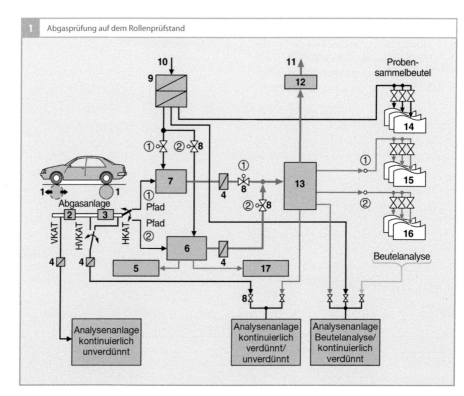

1 Abgasprüfung auf dem Rollenprüfstand

die auf das Fahrzeug wirkenden Kräfte – die Trägheitskräfte des Fahrzeugs sowie der Roll- und der Luftwiderstand – nachgebildet werden. Hierzu erzeugen Asynchronmaschinen, Gleichstrommaschinen oder auf älteren Prüfständen auch Wirbelstrombremsen eine geeignete geschwindigkeitsabhängige Last, die auf die Rollen wirkt und vom Fahrzeug überwunden werden muss. Zur Trägheitssimulation kommt bei neueren Anlagen eine elektrische Schwungmassensimulation zum Einsatz. Ältere Prüfstände verwenden reale Schwungmassen unterschiedlicher Größe, die sich über Schnellkupplungen mit den Rollen verbinden lassen und so die Fahrzeugmasse nachbilden. Ein vor dem Fahrzeug aufgestelltes Gebläse sorgt für die nötige Kühlung des Motors.

Das Auspuffrohr des zu testenden Fahrzeugs ist gasdicht an das Abgassammelsystem – das im Weiteren beschriebene Verdünnungssystem – angeschlossen. Dort wird eine Teilmenge des Abgases gesammelt und nach Abschluss des Fahrtests bezüglich der limitierten gasförmigen Schadstoffkomponenten (Kohlenwasserstoffe, Stickoxide und Kohlenmonoxid) sowie Kohlendioxid (zur Bestimmung des Kraftstoffverbrauchs) analysiert.

Nach Einführung der Abgasgesetzgebung waren Partikelemissionen zunächst nur für Dieselfahrzeuge limitiert. In den letzten Jahren sind die Gesetzgeber dazu übergegangen, diese auch für Fahrzeuge mit Ottomotoren zu begrenzen. Für die Bestimmung der Partikelemissionen kommen ein Verdünnungstunnel mit hoher innerer Strömungsturbulenz (Reynolds-Zahl über 40 000) und Partikelfilter, aus deren Beladung die Partikelemission ermittelt wird, zum Einsatz.

Zusätzlich kann zu Entwicklungszwecken an Probennahmestellen im Abgastrakt des Fahrzeugs oder im Verdünnungssystem ein Teilstrom des Abgases kontinuierlich entnommen und bezüglich der auftretenden Schadstoffkonzentrationen untersucht werden.

Der Testzyklus wird im Fahrzeug von einem Fahrer nachgefahren; hierfür werden die geforderte und die aktuelle Fahrgeschwindigkeit kontinuierlich auf einem Fahrerleitgerät dargestellt. In einigen Fällen ersetzt ein Fahrautomat den Fahrer, z. B. um die Reproduzierbarkeit von Testergebnissen zu erhöhen.

Verdünnungssystem

Die am weitesten verbreitete Methode, die von einem Motor emittierten Abgase zu sammeln, ist das CVS-Verdünnungsverfahren (Constant Volume Sampling). Es wurde erstmals 1972 in den USA für Pkw und leichte Nfz eingeführt und in mehreren Stufen verbessert. Das CVS-Verfahren wird u. a. in Japan eingesetzt, seit 1982 auch in Europa. Es ist damit ein weltweit anerkanntes Verfahren der Abgassammlung.

Die Analyse des Abgases erfolgt beim CVS-Verfahren erst nach Testende. Hierfür ist erforderlich, die Kondensation von Wasserdampf und die hieraus resultierenden Stickoxid-Verluste sowie die Nachreaktionen im gesammelten Abgas zu vermeiden.

Das CVS-Verfahren arbeitet nach folgendem Prinzip: Das vom Prüffahrzeug emittierte Abgas wird im Mix-T (Mischpunkt, bei dem die zwei Eingangsrohre und das Ausgangsrohr ein T bilden) oder im Verdünnungstunnel mit Umgebungsluft in einem mittleren Verhältnis von 1:5 bis 1:10 verdünnt und über eine spezielle Pumpenanordnung derart abgesaugt, dass der Gesamtvolumenstrom aus Abgas und Verdünnungsluft konstant ist. Die Zumischung von Verdünnungsluft ist also vom momentanen Abgasvolumenstrom abhängig. Aus dem verdünnten Abgasstrom wird kontinuierlich eine repräsentative Probe entnommen und in einem oder mehreren Abgasbeuteln gesammelt. Der Volumenstrom der Probenahme ist dabei innerhalb einer Beutelfüllphase konstant. Daher ist die Schadstoffkonzentration in einem Beutel nach Abschluss der Befüllung genauso groß wie der Mittelwert der Konzentration im verdünnten Abgas über den Zeitraum der Beutelbefüllung.

Zur Berücksichtigung der in der Verdünnungsluft enthaltenen Schadstoffkonzentrationen wird parallel zur Befüllung der Abgasbeutel eine Probe der Verdünnungsluft entnommen und in einem oder mehreren Luftbeuteln gesammelt.

Die Befüllung der Beutel korrespondiert im Allgemeinen mit den Phasen, in die die Testzyklen aufgeteilt sind (z. B. mit der ht-Phase im Testzyklus FTP 75).

Aus dem Gesamtvolumen des verdünnten Abgases und den Schadstoffkonzentrationen in den Abgas- und Luftbeuteln wird die während des Tests emittierte Schadstoffmasse berechnet.

Es existieren zwei alternative Verfahren zur Realisierung des konstanten Volumenstroms im verdünnten Abgas, nämlich das PDP-Verfahren (Positive Displacement Pump), bei dem ein Drehkolbengebläse (Roots-Gebläse) verwendet wird und das CFV-Verfahren (Critical Flow Venturi), bei dem eine Venturi-Düse im kritischen Zustand in Verbindung mit einem Standardgebläse zum Einsatz kommt.

Die Verdünnung des Abgases führt zu einer Reduzierung der Schadstoffkonzentrationen im Verhältnis der Verdünnung. Da die Schadstoffemissionen in den letzten Jahren aufgrund der Verschärfung der Emissionsgrenzwerte deutlich reduziert wurden, sind die Konzentrationen einiger Schadstoffe (insbesondere der Kohlenwasserstoffverbindungen) in bestimmten Testphasen im ver-

dünnten Abgas vergleichbar mit den Konzentrationen in der Verdünnungsluft (oder niedriger). Damit sind die Grenzen der Messgenauigkeit erreicht, da für die Schadstoffemission die Differenz der beiden Werte ausschlaggebend ist. Außerdem muss die Messgenauigkeit der zur Schadstoffanalyse eingesetzten Messgeräte sehr hoch sein.

Um die hohen Anforderungen bei der Messung zu erfüllen, werden im Allgemeinen folgende Maßnahmen getroffen: Die Verdünnung wird abgesenkt; das erfordert Vorkehrungen gegen Kondensation von Wasser, z. B. Beheizung von Teilen der Verdünnungsanlagen, Trocknung oder Aufheizung der Verdünnungsluft. Außerdem werden die Schadstoffkonzentrationen in der Verdünnungsluft verringert und stabilisiert, z. B. durch Aktivkohlefilter. Ferner werden die eingesetzten Messgeräte (einschließlich Verdünnungsanlagen) optimiert, z. B. durch geeignete Auswahl oder Vorbehandlung der verwendeten Materialien und Anlagenaufbauten oder durch Verwendung angepasster elektronischer Bauteile. Schließlich werden die Prozesse, z. B. durch spezielle Spülprozeduren, optimiert.

In den USA wurde als Alternative zu den beschriebenen Verbesserungen der CVS-Technik ein neuer Typ einer Verdünnungsanlage entwickelt: der Bag Mini Diluter (BMD). Hier wird ein Teilstrom des Abgases in einem konstanten Verhältnis mit einem getrockneten, aufgeheizten schadstofffreien Nullgas (z. B. gereinigter Luft) verdünnt. Von diesem verdünnten Abgasstrom wird während des Fahrtests wiederum ein zum Abgasvolumenstrom proportionaler Teilstrom in Abgasbeutel gefüllt und nach Beendigung des Fahrtests analysiert.

Durch die Vorgehensweise, dass die Verdünnung nicht mehr mit schadstoffhaltiger Luft, sondern mit einem schadstofffreien Nullgas erfolgt, soll die Luftbeutelanalyse

Komponente	Verfahren
CO, CO_2	Nicht-dispersiver Infrarot-Analysator (NDIR)
Stickoxide (NO_x)	Chemilumineszenz-Detektor (CLD)
Gesamt-Kohlenwasserstoff (THC)	Flammenionisations-Detektor (FID)
CH_4	Kombination von gaschromatographischem Verfahren und Flammenionisations-Detektor (GC-FID)
CH_3OH, CH_2O	Kombination aus Impinger- oder Kartuschenverfahren und chromatographischen Analysetechniken; in den USA bei Verwendung bestimmter Kraftstoffe notwendig
Partikel	– 1. Gravimetrisches Verfahren: Wägung von Partikelfiltern vor und nach der Testfahrt – 2. Partikelzählung

Tabelle 1
Messverfahren für Schadstoffe

und die anschließende Differenzbildung von Abgas- und Luftbeutelkonzentrationen vermieden werden. Es ist allerdings ein größerer apparativer Aufwand als beim CVS-Verfahren erforderlich, z. B. durch die notwendige Bestimmung des (unverdünnten) Abgasvolumenstroms und die proportionale Beutelbefüllung.

Abgas-Messgeräte

Die Emission der limitierten gasförmigen Schadstoffe wird aus den Konzentrationen in Abgas- und Luftbeuteln ermittelt. Die Abgasgesetzgebungen definieren hierfür weltweit einheitliche Messverfahren (Tabelle 1).

Zu Entwicklungszwecken erfolgt auf vielen Prüfständen zusätzlich die kontinuierliche Bestimmung von Schadstoffkonzentrationen in der Abgasanlage des Fahrzeugs oder im Verdünnungssystem, und zwar sowohl für die limitierten als auch für weitere nicht limitierte Komponenten. Hierfür kommen außer den in Tabelle 1 genannten Messverfahren weitere zum Einsatz, wie:
- Paramagnetisches Verfahren (Bestimmung der O_2-Konzentration),
- Cutter-FID: Kombination eines Flammenionisations-Detektors mit einem Absorber

für Kohlenwasserstoffe außer Methan (Bestimmung der CH_4-Konzentration),
- Massenspektroskopie (Multi-Komponenten-Analysator),
- FTIR-Spektroskopie (Fourier-Transform-Infrarot, Multi-Komponenten-Analysator),
- IR-Laserspektrometer (Multi-Komponenten-Analysator).

Im Folgenden wird auf die Funktionsweise der wichtigsten Messgeräte eingegangen.

NDIR-Analysator
Der NDIR-Analysator (nicht-dispersiver Infrarot-Analysator) nutzt die Eigenschaft bestimmter Gase aus, Infrarot-Strahlung in einem schmalen Wellenlängenbereich zu absorbieren. Die absorbierte Strahlung wird in Vibrations- oder Rotationsenergie der absorbierenden Moleküle umgewandelt, die sich wiederum als Wärme messen lässt. Das beschriebene Phänomen tritt bei Molekülen auf, die aus Atomen mindestens zweier unterschiedlicher Elemente gebildet sind, z. B. CO, CO_2, C_6H_{14} oder SO_2.

Es gibt verschiedene Varianten von NDIR-Analysatoren; die wesentlichen Bestandteile sind eine Infrarot-Lichtquelle (Bild 2), eine

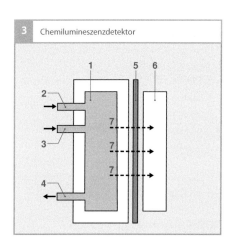

2   Messkammer nach dem NDIR-Verfahren

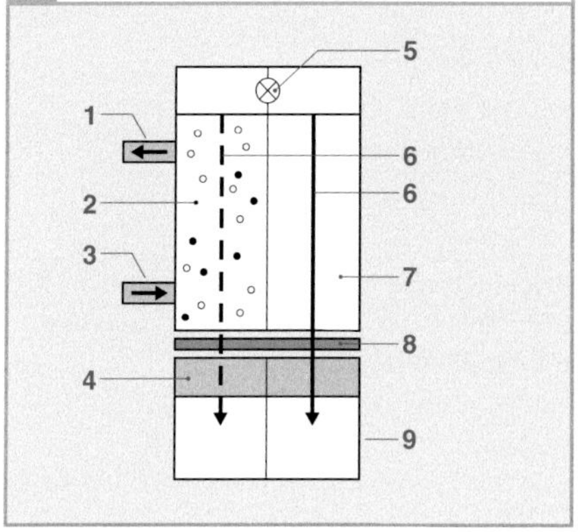

Bild 2
1   Gasausgang
2   Absorptionszelle
3   Eingang Messgas
4   optischer Filter
5   Infrarot-Lichtquelle
6   Infrarot-Strahlung
7   Referenzzelle
8   Chopperzelle
9   Detektor

3   Chemilumineszenzdetektor

Bild 3
1   Reaktionskammer
2   Eingang Ozon
3   Eingang Messgas
4   Gasausgang
5   Filter
6   Detektor
7   Licht

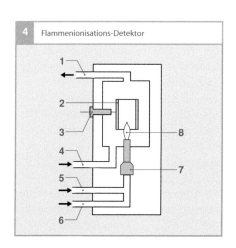

4   Flammenionisations-Detektor

Bild 4
1   Gasausgang
2   Sammelelektrode
3   Verstärker
4   Brennluft
5   Messgas
6   Brenngas (H_2, He)
7   Brenner
8   Flamme

Absorptionszelle (Küvette), durch die das Messgas geleitet wird, eine im Allgemeinen parallel angeordnete Referenzzelle (mit Inertgas, z. B. N_2 gefüllt), eine Chopperscheibe und ein Detektor. Der Detektor besteht aus zwei durch ein Diaphragma verbundenen Kammern, die Proben der zu untersuchenden Gaskomponente enthalten. In einer Kammer wird die Strahlung aus der Referenzzelle absorbiert, in der anderen die Strahlung aus der Küvette, die gegebenenfalls bereits durch Absorption im Messgas verringert worden ist. Die unterschiedliche Strahlungsenergie führt zu einer Strömungsbewegung, die von einem Strömungs- oder Drucksensor gemessen wird. Die rotierende Chopperscheibe unterbricht zyklisch die Infrarot-Strahlung; dies führt zu einer wechselnden Ausrichtung der Strömungsbewegung und damit zu einer Modulation des Sensorsignals.

Zu beachten ist, dass NDIR-Analysatoren eine starke Querempfindlichkeit gegen Wasserdampf im Messgas besitzen, da H_2O-Moleküle über einen größeren Wellenlängenbereich Infrarot-Strahlung absorbieren. Aus diesem Grund werden NDIR-Analysatoren bei Messungen am unverdünnten Abgas hinter einer Messgasaufbereitung (z. B. einem Gaskühler) angeordnet, die für eine Trocknung des Abgases sorgt.

Chemilumineszenz-Detektor (CLD)
Das Messgas wird in einer Reaktionskammer mit Ozon, das in einer Hochspannungsentladung aus Sauerstoff erzeugt wird, gemischt (Bild 3). Das im Messgas enthaltene Stickstoffmonoxid oxidiert in dieser Umgebung zu Stickstoffdioxid; die entstehenden Moleküle befinden sich teilweise in einem angeregten Zustand. Die bei der Rückkehr dieser Moleküle in den Grundzustand frei werdende Energie wird in Form von Licht freigesetzt (Chemilumineszenz). Ein Detektor (z. B. ein

Photomultiplier) misst die emittierte Licht-menge; sie ist unter definierten Bedingungen proportional zur Stickstoffmonoxid-Konzen-tration (NO) im Messgas.

Die Gesetzgebung reglementiert die Emis-sion der Summe der Stickoxide. Daher ist die Erfassung von NO- und NO_2-Molekülen erforderlich. Da der Chemilumineszenz-De-tektor jedoch durch sein Messprinzip auf die Bestimmung der NO-Konzentration be-schränkt ist, wird das Messgas durch einen Konverter geleitet, der Stickstoffdioxid zu Stickstoffmonoxid reduziert.

Flammenionisations-Detektor (FID)
Das Messgas wird in einer Wasserstoff-flamme verbrannt (Bild 4). Dort kommt es zur Bildung von Kohlenstoffradikalen und der temporären Ionisierung eines Teils die-ser Radikale. Die Radikale werden an einer Sammelelektrode entladen. Der entstehen-de Strom wird gemessen; er ist proportional zur Anzahl der Kohlenstoffatome im Mess-gas.

GC-FID und Cutter-FID
Für die Bestimmung der Methan-Konzen-tration im Messgas gibt es zwei gleicherma-ßen verbreitete Verfahren, die jeweils aus der Kombination eines CH_4-separierenden Ele-ments und eines Flammenionisations-De-tektors bestehen. Zur Separation des Me-thans werden dabei entweder eine Gaschromatographensäule (GC-FID) oder ein beheizter Katalysator, der die Nicht-CH_4-Kohlenwasserstoffe oxidiert (Cutter-FID), eingesetzt.

Der GC-FID kann im Gegensatz zum Cutter-FID die CH_4-Konzentrationen ledig-lich diskontinuierlich bestimmen (typisches Intervall zwischen zwei Messungen: 30…45 s).

Paramagnetischer Detektor
Paramagnetische Detektoren (PMD) existie-ren (herstellerabhängig) in verschiedenen Bauformen. Sie beruhen auf dem Phänomen, dass auf Moleküle mit paramagnetischen Ei-genschaften (z. B. Sauerstoff) in inhomoge-nen Magnetfeldern Kräfte wirken, die zu ei-ner Molekülbewegung führen. Diese Bewegung wird von einem geeigneten De-tektor aufgenommen und ist proportional zur Konzentration der Moleküle im Messgas.

Messung der Partikelemission
Zusätzlich zu den gasförmigen Schadstoffen sind die Festkörperpartikel von Interesse, da sie ebenfalls zu den limitierten Schadstoffen gehören. Für die Bestimmung der Partikel-missionen sind das gravimetrische Verfah-ren und von einigen Gesetzgebern die Parti-kelzählung vorgeschrieben.

Beim gravimetrischen Verfahren wird aus dem Verdünnungstunnel während des Fahr-tests ein Teilstrom des verdünnten Abgases entnommen und durch Partikelfilter geleitet. Aus dem Gewicht der Partikelfilter vor und nach dem Fahrtest wird die Beladung mit Partikeln ermittelt. Aus der Beladung sowie dem Gesamtvolumen des verdünnten Abga-ses und dem über die Partikelfilter geleiteten Teilvolumen wird die Partikelemission über den Fahrtest berechnet.

Das gravimetrische Verfahren besitzt fol-gende Nachteile:
- relativ hohe Nachweisgrenze, kann durch hohen apparativen Aufwand (z. B. Opti-mierung der Tunnelgeometrie) nur einge-schränkt verringert werden,
- keine kontinuierliche Bestimmung der Partikelemissionen,
- hoher Aufwand, da die Konditionierung der Partikelfilter notwendig ist, um Um-welteinflüsse zu minimieren,
- keine Selektion bezüglich der chemischen Zusammensetzung der Partikel oder der Partikelgröße.

Aufgrund der genannten Nachteile und der fortschreitenden Reduzierung der Grenzwerte wird zunehmend neben der Partikelemission (Partikelmasse pro Wegstrecke) auch die Anzahl der emittierten Partikel pro Kilometer limitiert. Für die gesetzeskonforme Bestimmung der Partikelanzahl (Partikelzählung) wurde der „Condensation Particulate Counter" (CPC) als Messgerät festgelegt. In diesem wird ein kleiner Teilstrom des verdünnten Abgases mit gesättigtem Butanoldampf vermischt. Durch die Kondensation des Butanols an den Festkörperpartikeln wächst deren Größe deutlich an, so dass die Bestimmung der Partikelanzahl mit Hilfe einer Streulichtmessung möglich ist. Die Partikelanzahl im verdünnten Abgas wird kontinuierlich ermittelt; aus der Integration der Messwerte ergibt sich die Partikelanzahl über den Fahrtest.

Bestimmung der Partikel-Größenverteilung
Es ist von zunehmendem Interesse, Kenntnisse über die Größenverteilung der Partikel im Abgas eines Fahrzeugs zu erlangen. Beispiele für Geräte, die diese Informationen liefern, sind:
- Scanning Mobility Particle Sizer (SMPS),
- Electrical Low Pressure Impactor (ELPI),
- Differential Mobility Spectrometer (DMS).
Diese Verfahren werden aktuell nur für Forschungszwecke eingesetzt.

Diagnose von Dieselmotoren

Die Zunahme der Elektronik im Kraftfahrzeug, die Nutzung von Software zur Steuerung des Fahrzeugs und die erhöhte Komplexität moderner Einspritzsysteme stellen hohe Anforderungen an das Diagnosekonzept, die Überwachung im Fahrbetrieb (On-Board-Diagnose) und die Werkstattdiagnose (Bild 1). Basis der Werkstattdiagnose ist die geführte Fehlersuche, die verschiedene Möglichkeiten von Onboard- und Offboard-Prüfmethoden und Prüfgeräten verknüpft. Im Zuge der Verschärfung der Abgasgesetzgebung und der Forderung nach laufender Überwachung hat auch der Gesetzgeber die On-Board-Diagnose als Hilfsmittel zur Abgasüberwachung erkannt und eine herstellerunabhängige Standardisierung geschaffen. Dieses zusätzlich installierte System wird *OBD-System* (On Board Diagnostic System) genannt.

Überwachung im Fahrbetrieb (On-Board-Diagnose)

Übersicht

Die im Steuergerät integrierte Diagnose gehört zum Grundumfang elektronischer Motorsteuerungssysteme. Neben der Selbstprüfung des Steuergeräts werden Ein- und Ausgangssignale sowie die Kommunikation der Steuergeräte untereinander überwacht.

Unter einer On-Board-Diagnose des elektronischen Systems ist die Fähigkeit des Steuergeräts zu verstehen, sich auch mithilfe der „Software-Intelligenz" ständig selbst zu überwachen, d. h. Fehler zu erkennen, abzuspeichern und diagnostisch auszuwerten. Die On-Board-Diagnose läuft ohne Zusatzgeräte ab.

Überwachungsalgorithmen überprüfen während des Betriebs die Eingangs- und Ausgangssignale sowie das Gesamtsystem mit allen Funktionen auf Fehlverhalten und Störungen. Die dabei erkannten Fehler werden im Fehlerspeicher des Steuergeräts abgespeichert. Die abgespeicherte Fehlerinformation kann über eine serielle Schnittstelle ausgelesen werden.

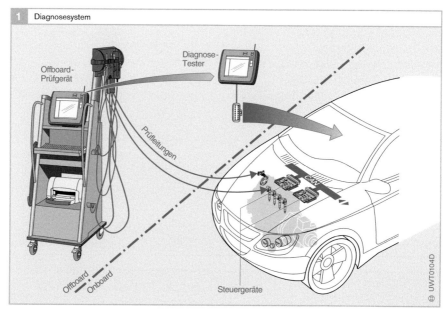

1 Diagnosesystem

Diagnose-Tester

Offboard-Prüfgerät

Prüfleitungen

Offboard

Onboard

Steuergeräte

UWT0104D

Überwachung der Eingangssignale

Die Sensoren, Steckverbinder und Verbindungsleitungen (Signalpfad) zum Steuergerät (Bild 2) werden anhand der ausgewerteten Eingangssignale überwacht. Mit diesen Überprüfungen können neben Sensorfehlern auch Kurzschlüsse zur Batteriespannung U_{Batt} und zur Masse sowie Leitungsunterbrechungen festgestellt werden. Hierzu werden folgende Verfahren angewandt:

- Überwachung der Versorgungsspannung des Sensors (falls vorhanden).
- Überprüfung des erfassten Wertes auf den zulässigen Wertebereich (z. B. 0,5…4,5 V).
- Bei Vorliegen von Zusatzinformationen wird eine Plausibilitätsprüfung mit dem erfassten Wert durchgeführt (z. B. Vergleich Kurbelwellen- und Nockenwellendrehzahl).
- Besonders wichtige Sensoren (z. B. Fahrpedalsensor) sind redundant ausgeführt. Ihre Signale können somit direkt miteinander verglichen werden.

Überwachung der Ausgangssignale

Die vom Steuergerät über Endstufen angesteuerten Aktoren (Bild 2) werden überwacht. Mit den Überwachungsfunktionen werden neben Aktorfehlern auch Leitungsunterbrechungen und Kurzschlüsse erkannt. Hierzu werden folgende Verfahren angewandt:

- Überwachung des Stromkreises eines Ausgangssignals durch die Endstufe. Der Stromkreis wird auf Kurzschlüsse zur Batteriespannung U_{Batt}, zur Masse und auf Unterbrechung überwacht.
- Die Systemauswirkungen des Aktors werden direkt oder indirekt durch eine Funktions- oder Plausibilitätsüberwachung erfasst. Die Aktoren des Systems, z. B. Abgasrückführventil, Drosselklappe oder Drallklappe, werden indirekt über die Regelkreise (z. B. permanente Regelabweichung) und teilweise zusätzlich über Lagesensoren (z. B. die Stellung der Turbinengeometrie beim Turbolader) überwacht.

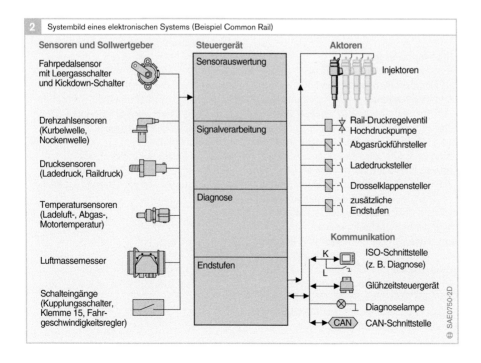

2   Systembild eines elektronischen Systems (Beispiel Common Rail)

Sensoren und Sollwertgeber

- Fahrpedalsensor mit Leergasschalter und Kickdown-Schalter
- Drehzahlsensoren (Kurbelwelle, Nockenwelle)
- Drucksensoren (Ladedruck, Raildruck)
- Temperatursensoren (Ladeluft-, Abgas-, Motortemperatur)
- Luftmassemesser
- Schalteingänge (Kupplungsschalter, Klemme 15, Fahrgeschwindigkeitsregler)

Steuergerät
- Sensorauswertung
- Signalverarbeitung
- Diagnose
- Endstufen

Aktoren
- Injektoren
- Rail-Druckregelventil Hochdruckpumpe
- Abgasrückführsteller
- Ladedrucksteller
- Drosselklappensteller
- zusätzliche Endstufen

Kommunikation
- ISO-Schnittstelle (z. B. Diagnose) K L
- Glühzeitsteuergerät
- Diagnoselampe
- CAN CAN-Schnittstelle

SAE0750-2D

Überwachung der internen Steuergerätefunktionen

Damit die korrekte Funktionsweise des Steuergeräts jederzeit sichergestellt ist, sind im Steuergerät Überwachungsfunktionen in Hardware (z. B. „intelligente" Endstufenbausteine) und in Software realisiert. Die Überwachungsfunktionen überprüfen die einzelnen Bauteile des Steuergeräts (z. B. Mikrocontroller, Flash-EPROM, RAM). Viele Tests werden sofort nach dem Einschalten durchgeführt. Weitere Überwachungsfunktionen werden während des normalen Betriebs durchgeführt und in regelmäßigen Abständen wiederholt, damit der Ausfall eines Bauteils auch während des Betriebs erkannt wird. Testabläufe, die sehr viel Rechnerkapazität erfordern oder aus anderen Gründen nicht im Fahrbetrieb erfolgen können, werden im Nachlauf nach „Motor aus" durchgeführt. Auf diese Weise werden die anderen Funktionen nicht beeinträchtigt. Beim Common Rail System für Dieselmotoren werden im Hochlauf oder Nachlauf z. B. die Abschaltpfade der Injektoren getestet. Beim Ottomotor wird im Nachlauf z. B. das Flash-EPROM geprüft.

Überwachung der Steuergerätekommunikation

Die Kommunikation mit den anderen Steuergeräten findet in der Regel über den CAN-Bus statt. Im CAN-Protokoll sind Kontrollmechanismen zur Störungserkennung integriert, sodass Übertragungsfehler schon im CAN-Baustein erkannt werden können. Darüber hinaus werden im Steuergerät weitere Überprüfungen durchgeführt. Da die meisten CAN-Botschaften in regelmäßigen Abständen von den jeweiligen Steuergeräten versendet werden, kann z. B. der Ausfall eines CAN-Controllers in einem Steuergerät mit der Überprüfung dieser zeitlichen Abstände detektiert werden. Zusätzlich werden die empfangenen Signale bei Vorliegen von redundanten Informationen im Steuergerät anhand dieser Informationen wie alle Eingangssignale überprüft.

Fehlerbehandlung

Fehlererkennung

Ein Signalpfad wird als endgültig defekt eingestuft, wenn ein Fehler über eine definierte Zeit vorliegt. Bis zur Defekteinstufung wird der zuletzt als gültig erkannte Wert im System verwendet. Mit der Defekteinstufung wird in der Regel eine Ersatzfunktion eingeleitet (z. B. Motortemperatur-Ersatzwert $T = 90\,°C$).

Für die meisten Fehler ist eine Heilung bzw. Intakt-Erkennung während des Fahrzeugbetriebs möglich. Hierzu muss der Signalpfad für eine definierte Zeit als intakt erkannt werden.

Fehlerspeicherung

Jeder Fehler wird im nichtflüchtigen Bereich des Datenspeichers in Form eines Fehlercodes abgespeichert. Der Fehlercode beschreibt auch die Fehlerart (z. B. Kurzschluss, Leitungsunterbrechung, Plausibilität, Wertebereichsüberschreitung). Zu jedem Fehlereintrag werden zusätzliche Informationen gespeichert, z. B. die Betriebs- und Umweltbedingungen (Freeze Frame), die bei Auftreten des Fehlers herrschen (z. B. Motordrehzahl, Motortemperatur).

Notlauffunktionen (Limp home)

Bei Erkennen eines Fehlers können neben Ersatzwerten auch Notlaufmaßnahmen (z. B. Begrenzung der Motorleistung oder -drehzahl) eingeleitet werden. Diese Maßnahmen dienen

- der Erhaltung der Fahrsicherheit,
- der Vermeidung von Folgeschäden oder
- der Minimierung von Abgasemissionen.

On Board Diagnostic System für Pkw und leichte Nkw

Damit die vom Gesetzgeber geforderten Emissionsgrenzwerte auch im Alltag eingehalten werden, müssen das Motorsystem und die Komponenten ständig überwacht werden. Deshalb wurden – beginnend in Kalifornien – Regelungen zur Überwachung der abgasrelevanten Systeme und Komponenten erlassen. Damit wird die herstellerspezifische On-Board-Diagnose hinsichtlich der Überwachung emissionsrelevanter Komponenten und Systeme standardisiert und weiter ausgebaut.

Gesetzgebung

OBD I (CARB)

1988 trat in Kalifornien mit OBD I die erste Stufe der CARB-Gesetzgebung (California Air Resources Board) in Kraft. Diese erste OBD-Stufe verlangt:

● Die Überwachung abgasrelevanter elektrischer Komponenten (Kurzschlüsse, Leitungsunterbrechungen) und Abspeicherung der Fehler im Fehlerspeicher des Steuergeräts.
● Eine Fehlerlampe (Malfunction Indicator Lamp, MIL), die dem Fahrer erkannte Fehler anzeigt.
● Mit Onboard-Mitteln (z. B. Blinkcode über eine Diagnoselampe) muss ausgelesen werden können, welche Komponente ausgefallen ist.

OBD II (CARB)

1994 wurde mit OBD II die zweite Stufe der Diagnosegesetzgebung in Kalifornien eingeführt. Für Fahrzeuge mit Dieselmotoren wurde OBD II ab 1996 Pflicht. Zusätzlich zu dem Umfang OBD I wird nun auch die Funktionalität des Systems überwacht (z. B. Prüfung von Sensorsignalen auf Plausibilität).

OBD II verlangt, dass alle abgasrelevanten Systeme und Komponenten, die bei Fehlfunktion zu einer Erhöhung der schädlichen Abgasemissionen führen können (Überschreitung der OBD-Grenzwerte), überwacht werden. Zusätzlich sind auch alle Komponenten, die zur Überwachung emissionsrelevanter Komponenten eingesetzt werden bzw. die das Diagnoseergebnis beeinflussen können, zu überwachen.

Für alle zu überprüfenden Komponenten und Systeme müssen die Diagnosefunktionen in der Regel mindestens einmal im Abgas-Testzyklus (z. B. FTP 75) durchlaufen werden. Darüber hinaus wird gefordert, dass alle Diagnosefunktionen auch im täglichen Fahrbetrieb ausreichend häufig ablaufen. Für viele Überwachungsfunktionen wird ab Modelljahr 2005 eine im Gesetz definierte Überwachungshäufigkeit („In Use Monitor Performance Ratio") im täglichen Fahrbetrieb vorgeschrieben.

Seit Einführung der OBD II wurde das Gesetz in mehreren Stufen überarbeitet (updates). Die letzte Überarbeitung gilt ab Modelljahr 2004. Weitere Updates sind angekündigt.

OBD (EPA)

In den übrigen US-Bundesstaaten gelten seit 1994 die Gesetze der Bundesbehörde EPA (Environmental Protection Agency). Der Umfang dieser Diagnose entspricht im Wesentlichen der CARB-Gesetzgebung (OBD II).

Die OBD-Vorschriften für CARB und EPA gelten für alle Pkw bis zu 12 Sitzplätzen sowie leichte Nkw bis 14 000 lbs (6,35 t).

EOBD (EU)

Die auf europäische Verhältnisse angepasste OBD wird als EOBD bezeichnet und lehnt sich an die EPA-OBD an.

Die EOBD gilt seit Januar 2000 für alle Pkw und leichte Nkw mit Ottomotoren bis zu 3,5 t und bis zu 9 Sitzplätzen. Seit Januar 2003 gilt die EOBD auch für Pkw und leichte Nkw mit Dieselmotoren.

Andere Länder

Einige andere Länder haben EU- oder US-OBD bereits übernommen oder planen deren Einführung.

Anforderungen an das OBD-System

Alle Systeme und Komponenten im Kraftfahrzeug, deren Ausfall zu einer Verschlechterung der im Gesetz festgelegten Abgasprüfwerte führt, müssen vom Motorsteuergerät durch geeignete Maßnahmen überwacht werden. Führt ein vorliegender Fehler zum Überschreiten der OBD-Emissionsgrenzwerte, so muss dem Fahrer das Fehlverhalten über die MIL angezeigt werden.

Grenzwerte

Die US-OBD II (CARB und EPA) sieht Schwellen vor, die relativ zu den Emissionsgrenzwerten definiert sind. Damit ergeben sich für die verschiedenen Abgaskategorien, nach denen die Fahrzeuge zertifiziert sind (z. B. TIER, LEV, ULEV), unterschiedliche zulässige OBD-Grenzwerte. In Europa gelten absolute Grenzwerte (Tabelle 1).

Fehlerlampe (MIL)

Die Malfunction Indicator Lamp (MIL) weist den Fahrer auf das fehlerhafte Verhalten einer Komponente hin. Bei einem erkannten Fehler wird im Geltungsbereich von CARB und EPA im zweiten Fahrzyklus mit diesem Fehler die MIL eingeschaltet. Im Geltungsbereich der EOBD wird die MIL spätestens im dritten Fahrzyklus mit erkanntem Fehler eingeschaltet.

Verschwindet ein Fehler wieder (z. B. Wackelkontakt), so bleibt der Fehler im Fehlerspeicher noch 40 Fahrten (warm up cycles) eingetragen. Die MIL wird nach drei fehlerfreien Fahrzyklen wieder ausgeschaltet.

Kommunikation mit Scan-Tool

Die OBD-Gesetzgebung schreibt eine Standardisierung der Fehlerspeicherinformation und des Zugriffs darauf (Stecker, Kommunikationsschnittstelle) nach ISO 15031 und den entsprechenden SAE-Normen (Society of Automotive Engineers) vor. Dies ermöglicht das Auslesen des Fehlerspeichers über genormte, frei käufliche Tester (Scan-Tools, Bild 1).

Weltweit sind je nach Anwendung verschiedene Kommunikationsprotokolle verbreitet. Die wichtigsten sind:
- ISO 9141-2 für europäische Pkw,
- SAE J 1850 für amerikanische Pkw,
- ISO 14230-4 (KWP 2000) für europäische Pkw und Nkw sowie
- SAE J 1708 für US-Nkw.

Diese seriellen Schnittstellen arbeiten mit einer Übertragungsrate (Baudrate) zwischen 5 Baud und 10 kBaud. Sie sind als Eindraht-Schnittstelle mit gemeinsamer Sende- und Empfangsleitung oder als Zweidraht-Schnittstelle mit getrennter *Datenleitung* (K-Leitung) und *Reizleitung* (L-Leitung) aufgebaut. An einem Diagnosestecker können mehrere Steuergeräte (z. B. Motronic und ESP oder EDC und Getriebesteuerung usw.) zusammengefasst werden.

Der Kommunikationsaufbau zwischen Tester und Steuergerät erfolgt in drei Phasen:
- Reizen des Steuergeräts,
- Baudrate erkennen und generieren,
- Keybytes lesen, die zur Kennzeichnung des Übertragungsprotokolls dienen.

1	OBD-Grenzwerte für Pkw und leichte Nkw			
	Otto-Pkw		**Diesel-Pkw**	
CARB	– relative Grenzwerte – meist 1,5facher Grenzwert der jeweiligen Abgaskategorie		– relative Grenzwerte – meist 1,5facher Grenzwert der jeweiligen Abgaskategorie	
EPA (US-Federal)	– relative Grenzwerte – meist 1,5facher Grenzwert der jeweiligen Abgaskategorie		– relative Grenzwerte – meist 1,5facher Grenzwert der jeweiligen Abgaskategorie	
EOBD	2000 CO: 3,2 g/km HC: 0,4 g/km NO_x: 0,6 g/km	2005 (vorgeschlagen) CO: 1,9 g/km HC: 0,3 g/km NO_x: 0,53 g/km	2003 CO: 3,2 g/km HC: 0,4 g/km NO_x: 1,2 g/km PM: 0,18 g/km	2005 (vorgeschlagen) CO: 3,2 g/km HC: 0,4 g/km NO_x: 1,2 g/km PM: 0,18 g/km

Tabelle 1

Danach kann die Auswertung erfolgen. Folgende Funktionen sind möglich:
● Steuergerät identifizieren,
● Fehlerspeicher lesen,
● Fehlerspeicher löschen,
● Istwerte lesen.

Zukünftig wird die Kommunikation zwischen Steuergeräten und Testgerät zunehmend über den CAN-Bus erfolgen (ISO 15765-4). Ab 2008 ist in den USA die Diagnose nur noch über diese Schnittstelle erlaubt.

Um die Fehlerspeicherinformationen des Steuergeräts leicht auslesen zu können, ist in jedem Fahrzeug gut zugänglich (vom Fahrersitz aus erreichbar) eine einheitliche Diagnosesteckdose eingebaut, an der die Verbindung mit dem Scan-Tool hergestellt werden kann (Bild 2).

Auslesen der Fehlerinformationen

Mit Hilfe des Scan-Tools können die emissionsrelevanten Fehlerinformationen von jeder Werkstatt aus dem Steuergerät ausgelesen werden (Bild 3). So werden auch herstellerunabhängige Werkstätten in die Lage versetzt, diese Informationen für eine Reparatur zu nutzen. Zur Sicherstellung dieser Möglichkeit werden die Hersteller verpflichtet, notwendige Werkzeuge und Informationen gegen angemessene Bezahlung zur Verfügung zu stellen (z.B. im Internet).

Rückruf

Erfüllen Fahrzeuge die gesetzlichen OBD-Forderungen nicht, kann der Gesetzgeber auf Kosten der Fahrzeughersteller Rückrufaktionen anordnen.

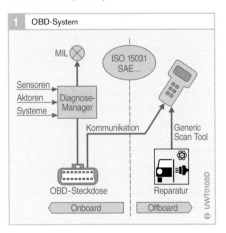

1 OBD-System

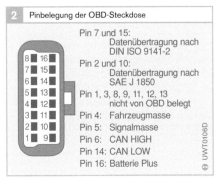

2 Pinbelegung der OBD-Steckdose

Pin 7 und 15:
Datenübertragung nach DIN ISO 9141-2
Pin 2 und 10:
Datenübertragung nach SAE J 1850
Pin 1, 3, 8, 9, 11, 12, 13 nicht von OBD belegt
Pin 4:   Fahrzeugmasse
Pin 5:   Signalmasse
Pin 6:   CAN HIGH
Pin 14: CAN LOW
Pin 16: Batterie Plus

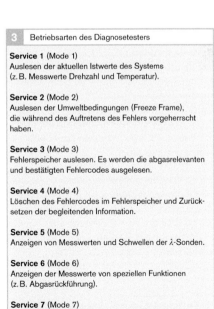

3   Betriebsarten des Diagnosetesters

Service 1 (Mode 1)
Auslesen der aktuellen Istwerte des Systems (z.B. Messwerte Drehzahl und Temperatur).

Service 2 (Mode 2)
Auslesen der Umweltbedingungen (Freeze Frame), die während des Auftretens des Fehlers vorgeherrscht haben.

Service 3 (Mode 3)
Fehlerspeicher auslesen. Es werden die abgasrelevanten und bestätigten Fehlercodes ausgelesen.

Service 4 (Mode 4)
Löschen des Fehlercodes im Fehlerspeicher und Zurücksetzen der begleitenden Information.

Service 5 (Mode 5)
Anzeigen von Messwerten und Schwellen der λ-Sonden.

Service 6 (Mode 6)
Anzeigen der Messwerte von speziellen Funktionen (z.B. Abgasrückführung).

Service 7 (Mode 7)
Fehlerspeicher auslesen. Im Service 7 werden die noch nicht bestätigten Fehlercodes ausgelesen.

Service 8 (Mode 8)
Testfunktionen anstoßen (Fahrzeughersteller spezifisch).

Service 9 (Mode 9)
Auslesen von Fahrzeuginformationen.

Funktionale Anforderungen

Übersicht

Wie bei der On-Board-Diagnose müssen alle Eingangs- und Ausgangssignale des Steuergeräts sowie die Komponenten selbst überwacht werden.

Die Gesetzgebung fordert die elektrische Überwachung (Kurzschluss, Leitungsunterbrechung) sowie eine Plausibilitätsprüfung für Sensoren und eine Funktionsüberwachung für Aktoren.

Die Schadstoffkonzentration, die durch den Ausfall einer Komponente zu erwarten ist (Erfahrungswerte), sowie die teilweise im Gesetz geforderte Art der Überwachung bestimmt auch die Art der Diagnose. Ein einfacher Funktionstest (Schwarz-Weiß-Prüfung) prüft nur die Funktionsfähigkeit des Systems oder der Komponenten (z. B. Drallklappe öffnet und schließt). Die umfangreiche Funktionsprüfung macht eine genauere Aussage über die Funktionsfähigkeit des Systems. So muss bei der Überwachung der adaptiven Einspritzfunktionen (z. B. Nullmengenkalibrierung beim Dieselmotor, Lambda-Adaption beim Ottomotor) die Grenze der Adaption überwacht werden.

Die Komplexität der Diagnosen hat mit der Entwicklung der Abgasgesetzgebung ständig zugenommen.

Einschaltbedingungen

Die Diagnosefunktionen werden nur dann abgearbeitet, wenn die Einschaltbedingungen erfüllt sind. Hierzu gehören z. B.
● Drehmomentschwellen,
● Motortemperaturschwellen und
● Drehzahlschwellen oder -grenzen.

Sperrbedingungen

Diagnosefunktionen und Motorfunktionen können nicht immer gleichzeitig arbeiten. Es gibt Sperrbedingungen, die die Durchführung bestimmter Funktionen unterbinden. Beim Diesel-System kann z. B. der Luftmassenmesser (HFM) nur dann hinreichend überwacht werden, wenn das Abgasrückführventil geschlossen ist. Beim Otto-System kann die Tankentlüftung (Kraftstoffverduns-tungs-Rückhaltesystem) nicht arbeiten, wenn die Katalysatordiagnose in Betrieb ist.

Temporäres Abschalten von Diagnosefunktionen

Um Fehldiagnosen zu vermeiden, dürfen die Diagnosefunktionen unter bestimmten Voraussetzungen abgeschaltet werden. Beispiele hierfür sind:
● große Höhe,
● niedrige Umgebungstemperatur bei Motorstart oder
● niedrige Batteriespannung.

Readiness-Code

Für die Überprüfung des Fehlerspeichers ist es von Bedeutung zu wissen, dass die Diagnosefunktionen wenigstens ein Mal abgearbeitet wurden. Das kann durch Auslesen der Readiness-Codes (Bereitschaftscodes) über die Diagnoseschnittstelle überprüft werden. Nach einem Löschen des Fehlerspeichers im Service müssen die Readiness-Codes nach der Überprüfung der Funktionen erneut gesetzt werden.

Diagnose-System-Management DSM

Die Diagnosefunktionen für alle zu überprüfenden Komponenten und Systeme müssen im Fahrbetrieb, jedoch mindestens einmal im Abgas-Testzyklus (z. B. FTP 75, NEFZ) durchlaufen werden. Das Diagnose-System-Management (DSM) kann die Reihenfolge für die Abarbeitung der Diagnosefunktionen je nach Fahrzustand dynamisch verändern.

Das DSM besteht aus den folgenden drei Komponenten (Bild 4):

Diagnose-Fehlerpfad-Management DFPM
Das DFPM hat in erster Linie die Aufgabe, die Fehlerzustände, die im System erkannt werden, zu speichern. Zusätzlich zu den Fehlern sind weitere Informationen wie z. B. die Umweltbedingungen (Freeze Frame) abgelegt.

155

Diagnose-Funktions-Scheduler DSCHED
Der DSCHED ist für die Koordinierung der
zugewiesenen Motor- und Diagnosefunktionen zuständig. Hierfür bekommt er Informationen vom DVAL und DFPM. Weiterhin
melden die Funktionen, die eine Freigabe
durch den DSCHED benötigen, ihre Bereit-
schaft zur Durchführung, worauf der
aktuelle Systemzustand überprüft wird.

Diagnose-Validator DVAL
Aufgrund aktueller Fehlerspeichereinträge
sowie zusätzlich gespeicherter Informatio-
nen entscheidet der DVAL (bisher nur im
Otto-System eingesetzt) für jeden erkannten
Fehler, ob dieser die wirkliche Ursache des
Fehlverhaltens oder ein Folgefehler ist. Im
Ergebnis stellt die Validierung abgesicherte
Informationen für den Diagnosetester, mit
dem der Fehlerspeicher ausgelesen wird, zur
Verfügung.

Diagnosefunktionen können damit in
beliebiger Reihenfolge freigegeben werden.
Alle freigegebenen Diagnosen und ihre
Ergebnisse werden nachträglich bewertet.

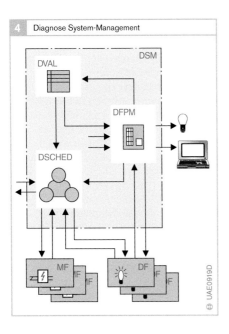

4   Diagnose System-Management

OBD-Funktionen
Übersicht
Während EOBD nur bei einzelnen Kompo-
nenten die Überwachung im Detail vor-
schreibt, sind die Anforderungen bei der
CARB-OBD II wesentlich detaillierter. Die
folgende Aufzählung stellt den derzeitigen
Stand der CARB-Anforderungen für Pkw-
Otto- und -Dieselmotoren dar. Mit (E) sind
Anforderungen markiert, die auch in der
EOBD-Gesetzgebung im Detail beschrieben
sind:
- Katalysator (E), beheizter Katalysator,
- Verbrennungs-(Zünd-)Aussetzer
  (E, beim Diesel-System nicht für EOBD),
- Verdunstungsminderungssystem
  (Tankleckdiagnose, nur bei Otto-System),
- Sekundärlufteinblasung,
- Kraftstoffsystem,
- Lambda-Sonden (E),
- Abgasrückführung,
- Kurbelgehäuseentlüftung,
- Motorkühlsystem,
- Kaltstartemissionsminderungssystem
  (derzeit nur bei Otto-System),
- Klimaanlage (Komponenten),
- Variabler Ventiltrieb (derzeit nur bei
  Otto-Systemen im Einsatz),
- Direktes Ozonminderungssystem (derzeit
  nur bei Otto-System im Einsatz),
- Partikelfilter (Rußfilter, nur bei Diesel-
  System) (E),
- Comprehensive Components (E),
- Sonstige emissionsrelevante
  Komponenten/Systeme (E).

„Sonstige emissionsrelevante Komponen-
ten/Systeme" sind die in dieser Aufzählung
nicht genannten Komponenten/Systeme,
deren Ausfall zur Überschreitung der OBD-
Grenzwerte führen kann und die bei Ausfall
andere Diagnosefunktionen sperren können.

Katalysatordiagnose
Beim Diesel-System werden im Oxidationskatalysator Kohlenmonoxid (CO) und
unverbrannte Kohlenwasserstoffe (HC) oxidiert. An Diagnosefunktionen zur Funktionsüberwachung des Oxidationskatalysators auf

der Basis von Temperatur und Druck-differenz wird derzeit gearbeitet. Ein Ansatz arbeitet auf der Basis einer aktiven Nachein-spritzung („intrusive operation"). Dabei wird Wärme durch eine exotherme HC-Reaktion im Oxidationskatalysator erzeugt. Die Temperatur wird gemessen und mit be-rechneten Modellwerten verglichen. Daraus kann die Funktionsfähigkeit des Katalysators abgeleitet werden.

Ebenso wird an Überwachungsfunktionen für die Speicher- und Regenerationsfähigkeit des NO_X-Speicherkatalysators gearbeitet, der auch beim Diesel-System in Zukunft eingesetzt werden wird. Die Überwachungs-funktionen arbeiten auf der Basis von Be-ladungs- und Entladungsmodellen sowie der gemessenen Regenerationsdauer. Dazu ist der Einsatz von Lambda- oder NO_X-Senso-ren erforderlich.

Verbrennungsaussetzererkennung

Fehlerhafte Einspritzungen oder Kompres-sionsverlust führen zur Verschlechterung der Verbrennung und damit zu Änderungen der Emissionswerte. Die Aussetzererkennung wertet für jeden Zylinder die von einer Ver-brennung bis zur nächsten verstrichene Zeit (Segmentzeit) aus. Diese Zeit wird aus dem Signal des Drehzahlsensors abgeleitet. Eine im Vergleich zu den anderen Zylindern vergrößerte Segmentzeit deutet auf einen Aussetzer oder Kompressionsverlust hin.

Beim Diesel-System wird die Diagnose der Verbrennungsaussetzer nur im Leerlauf gefordert und durchgeführt.

Diagnose Kraftstoffsystem

Beim Common Rail System gehören zur Diagnose des Kraftstoffsystems die elektri-sche Überwachung der Injektoren und der Raildruckregelung (Hochdruckregelung), beim Unit Injector System vor allem die Überwachung der Schaltzeit der Einspritz-ventile. Spezielle Funktionen des Einspritz-systems, die die Einspritzmengengenauigkeit erhöhen, werden ebenfalls überwacht. Bei-spiele hierzu sind die Nullmengenkalibrie-rung, die Mengen-Mittelwertadaption und

die Funktion AS-MOD-Observer (Luft-systembeobachter). Die beiden zuletzt ge-nannten Funktionen benutzen die Infor-mationen der Lambda-Sonde als Eingangs-signale und berechnen daraus und aus Modellen die Abweichungen zwischen Soll- und Istmenge.

Diagnose Lambda-Sonden

Bei Diesel-Systemen werden derzeit Breit-band-Lambda-Sonden eingesetzt. Diese benötigen andere Diagnoseverfahren als Zweipunktsonden, da für sie auch von $\lambda = 1$ abweichende Vorgaben möglich sind. Sie werden elektrisch (Kurzschluss, Kabelunter-brechung) und auf Plausibilität überwacht. Das Heizelement der Sondenheizung wird elektrisch und auf bleibende Regel-abweichung geprüft.

Diagnose Abgasrückführsystem

Beim Abgasrückführsystem werden das AGR-Ventil und – falls vorhanden – der Abgaskühler überwacht.

Das Abgasrückführventil wird sowohl elektrisch als auch funktional überwacht. Die funktionale Überwachung erfolgt über Luftmassenregler und Lageregler, die auf bleibende Regelabweichung geprüft werden.

Hat das Abgasrückführsystem einen Kühler, so muss dessen Funktionsfähigkeit ebenfalls überwacht werden. Die Über-wachung erfolgt über eine zusätzliche Tem-peraturmessung hinter dem Kühler. Die gemessene Temperatur wird mit einem aus einem Modell berechneten Sollwert ver-glichen. Liegt ein Defekt vor, so kann dieser über die Abweichung von Soll- und Istwert erkannt werden.

Diagnose Kurbelgehäuseventilation

Fehler in der Kurbelgehäuseventilation können – je nach System – über den Luft-massenmesser erkannt werden. Verfügt die Kurbelgehäuseventilation über ein „robustes" Design, so fordert der Gesetz-geber keine Überwachung.

Diagnose Motorkühlsystem

Das Motorkühlsystem besteht aus Thermostat und Kühlwassertemperatursensor. Ein defekter Thermostat kann z. B. zu einer nur langsam ansteigenden Motortemperatur und damit zu erhöhten Abgasemissionswerten führen. Die Diagnosefunktion für den Thermostat prüft anhand des Kühlwassertemperatursensors das Erreichen einer Nominaltemperatur. Darüber hinaus erfolgt die Überwachung mithilfe eines Temperaturmodells.

Der Kühlwassertemperatursensor wird neben der Überwachung auf elektrische Fehler durch eine dynamische Plausibilitätsfunktion auf das Erreichen einer Minimaltemperatur überwacht. Daneben erfolgt eine dynamische Plausibilisierung bei der Abkühlung des Motors. Durch diese Funktionen kann ein Hängenbleiben des Sensors sowohl im unteren als auch im oberen Temperaturbereich überwacht werden.

Diagnose Klimaanlage

Um den Leistungsbedarf der Klimaanlage zu decken, kann der Motor unter Umständen in einem anderen Betriebspunkt betrieben werden. Die geforderte Diagnose muss deshalb alle elektronischen Komponenten der Klimaanlage überwachen, die bei einem Defekt möglicherweise zu einem Emissionsanstieg führen können.

Diagnose Partikelfilter

Beim Partikelfilter wird derzeit auf einen gebrochenen, entfernten oder verstopften Filter überwacht. Dazu wird ein Differenzdrucksensor eingesetzt, der bei einem bestimmten Volumenstrom die Druckdifferenz (Abgasgegendruck vor und nach dem Filter) misst. Aus dem Messwert kann auf einen defekten Filter geschlossen werden.

Comprehensive Components

Die OBD-Gesetzgebung fordert, dass sämtliche Sensoren (z. B. Luftmassenmesser, Drehzahlsensor, Temperatursensoren) und Aktoren (z. B. Drosselklappe, Hochdruckpumpe, Glühkerzen) überwacht werden müssen, die entweder Einfluss auf die Emissionen haben oder zur Überwachung anderer Komponenten oder Systeme benutzt werden (und dadurch gegebenenfalls andere Diagnosen sperren).

Sensoren werden auf folgende Fehler überwacht (Bild 5):
● Elektrische Fehler, d. h. Kurzschlüsse und Leitungsunterbrechungen *(Signal Range Check)*.
● Bereichsfehler *(Out of Range Check)*, d. h. Über- oder Unterschreitung der vom physikalischen Messbereich des Sensors festgelegten Spannungsgrenzen.
● Plausibilitätsfehler *(Rationality Check)*; dies sind Fehler, die in der Komponente selbst liegen (z. B. Drift) oder z. B. durch Nebenschlüsse hervorgerufen werden können. Zur Überwachung werden die Sensorsignale entweder mit einem Modell oder direkt mit anderen Sensoren plausibilisiert.

Aktoren müssen auf elektrische Fehler und – falls technisch machbar – auch funktional überwacht werden. Funktionale Überwachung bedeutet, dass die Umsetzung eines gegebenen Stellbefehls (Sollwert) überwacht wird, indem die Systemreaktion (Istwert) in geeigneter Weise durch Informationen aus dem System beobachtet oder gemessen wird (z. B. durch einen Lagesensor).

Zu den zu überwachenden Aktoren gehören neben sämtlichen Endstufen:
● die Drosselklappe,
● das Abgasrückführventil,
● die variable Turbinengeometrie des Abgasturboladers,
● die Drallklappe,
● die Glühkerzen.

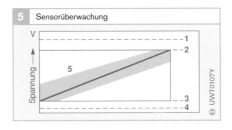

5   Sensorüberwachung

On Board Diagnostic System für schwere Nkw

In Europa und den USA liegen Gesetzentwürfe vor, die noch nicht verabschiedet sind; diese lehnen sich eng an die jeweilige Pkw-Gesetzgebung an.

Gesetzgebung

In der EU ist mit einer Einführung für neue Typprüfungen ab 10/2005 zu rechnen (zusammen mit der Abgasgesetzgebung EU 4). Ab 10/2006 soll ein OBD-System für jedes Neufahrzeug Pflicht sein. Für die USA sieht der Entwurf der kalifornischen Behörde CARB die Einführung eines OBD-Systems für das Modelljahr (MJ) 2007 vor. Es ist damit zu rechnen, dass auch EPA (US-Federal) für MJ 2007 noch im Jahr 2004 einen Entwurf vorlegen wird. Darüber hinaus gibt es Bemühungen zu einer weltweiten Harmonisierung (World Wide Harmonized, WWH-OBD), mit der jedoch nicht vor 2012 zu rechnen ist. Japan wird voraussichtlich 2005 ein OBD-System einführen.

EOBD für Nkw und Busse > 3,5 t

Die europäische OBD-Gesetzgebung sieht eine zweistufige Einführung vor. Stufe 1 (2005) verlangt die Überwachung
- des Einspritzsystems auf geschlossenen Stromkreis und Totalausfall,
- der emissionsrelevanten Motorkomponenten oder Systeme auf Einhaltung der OBD-Grenzwerte (Tabelle 1),
- des Abgasnachbehandlungssystems auf größere funktionale Fehler (z. B. schadhafter Katalysator, Harnstoffmangel bei SCR-System).

Für die Stufe 2 (2008) gilt:
- Auch das Abgasnachbehandlungssystem muss auf Emissionsgrenzwerte überwacht werden.
- Die OBD-Grenzwerte werden dem aktuellen Stand der Technik angepasst (Verfügbarkeit von Abgassensoren).

Als Protokoll für die Scan-Tool-Kommunikation über CAN ist alternativ ISO 15 765 oder SAE J1939 zugelassen.

CARB-OBD für HD-Trucks > 14 000 lbs (6,35 t)

Der vorliegende Gesetzentwurf lehnt sich in den funktionalen Forderungen sehr eng an die Pkw-Gesetzgebung an und sieht ebenfalls eine zweistufige Einführung vor:
- MJ 2007 mit einer Überwachung auf funktionale Fehler,
- MJ 2010 mit Überwachung auf OBD-Grenzwerte (Tabelle 1).

Wesentliche Änderungen gegenüber aktueller Pkw-Gesetzgebung:
- Löschung des OBD-Fehlerspeichers nicht mehr über Scan-Tool möglich, sondern nur durch Selbstheilung (z. B. nach Reparatur).
- Neben der CAN-Diagnosekommunikation nach ISO 15 765 (wie bei Pkw) ist alternativ auch SAE J1939 zugelassen.

1   OBD-Grenzwerte für schwere Nkw (vorgeschlagen)

	2007	2010
CARB	– funktionaler Check ohne Grenzwerte	– relativer Grenzwert – 1,5facher Wert der jeweiligen Abgaskategorie – Ausnahme: Katalysator, Faktor 1,75
EPA	– noch nicht festgelegt	– noch nicht festgelegt
EU	2005 – absoluter Grenzwert NOx: 7,0 g/kWh PM: 0,1 g/kWh – funktionaler Check für Abgasnachbehandlungssystem	2008 – absoluter Grenzwert NOx: 7,0 g/kWh PM: 0,1 g/kWh – Vorbehalt der Überprüfung durch EU-Kommission

Tabelle 1

▶ Weltweiter Service

„Wenn Du erst einmal im Motorwagen gefahren bist, dann wirst Du bald finden, dass es mit Pferden etwas unglaublich Langweiliges ist (…). Es gehört aber ein sorgfältiger Mechaniker an den Wagen (…)."

Robert Bosch schrieb im Jahr 1906 diese Zeilen an seinen Freund Paul Reusch. Damals konnten in der Tat auftretende Pannen durch den angestellten Chauffeur oder den Mechaniker daheim behoben werden. Doch mit der steigenden Zahl der selbstfahrenden „Automobilisten" nach dem Ersten Weltkrieg wuchs das Bedürfnis nach Werkstätten rasch an. In den 1920er-Jahren begann Robert Bosch mit dem systematischen Aufbau einer flächendeckenden Kundendienstorganisation. 1926 erhielten diese Werkstätten den einheitlichen, als Markenzeichen angemeldeten Namen „Bosch-Dienst".

Die Bosch-Dienste von heute haben die Bezeichnung „Bosch Car Service". Sie sind mit modernsten elektronischen Geräten ausgerüstet, um den Anforderungen der Kraftfahrzeugtechnik von heute und den Qualitätsansprüchen des Kunden gerecht zu werden.

1 Eine Reparaturhalle aus dem Jahr 1925 (Foto: Bosch)

2 Der Bosch Car Service im 21. Jahrhundert, durchgeführt mit modernsten elektronischen Messgeräten

Diagnose von Ottomotoren

Die Zunahme der Elektronik im Kraftfahrzeug, die Nutzung von Software zur
Steuerung des Fahrzeugs und die erhöhte
Komplexität moderner Einspritzsysteme stellen hohe Anforderungen an das
Diagnosekonzept, die Überwachung im
Fahrbetrieb (On-Board-Diagnose) und die
Werkstattdiagnose. Basis der Werkstattdiagnose ist die geführte Fehlersuche, die
verschiedene Möglichkeiten von Onboard-
und Offboard-Prüfmethoden und Prüfgeräten verknüpft. Im Zuge der Verschärfung
der Abgasgesetzgebung und der Forderung
nach laufender Überwachung hat auch der
Gesetzgeber die On-Board-Diagnose als
Hilfsmittel zur Abgasüberwachung erkannt
und eine herstellerunabhängige Standardisierung geschaffen. Dieses zusätzlich installierte System wird OBD-System (On Board
Diagnostic System) genannt.

Überwachung im Fahrbetrieb – On-Board-Diagnose

Übersicht

Die im Steuergerät integrierte Diagnose gehört zum Grundumfang elektronischer Motorsteuerungssysteme. Neben der Selbstprüfung des Steuergeräts werden Ein- und
Ausgangssignale sowie die Kommunikation
der Steuergeräte untereinander überwacht.
Überwachungsalgorithmen überprüfen
während des Betriebs die Eingangs- und
Ausgangssignale sowie das Gesamtsystem
mit allen relevanten Funktionen auf Fehlverhalten und Störung. Die dabei erkannten
Fehler werden im Fehlerspeicher des Steuergeräts abgespeichert. Bei der Fahrzeugins-
pektion in der Kundendienstwerkstatt werden die gespeicherten Informationen über
eine Schnittstelle ausgelesen und ermöglichen so eine schnelle und sichere Fehlersuche und Reparatur.

Überwachung der Eingangssignale

Die Sensoren, Steckverbinder und Verbindungsleitungen (im Signalpfad) zum Steuergerät (Bild 1) werden anhand der ausgewerteten Eingangssignale überwacht. Mit diesen
Überprüfungen können neben Sensorfehlern auch Kurzschlüsse zur Batteriespannung U_B und zur Masse sowie Leitungsunterbrechungen festgestellt werden. Hierzu
werden folgende Verfahren angewandt:
- Überwachung der Versorgungsspannung
  des Sensors (falls vorhanden),
- Überprüfung des erfassten Wertes auf den
  zulässigen Wertebereich (z. B. 0,5…4,5 V),
- Plausibilitätsprüfung der gemessenen
  Werte mit Modellwerten (Nutzung analy-
  tischer Redundanz),
- Plausibilitätsprüfung der gemessenen
  Werte eines Sensors durch direkten Vergleich mit Werten eines zweiten Sensors
  (Nutzung physikalischer Redundanz, z. B.
  bei wichtigen Sensoren wie dem Fahr-
  pedalsensor).

Überwachung der Ausgangssignale

Die vom Steuergerät über Endstufen angesteuerten Aktoren (Bild 1) werden überwacht. Mit den Überwachungsfunktionen
werden neben Aktorfehlern auch Leitungsunterbrechungen und Kurzschlüsse erkannt.
Hierzu werden folgende Verfahren angewandt: Einerseits erfolgt die Überwachung
des Stromkreises eines Ausgangssignals
durch die Endstufe. Der Stromkreis wird auf
Kurzschlüsse zur Batteriespannung U_B, zur
Masse und auf Unterbrechung überwacht.
Andererseits werden die Systemauswirkungen des Aktors direkt oder indirekt durch
eine Funktions- oder Plausibilitätsüberwachung erfasst. Die Aktoren des Systems, z. B.
das Abgasrückführventil, die Drosselklappe
oder die Drallklappe, werden indirekt über
die Regelkreise (z. B. auf permanente Regel-
abweichung) und teilweise zusätzlich über

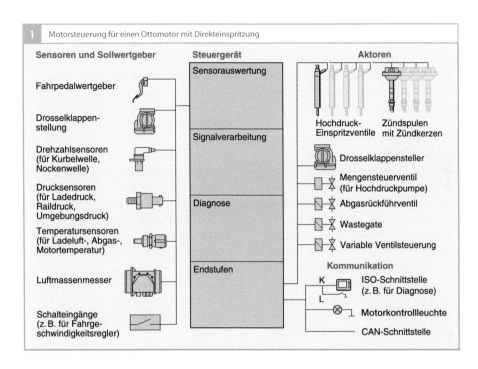

1   Motorsteuerung für einen Ottomotor mit Direkteinspritzung

Sensoren und Sollwertgeber

Fahrpedalwertgeber

Drosselklappen-
stellung

Drehzahlsensoren
(für Kurbelwelle,
Nockenwelle)

Drucksensoren
(für Ladedruck,
Raildruck,
Umgebungsdruck)

Temperatursensoren
(für Ladeluft-, Abgas-,
Motortemperatur)

Luftmassenmesser

Schalteingänge
(z. B. für Fahrge-
schwindigkeitsregler)

Steuergerät

Sensorauswertung

Signalverarbeitung

Diagnose

Endstufen

Aktoren

Hochdruck-   Zündspulen
Einspritzventile   mit Zündkerzen

Drosselklappensteller

Mengensteuerventil
(für Hochdruckpumpe)

Abgasrückführventil

Wastegate

Variable Ventilsteuerung

Kommunikation

K   ISO-Schnittstelle
     (z. B. für Diagnose)
L

Motorkontrollleuchte

CAN-Schnittstelle

Lagesensoren (z. B. die Stellung der Drall-klappe) überwacht.

Überwachung der internen Steuergeräte-funktionen

Damit die korrekte Funktionsweise des Steuergeräts jederzeit sichergestellt ist, sind im Steuergerät Überwachungsfunktionen in Hardware (z. B. in „intelligenten" Endstufenbausteinen) und in Software realisiert. Die Überwachungsfunktionen überprüfen die einzelnen Bauteile des Steuergeräts (z. B. Mikrocontroller, Flash-EPROM, RAM). Viele Tests werden sofort nach dem Einschalten durchgeführt. Weitere Überwachungsfunktionen werden während des normalen Betriebs durchgeführt und in regelmäßigen Abständen wiederholt, damit der Ausfall eines Bauteils auch während des Betriebs erkannt wird. Testabläufe, die sehr viel Rechnerkapazität erfordern oder aus anderen Gründen nicht im Fahrbetrieb erfolgen kön-

nen, werden im Nachlauf nach „Motor aus" durchgeführt. Auf diese Weise werden die anderen Funktionen nicht beeinträchtigt. Beim Common-Rail-System für Dieselmotoren werden im Hochlauf oder im Nachlauf z. B. die Abschaltpfade der Injektoren getestet. Beim Ottomotor wird im Nachlauf z. B. das Flash-EPROM geprüft.

Überwachung der Steuergeräte-kommunikation

Die Kommunikation mit den anderen Steuergeräten findet in der Regel über den CAN-Bus statt. Im CAN-Protokoll sind Kontrollmechanismen zur Störungserkennung integriert, sodass Übertragungsfehler schon im CAN-Baustein erkannt werden können. Darüber hinaus werden im Steuergerät weitere Überprüfungen durchgeführt. Da die meisten CAN-Botschaften in regelmäßigen Abständen von den jeweiligen Steuergeräten versendet werden, kann z. B. der Ausfall eines CAN-Controllers in einem Steuergerät mit der Überprüfung dieser zeitlichen Abstände detektiert werden. Zusätzlich werden die empfangenen Signale bei Vorliegen von redundanten Informationen im Steuergerät durch entsprechenden Vergleich überprüft.

Fehlerbehandlung
Fehlererkennung
Ein Signalpfad wird als endgültig defekt eingestuft, wenn ein Fehler über eine definierte Zeit vorliegt. Bis zur Defekteinstufung wird der zuletzt als gültig erkannte Wert im System verwendet. Mit der Defekteinstufung wird in der Regel eine Ersatzfunktion eingeleitet (z. B. Motortemperatur-Ersatzwert T = 90 °C). Für die meisten Fehler ist eine Intakt-Erkennung während des Fahrzeugbetriebs möglich. Hierzu muss der Signalpfad für eine definierte Zeit als intakt erkannt werden.

Fehlerspeicherung
Jeder Fehler wird im nichtflüchtigen Bereich des Datenspeichers in Form eines Fehlercodes abgespeichert. Der Fehlercode beschreibt auch die Fehlerart (z. B. Kurzschluss, Leitungsunterbrechung, Plausibilität, Wertebereichsüberschreitung). Zu jedem Fehlereintrag werden zusätzliche Informationen gespeichert, z. B. die Betriebs- und Umweltbedingungen (Freeze Frame), die bei Auftreten des Fehlers herrschten (z. B. Motordrehzahl, Motortemperatur).

Notlauffunktionen
Bei Erkennen eines Fehlers können neben Ersatzwerten auch Notlaufmaßnahmen (z. B. Begrenzung der Motorleistung oder -drehzahl) eingeleitet werden. Diese Maßnahmen dienen der Erhaltung der Fahrsicherheit, der Vermeidung von Folgeschäden oder der Begrenzung von Abgasemissionen.

OBD-System für Pkw und leichte Nfz

Damit die vom Gesetzgeber geforderten Emissionsgrenzwerte auch im Alltag eingehalten werden, müssen das Motorsystem und die Komponenten ständig überwacht werden. Deshalb wurden – beginnend in Kalifornien – Regelungen zur Überwachung der abgasrelevanten Systeme und Komponenten erlassen. Damit wird die herstellerspezifische On-Board-Diagnose (OBD) hinsichtlich der Überwachung emissionsrelevanter Komponenten und Systeme standardisiert und weiter ausgebaut.

Gesetzgebung
OBD I (CARB)
1988 trat in Kalifornien mit der OBD I die erste Stufe der CARB-Gesetzgebung (California Air Resources Board) in Kraft. Diese erste OBD-Stufe verlangt die Überwachung abgasrelevanter elektrischer Komponenten (Kurzschlüsse, Leitungsunterbrechungen) und die Abspeicherung der Fehler im Fehlerspeicher des Steuergeräts sowie eine Motorkontrollleuchte (Malfunction Indicator Lamp, MIL), die dem Fahrer erkannte Fehler anzeigt. Außerdem muss mit Onboard-Mitteln (z. B. Blinkcode über eine Kontrollleuchte) ausgelesen werden können, welche Komponente ausgefallen ist.

OBD II (CARB)
1994 wurde mit OBD II die zweite Stufe der Diagnosegesetzgebung in Kalifornien eingeführt. Für Fahrzeuge mit Dieselmotoren wurde OBD II ab 1996 Pflicht. Zusätzlich zu dem Umfang OBD I wird nun auch die Funktionalität des Systems überwacht (z. B. durch Prüfung von Sensorsignalen auf Plausibilität). Die OBD II verlangt, dass alle abgasrelevanten Systeme und Komponenten, die bei Fehlfunktion zu einer Erhöhung der

schädlichen Abgasemissionen (und damit zur Überschreitung der OBD-Grenzwerte) führen können, überwacht werden. Zusätzlich sind auch alle Komponenten, die zur Überwachung emissionsrelevanter Komponenten eingesetzt werden oder die das Diagnoseergebnis beeinflussen können, zu überwachen.

Für alle zu überprüfenden Komponenten und Systeme müssen die Diagnosefunktionen in der Regel mindestens einmal im Abgas-Testzyklus (z. B. FTP 75, Federal Test Procedure) durchlaufen werden. Die OBD-II-Gesetzgebung schreibt ferner eine Normung der Fehlerspeicherinformation und des Zugriffs darauf (Stecker, Kommunikation) nach ISO-15031 und den entsprechenden SAE-Normen (Society of Automotive Engineers) vor. Dies ermöglicht das Auslesen des Fehlerspeichers über genormte, frei käufliche Tester (Scan-Tools).

Erweiterungen der OBD II
Ab Modelljahr 2004
Seit Einführung der OBD II wurde das Gesetz in mehreren Stufen (Updates) überarbeitet. Seit Modelljahr 2004 ist die Aktualisierung der CARB OBD II zu erfüllen, welche neben verschärften und zusätzlichen funktionalen Anforderungen auch die Überprüfung der Diagnosehäufigkeit ab Modelljahr 2005 im Alltag (In Use Monitor Performance Ratio, IUMPR) erfordert.

Ab Modelljahr 2007
Die letzte Überarbeitung gilt ab Modelljahr 2007. Neue Anforderungen für Ottomotoren sind im Wesentlichen die Diagnose zylinderindividueller Gemischvertrimmung (Air-Fuel-Imbalance), erweiterte Anforderungen an die Diagnose der Kaltstartstrategie sowie die permanente Fehlerspeicherung, die auch für Dieselsysteme gilt.

Ab Modelljahr 2014
Für diese erfolgt eine erneute Überarbeitung des Gesetzes (Biennial Review) durch den Gesetzgeber. Es gibt generell auch konkrete Überlegungen, die OBD-Anforderungen hinsichtlich der Erkennung von CO_2-erhöhenden Fehlern zu erweitern. Zudem ist mit einer Präzisierung der Anforderungen für Hybrid-Fahrzeuge zu rechnen. Voraussichtlich tritt diese Erweiterung ab Modelljahr 2014 oder 2015 sukzessive in Kraft.

EPA-OBD
In den übrigen US-Bundesstaaten, welche die kalifornische OBD-Gesetzgebung nicht anwenden, gelten seit 1994 die Gesetze der Bundesbehörde EPA (Environmental Protection Agency). Der Umfang dieser Diagnose entspricht im Wesentlichen der CARB-Gesetzgebung (OBD II). Ein CARB-Zertifikat wird von der EPA anerkannt.

EOBD
Die auf europäische Verhältnisse angepasste OBD wird als EOBD (europäische OBD) bezeichnet und lehnt sich an die EPA-OBD an. Die EOBD gilt seit Januar 2000 für Pkw und leichte Nfz (bis zu 3,5 t und bis zu 9 Sitzplätzen) mit Ottomotoren. Neue Anforderungen an die EOBD für Otto- und Diesel-Pkw wurden im Rahmen der Emissions- und OBD-Gesetzgebung Euro 5/6 verabschiedet (OBD-Stufen: Euro 5 ab September 2009; Euro 5+ ab September 2011, Euro 6-1 ab September 2014 und Euro 6-2 ab September 2017).

Eine generelle neue Anforderung für Otto- und Diesel-Pkw ist die Überprüfung der Diagnosehäufigkeit im Alltag (In-Use-Performance-Ratio) in Anlehnung an die CARB-OBD-Gesetzgebung (IUMPR) ab Euro 5+ (September 2011). Für Ottomotoren erfolgte mit der Einführung von Euro 5 ab September 2009 primär die Absenkung der OBD-Grenzwerte. Zudem wurde neben einem Partikelmassen-OBD-Grenzwert (nur für direkteinspritzende Motoren) auch ein NMHC-OBD-Grenzwert (Kohlenwasserstoffe außer Methan, anstelle des bisherigen HC) eingeführt. Direkte funktionale OBD-Anforderungen resultieren in der Überwachung des Dreiwegekatalysators auf NMHC. Ab September 2011 gilt die Stufe Euro 5+ mit unveränderten OBD-Grenzwerten gegenüber Euro 5. Wesentliche funktionale Anforderungen an die EOBD sind die zusätzliche Überwachung des Dreiwegekatalysators auf NO_x. Mit Euro 6-1 ab September 2014 und Euro 6-2 ab September 2017 ist eine weitere zweistufige Reduzierung einiger OBD-Grenzwerte beschlossen worden (siehe Tabelle 1), wobei für Euro 6-2 noch eine Revision der Werte bis September 2014 möglich ist.

Andere Länder
Einige andere Länder haben die EU- oder die US-OBD-Gesetzgebung bereits übernommen oder planen deren Einführung (z. B. China, Russland, Südkorea, Indien, Brasilien, Australien).

Anforderungen an das OBD-System
Alle Systeme und Komponenten im Kraftfahrzeug, deren Ausfall zu einer Verschlechterung der im Gesetz festgelegten Abgas-

prüfwerte führt, müssen vom Motorsteuergerät durch geeignete Maßnahmen überwacht werden. Führt ein vorliegender Fehler zum Überschreiten der OBD-Grenzwerte, so muss dem Fahrer das Fehlverhalten über die Motorkontrollleuchte angezeigt werden.

Grenzwerte
Die US-OBD II (CARB und EPA) sieht OBD-Schwellen vor, die relativ zu den Emissionsgrenzwerten definiert sind. Damit ergeben sich für die verschiedenen Abgaskategorien, nach denen die Fahrzeuge zertifiziert sind (z. B. LEV, ULEV, SULEV, etc.), unterschiedliche zulässige OBD-Grenzwerte. Bei der für die europäische Gesetzgebung geltenden EOBD sind absolute Grenzwerte verbindlich (Tabelle 1).

Anforderungen an die Funktionalität
Bei der On-Board-Diagnose müssen alle Eingangs- und Ausgangssignale des Steuergeräts sowie die Komponenten selbst überwacht werden. Die Gesetzgebung fordert die elektrische Überwachung (Kurzschluss, Leitungsunterbrechung) sowie eine Plausibilitätsprüfung für Sensoren und eine Funktionsüberwachung für Aktoren. Die Schadstoffkonzentration, die durch den Ausfall einer Komponente zu erwarten ist (kann im Abgaszyklus

Tabelle 1
OBD-Grenzwerte für Otto-Pkw
NMHC Kohlenwasserstoffe außer Methan,
PM Partikelmasse,
CO Kohlenmonoxid,
NO_x Stickoxide.

Die Grenzwerte für EU 5 gelten ab September 2009, für EU 6-1 ab September 2014 und für EU 6-2 ab September 2017. Bei EU 6-2 handelt es sich um einen EU-Kommissionsvorschlag. Die endgültige Festlegung erfolgte September 2014. Der Grenzwert bezüglich Partikelmasse ab EU 5 gilt nur für Direkteinspritzung.

OBD-Gesetz	OBD-Grenzwerte		
CARB	– Relative Grenzwerte – Meist 1,5-facher Grenzwert der jeweiligen Abgaskategorie		
EPA (US-Federal)	– Relative Grenzwerte – Meist 1,5-facher Grenzwert der jeweiligen Abgaskategorie		
EOBD	– Absolute Grenzwerte		
	EU 5 CO: 1 900 mg/km NMHC: 250 mg/km NO_x: 300 mg/km PM: 50 mg/km	EU 6-1 CO: 1 900 mg/km NMHC: 170 mg/km NO_x: 150 mg/km PM: 25 mg/km	EU 6-2 CO: 1 900 mg/km NMHC: 170 mg/km NO_x: 90 mg/km PM: 12 mg/km

gemessen werden), sowie die teilweise im
Gesetz geforderte Art der Überwachung bestimmt auch die Art der Diagnose. Ein einfacher Funktionstest (Schwarz-Weiß-Prüfung)
prüft nur die Funktionsfähigkeit des Systems
oder der Komponenten, z. B. ob die Drallklappe öffnet und schließt. Die umfangreiche
Funktionsprüfung macht eine genauere Aussage über die Funktionsfähigkeit des Systems
und bestimmt gegebenenfalls auch den quantitativen Einfluss der defekten Komponente
auf die Emissionen. So muss bei der Überwachung der adaptiven Einspritzfunktionen
(z. B. Nullmengenkalibrierung beim Dieselmotor oder λ-Adaption beim Ottomotor) die
Grenze der Adaption überwacht werden. Die
Komplexität der Diagnosen hat mit der Entwicklung der Abgasgesetzgebung ständig zugenommen.

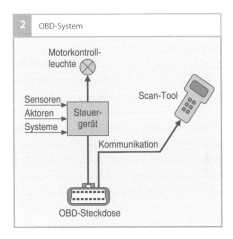

2   OBD-System

Motorkontrollleuchte
Die Motorkontrollleuchte weist den Fahrer
auf das fehlerhafte Verhalten einer Komponente hin. Bei einem erkannten Fehler wird
sie im Geltungsbereich von CARB und EPA
im zweiten Fahrzyklus mit diesem Fehler
eingeschaltet. Im Geltungsbereich der EOBD
muss sie spätestens im dritten Fahrzyklus
mit erkanntem Fehler eingeschaltet werden.
Verschwindet ein Fehler wieder (z. B. ein
Wackelkontakt), so bleibt der Fehler im Fehlerspeicher noch 40 Fahrten (Warm up
Cycles) eingetragen. Die Motorkontrollleuchte wird nach drei fehlerfreien Fahrzyklen wieder ausgeschaltet. Bei Fehlern, die
beim Ottomotor zu einer Schädigung des
Katalysators führen können (z. B. Verbrennungsaussetzer), blinkt die Motorkontrollleuchte.

Kommunikation mit dem Scan-Tool
Die OBD-Gesetzgebung schreibt eine Standardisierung der Fehlerspeicherinformation
und des Zugriffs darauf (Stecker, Kommuni-

kationsschnittstelle) nach der ISO-15031-
Norm und den entsprechenden SAE-Normen vor. Dies ermöglicht das Auslesen des
Fehlerspeichers über genormte, frei käufliche
Tester (Scan-Tools, **Bild 2**). Ab 2008 ist nach
der CARB-Gesetzgebung und ab 2014 nach
der EU-Gesetzgebung nur noch die Diagnose über CAN (nach der ISO-15765) erlaubt.

Fahrzeugreparatur
Mit Hilfe des Scan-Tools können die emissionsrelevanten Fehlerinformationen von
jeder Werkstatt aus dem Steuergerät ausgelesen werden. So werden auch herstellerunabhängige Werkstätten in die Lage versetzt,
eine Reparatur durchzuführen. Zur Sicherstellung einer fachgerechten Reparatur werden die Hersteller verpflichtet, notwendige
Werkzeuge und Informationen gegen eine
angemessene Bezahlung zur Verfügung zu
stellen (z. B. Reparaturanleitungen im Internet).

Einschaltbedingungen
Die Diagnosefunktionen werden nur dann
abgearbeitet, wenn die physikalischen Einschaltbedingungen erfüllt sind. Hierzu gehören z. B. Drehmomentschwellen, Motortemperaturschwellen und Drehzahlschwellen

oder -grenzen.

Sperrbedingungen

Diagnosefunktionen und Motorfunktionen können nicht immer gleichzeitig arbeiten. Es gibt Sperrbedingungen, die die Durchführung bestimmter Funktionen unterbinden. Beispielsweise kann die Tankentlüftung (mit Kraftstoffverdunstungs-Rückhaltesystem) des Ottomotors nicht arbeiten, wenn die Katalysatordiagnose in Betrieb ist. Beim Dieselmotor kann der Luftmassenmesser nur dann hinreichend überwacht werden, wenn das Abgasrückführventil geschlossen ist.

Temporäres Abschalten von Diagnosefunktionen

Um Fehldiagnosen zu vermeiden, dürfen die Diagnosefunktionen unter bestimmten Voraussetzungen abgeschaltet werden. Beispiele hierfür sind große Höhe, niedrige Umgebungstemperatur bei Motorstart oder niedrige Batteriespannung.

Readiness-Code

Für die Überprüfung des Fehlerspeichers ist es von Bedeutung, zu wissen, dass die Diagnosefunktionen wenigstens ein Mal abgearbeitet wurden. Das kann durch Auslesen der Readiness-Codes (Bereitschaftscodes) über die Diagnoseschnittstelle überprüft werden. Diese Readiness-Codes werden für die wichtigsten überwachten Komponenten gesetzt, wenn die entsprechenden gesetzesrelevanten Diagnosen abgeschlossen sind.

Diagnose-System-Manager

Die Diagnosefunktionen für alle zu überprüfenden Komponenten und Systeme müssen im Fahrbetrieb, jedoch mindestens einmal im Abgas-Testzyklus (z. B. FTP 75, NEFZ) durchlaufen werden. Der Diagnose-System-Manager (DSM) kann die Reihenfolge für die Abarbeitung der Diagnosefunktionen je

nach Fahrzustand dynamisch verändern. Ziel dabei ist, dass alle Diagnosefunktionen auch im täglichen Fahrbetrieb häufig ablaufen.

Der Diagnose-System Manager besteht aus den Komponenten Diagnose-Fehlerpfad-Management zur Speicherung von Fehlerzuständen und zugehörigen Umweltbedingungen (Freeze Frames), Diagnose-Funktions-Scheduler zur Koordination der Motor- und Diagnosefunktionen und dem Diagnose-Validator zur zentralen Entscheidung bei erkannten Fehlern über ursächlichen Fehler oder Folgefehler. Alternativ zum Diagnose-Validator gibt es auch Systeme mit dezentraler Validierung, d. h., die Validierung erfolgt in der Diagnosefunktion.

Rückruf

Erfüllen Fahrzeuge die gesetzlichen OBD-Forderungen nicht, kann der Gesetzgeber auf Kosten der Fahrzeughersteller Rückrufaktionen anordnen.

OBD-Funktionen

Übersicht

Während die EOBD nur bei einzelnen Komponenten die Überwachung im Detail vorschreibt, sind die spezifischen Anforderungen bei der CARB-OBD II wesentlich detaillierter. Die folgende Liste stellt den derzeitigen Stand der CARB-Anforderungen (ab Modelljahr 2010) für Pkw-Ottofahrzeuge dar. Mit (E) sind die Anforderungen markiert, die auch in der EOBD-Gesetzgebung detaillierter beschrieben sind:

- Katalysator (E), beheizter Katalysator,
- Verbrennungsaussetzer (E),
- Kraftstoffverdunstungs-Minderungssystem (Tankleckdiagnose, bei (E) zumindest die elektrische Prüfung des Tankentlüftungsventils),
- Sekundärlufteinblasung,

- Kraftstoffsystem,
- Abgassensoren (λ-Sonden (E), NO_x-Sensoren (E), Partikelsensor),
- Abgasrückführsystem (E),
- Kurbelgehäuseentlüftung,
- Motorkühlsystem,
- Kaltstartemissionsminderungssystem,
- Klimaanlage (bei Einfluss auf Emissionen oder OBD),
- variabler Ventiltrieb (derzeit nur bei Ottomotoren im Einsatz),
- direktes Ozonminderungssystem,
- sonstige emissionsrelevante Komponenten und Systeme (E), Comprehensive Components
- IUMPR (In-Use-Monitor-Performance-Ratio) zur Prüfung der Durchlaufhäufigkeit von Diagnosefunktionen im Alltag (E).

Sonstige emissionsrelevante Komponenten und Systeme sind die in dieser Aufzählung nicht genannten Komponenten und Systeme, deren Ausfall zur Erhöhung der Abgasemissionen (CARB OBD II), zur Überschreitung der OBD-Grenzwerte (CARB OBD II und EOBD) oder zur negativen Beeinflussung des Diagnosesystems (z. B. durch Sperrung anderer Diagnosefunktionen) führen kann. Bei der Durchlaufhäufigkeit von Diagnosefunktionen müssen Mindestwerte eingehalten werden.

Katalysatordiagnose
Der Dreiwegekatalysator hat die Aufgabe, die bei der Verbrennung des Luft-Kraftstoff-Gemischs entstehenden Schadstoffe CO, NO_x und HC zu konvertieren. Durch Alterung oder Schädigung (thermisch oder durch Vergiftung) nimmt die Konvertierungsleistung ab. Deshalb muss die Katalysatorwirkung überwacht werden.

Ein Maß für die Konvertierungsleistung des Katalysators ist seine Sauerstoff-Speicherfähigkeit (Oxygen Storage Capacity).

Bislang konnte bei allen Beschichtungen von Dreiwegekatalysatoren (Trägerschicht „Wash-Coat" mit Ceroxiden als sauerstoffspeichernde Komponenten und Edelmetallen als eigentlichem Katalysatormaterial) eine Korrelation dieser Speicherfähigkeit zur Konvertierungsleistung nachgewiesen werden.

Die primäre Gemischregelung erfolgt mithilfe einer λ-Sonde vor dem Katalysator nach dem Motor. Bei heutigen Motorkonzepten ist eine weitere λ-Sonde hinter dem Katalysator angebracht, die zum einen der Nachregelung der primären λ-Sonde dient, zum anderen für die OBD genutzt wird. Das Grundprinzip der Katalysatordiagnose ist dabei der Vergleich der Sondensignale vor und hinter dem betrachteten Katalysator.

Diagnose von Katalysatoren mit geringer Sauerstoff-Speicherfähigkeit
Die Diagnose von Katalysatoren mit geringer Sauerstoff-Speicherfähigkeit erfolgt vorwiegend mit dem „passiven Amplituden-Modellierungs-Verfahren" (siehe Bild 3). Das Diagnoseverfahren beruht auf der Bewertung der Sauerstoffspeicherfähigkeit des Katalysators. Der Sollwert der λ-Regelung wird mit definierter Frequenz und Amplitude moduliert. Es wird die Sauerstoffmenge berechnet, die durch mageres ($\lambda > 1$) oder fettes Gemisch ($\lambda < 1$) in den Sauerstoffspeicher eines Katalysators aufgenommen oder diesem entnommen wird. Die Amplitude der λ-Sonde hinter dem Katalysator ist stark abhängig von der Sauerstoff-Wechselbelastung (abwechselnd Mangel und Überschuss) des Katalysators. Angewandt wird diese Berechnung auf den Sauerstoffspeicher (OSC, Oxygen Storage Component) des Grenzkatalysators. Die Änderung der Sauerstoffkonzentration im Abgas hinter dem Katalysator wird modelliert. Dem liegt die Annahme zugrunde, dass der den Katalysator verlassenden Sauerstoff proportional zum

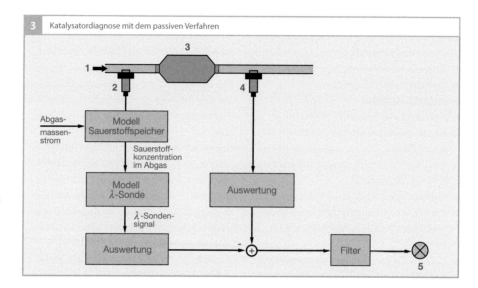

3   Katalysatordiagnose mit dem passiven Verfahren

Füllstand des Sauerstoffspeichers ist.

Durch diese Berechnung ist es möglich, das aufgrund der Änderung der Sauerstoffkonzentration resultierende Sondensignal nachzubilden. Die Schwankungshöhe dieses nachgebildeten Sondensignals wird nun mit der Schwankungshöhe des tatsächlichen Sondensignals verglichen. Solange das gemessene Sondensignal eine geringere Schwankungshöhe aufweist als das nachgebildete, besitzt der Katalysator eine höhere Sauerstoffspeicherfähigkeit als der nachgebildete Grenzkatalysator. Übersteigt die Schwankungshöhe des gemessenen Sondensignals diejenige des nachgebildeten Grenzkatalysators, so ist der Katalysator als defekt anzuzeigen.

Diagnose von Katalysatoren mit hoher Sauerstoff-Speicherfähigkeit
Zur Diagnose von Katalysatoren mit hoher Sauerstoffspeicherfähigkeit wird vorwiegend das „aktive Verfahren" bevorzugt (siehe **Bild 4**). Infolge der hohen Sauerstoffspeicherfähigkeit wird die Modulation des Regelsollwerts auch bei geschädigtem Katalysa-

tor noch sehr stark gedämpft. Deshalb ist die Änderung der Sauerstoffkonzentration hinter dem Katalysator für eine passive Auswertung, wie bei dem zuvor beschriebenen passiven Verfahren, zu gering, sodass ein Diagnoseverfahren mit einem aktiven Eingriff in die λ-Regelung erforderlich ist.

Die Katalysator-Diagnose beruht auf der direkten Messung der Sauerstoff-Speicherung beim Übergang von fettem zu magerem Gemisch. Vor dem Katalysator ist eine stetige Breitband-λ-Sonde eingebaut, die den Sauerstoffgehalt im Abgas misst. Hinter dem Katalysator befindet sich eine Zweipunkt-λ-Sonde, die den Zustand des Sauerstoffspeichers detektiert. Die Messung wird in einem stationären Betriebspunkt im unteren Teillastbereich durchgeführt.

In einem ersten Schritt wird der Sauerstoffspeicher durch fettes Abgas ($\lambda < 1$) vollständig entleert. Das Sondensignal der hinteren Sonde zeigt dies durch eine entsprechend hohe Spannung (ca. 650 mV) an. Im nächsten Schritt wird auf mageres Abgas ($\lambda > 1$) umgeschaltet und die eingetragene Sauerstoffmasse bis zum Überlauf des Sauer-

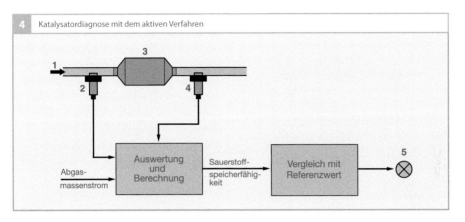

4   Katalysatordiagnose mit dem aktiven Verfahren

Bild 4
1 Abgasmassenstrom
   vom Motor
2 Breitband-λ-Sonde
3 Katalysator
4 Zweipunkt-λ-Sonde
5 Motorkontroll-
   leuchte

stoffspeichers mithilfe des Luftmassenstroms und des Signals der Breitband-λ-Sonde vor dem Katalysator berechnet. Der Überlauf ist durch das Absinken der Sondenspannung hinter dem Katalysator auf Werte unter 200 mV gekennzeichnet. Der berechnete Integralwert der Sauerstoffmasse gibt die Sauerstoffspeicherfähigkeit an. Dieser Wert muss einen Referenzwert überschreiten, sonst wird der Katalysator als defekt eingestuft.

Prinzipiell wäre die Auswertung auch mit der Messung der Regeneration des Sauerstoff-Speichers bei einem Übergang vom mageren zum fetten Betrieb möglich. Mit der Messung der Sauerstoff-Einspeicherung beim Fett-Mager-Übergang ergibt sich aber eine geringere Temperaturabhängigkeit und eine geringere Abhängigkeit von der Verschwefelung, sodass mit dieser Methode eine genauere Bestimmung der Sauerstoff-Speicherfähigkeit möglich ist.

Diagnose von NO_x-Speicherkatalysatoren
Neben der Funktion als Dreiwegekatalysator hat der für die Benzin-Direkteinspritzung erforderliche NO_x-Speicherkatalysator die Aufgabe, die im Magerbetrieb (bei $\lambda > 1$) nicht konvertierbaren Stickoxide zwischenzuspeichern, um sie später bei einem homo-

gen verteilten Luft-Kraftstoff-Gemisch mit $\lambda < 1$ zu konvertieren. Die NO_x-Speicherfähigkeit dieses Katalysators – gekennzeichnet durch den Katalysator-Gütefaktor – nimmt durch Alterung und Vergiftung (z.B. Schwefeleinlagerung) ab. Deshalb ist eine Überwachung der Funktionsfähigkeit erforderlich. Hierfür können je eine λ-Sonde vor und hinter dem Katalysator verwendet werden. Zur Bestimmung des Katalysator-Gütefaktors wird der tatsächliche NO_x-Speicherinhalt mit dem Erwartungswert des NO_x-Speicherinhalts für einen neuen NO_x-Katalysator (aus einem Neukatalysator-Modell) verglichen. Der tatsächliche NO_x-Speicherinhalt entspricht dem gemessenen Reduktionsmittelverbrauch (HC und CO) während der Regenerierung des Katalysators. Die Menge an Reduktionsmitteln wird durch Integration des Reduktionsmittel-Massenstroms während der Regenerierphase bei $\lambda < 1$ ermittelt. Das Ende der Regenerierungsphase wird durch einen Spannungssprung der λ-Sonde hinter dem Katalysator erkannt. Alternativ kann über einen NO_x-Sensor der tatsächliche NO_x-Speicherinhalt bestimmt werden.

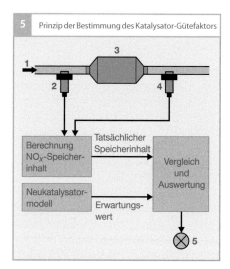

5   Prinzip der Bestimmung des Katalysator-Gütefaktors

Verbrennungsaussetzererkennung

Der Gesetzgeber fordert die Erkennung von Verbrennungsaussetzern, die z. B. durch abgenutzte Zündkerzen auftreten können. Ein Zündaussetzer verhindert das Entflammen des Luft-Kraftstoff-Gemischs im Motor, es kommt zu einem Verbrennungsaussetzer, und unverbranntes Gemisch wird in den Abgastrakt ausgestoßen. Die Aussetzer verursachen daher eine Nachverbrennung des unverbrannten Gemischs im Katalysator und führen dadurch zu einem Temperaturanstieg. Dies kann eine schnellere Alterung oder sogar eine völlige Zerstörung des Katalysators zur Folge haben. Weiterhin führen Zündaussetzer zu einer Erhöhung der Abgasemissionen, insbesondere von HC und CO, sodass eine Überwachung auf Zündaussetzer notwendig ist.

Die Aussetzererkennung wertet für jeden Zylinder die von einer Verbrennung bis zur nächsten verstrichene Zeit – die Segmentzeit – aus. Diese Zeit wird aus dem Signal des Drehzahlsensors abgeleitet. Gemessen wird die Zeit, die verstreicht, wenn sich das Kurbelwellen-Geberrad eine bestimmte Anzahl von Zähnen weiterdreht. Bei einem Verbren-nungsaussetzer fehlt dem Motor das durch die Verbrennung erzeugte Drehmoment, was zu einer Verlangsamung führt. Eine signifikante Verlängerung der daraus resultierenden Segmentzeit deutet auf einen Zündaussetzer hin (Bild 6). Bei hohen Drehzahlen und niedriger Motorlast beträgt die Verlängerung der Segmentzeit durch Aussetzer nur etwa 0,2 %. Deshalb ist eine genaue Überwachung der Drehbewegung und ein aufwendiges Rechenverfahren notwendig, um Verbrennungsaussetzer von Störgrößen (z. B. Erschütterungen aufgrund einer schlechten Fahrbahn) unterscheiden zu können. Die Geberradadaption kompensiert Abweichungen, die auf Fertigungstoleranzen am Geberrad zurückzuführen sind. Diese Funktion ist im Teillast-Bereich und Schubbetrieb aktiv, da in diesem Betriebszustand nur ein geringes oder kein beschleunigendes Drehmoment aufgebaut wird. Die Geberradadaption liefert Korrekturwerte für die Segmentzeiten. Bei unzulässig hohen Aussetzerraten kann an dem betroffenen Zylinder die Einspritzung ausgeblendet werden, um den Katalysator zu schützen.

Tankleckdiagnose

Nicht nur die Abgasemissionen beeinträchtigen die Umwelt, sondern auch die aus dem Kraftstoff führenden System – insbesondere aus der Tankanlage – entweichenden Kraftstoffdämpfe (Verdunstungsemissionen), sodass auch hierfür Emissionsgrenzwerte gelten. Zur Begrenzung der Verdunstungsemissionen werden die Kraftstoffdämpfe im Aktivkohlebehälter des Kraftstoffverdunstungs-Rückhaltesystems (Bild 7) bei geschlossenem Absperrventil (4) gespeichert und später wieder über das Tankentlüftungsventil und das Saugrohr der Verbrennung im Motor zugeführt. Das Regenerieren des Aktivkohlebehälters erfolgt durch Luftzufuhr bei geöffnetem Absperr-

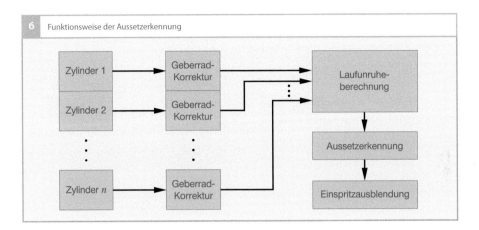

6 Funktionsweise der Aussetzerkennung

ventil (4) und bei geöffnetem Tankentlüf-
tungsventil (2). Im normalen Motorbetrieb
(d. h. keine Regenerierung oder Diagnose)
bleibt das Absperrventil geschlossen, um ein
Ausgasen der Kraftstoffdämpfe aus dem
Tank in die Umwelt zu verhindern. Die
Überwachung des Tanksystems gehört zum
Diagnoseumfang.

Für den europäischen Markt beschränkt
sich der Gesetzgeber zunächst auf eine einfache Überprüfung des elektrischen Schalt-
kreises des Tankdrucksensors und des
Tankentlüftungsventils. In den USA wird
hingegen das Erkennen von Lecks im Kraftstoffsystem gefordert. Hierfür gibt es die folgenden zwei unterschiedlichen Diagnoseverfahren, mit welchen ein Grobleck bis zu
1,0 mm Durchmesser und ein Feinleck bis
zu 0,5 mm Durchmesser erkannt werden
kann. Die folgenden Ausführungen beschreiben die prinzipielle Funktionsweise
der Leckerkennung ohne die Einzelheiten
bei der Realisierung.

Diagnoseverfahren mit Unterdruckabbau
Bei stehendem Fahrzeug wird im Leerlauf
das Tankentlüftungsventil (Bild 7, Pos. 2)
geschlossen. Daraufhin wird im Tanksystem,
infolge der durch das offene Absperrventil

(4) hereinströmenden Luft, der Unterdruck
verringert, d. h., der Druck im Tanksystem
steigt. Wenn der Druck, der mit dem Drucksensor (6) gemessen wird, in einer bestimmten Zeit nicht den Umgebungsdruck erreicht, wird auf ein fehlerhaftes
Absperrventil geschlossen, da sich dieses
nicht genügend oder gar nicht geöffnet hat.

Liegt kein Defekt am Absperrventil vor,
wird dieses geschlossen. Durch Ausgasung
(Kraftstoffverdunstung) kann nun ein Druckanstieg erfolgen. Der sich einstellende Druck
darf einen bestimmten Bereich weder über-
noch unterschreiten. Liegt der gemessene
Druck unterhalb des vorgeschriebenen Bereichs, so liegt eine Fehlfunktion im Tan-

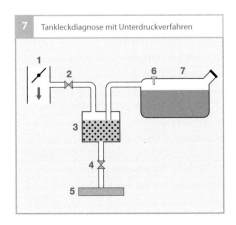

7 Tankleckdiagnose mit Unterdruckverfahren

Bild 7
1 Saugrohr mit
   Drosselklappe
2 Tankentlüftungsven-
   til (Regenerierventil)
3 Aktivkohlebehälter
4 Absperrventil
5 Luftfilter
6 Tankdrucksensor
7 Kraftstoffbehälter

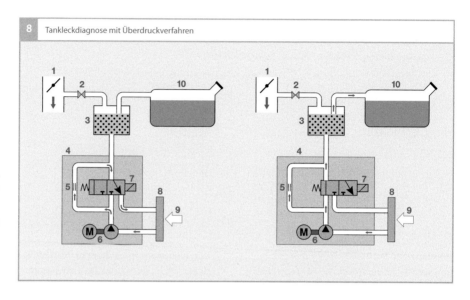

8   Tankleckdiagnose mit Überdruckverfahren

kentlüftungsventil vor. Das heißt, die Ursache für den zu niedrigen Druck ist ein undichtes Tankentlüftungsventil, sodass durch den Unterdruck im Saugrohr Dampf aus dem Tanksystem gesaugt wird. Liegt der gemessene Druck oberhalb des vorgeschriebenen Bereichs, so verdampft zu viel Kraftstoff (z. B. wegen zu hoher Umgebungstemperatur), um eine Diagnose durchführen zu können. Ist der durch die Ausgasung entstehende Druck im erlaubten Bereich, so wird dieser Druckanstieg als Kompensationsgradient für die Feinleckdiagnose gespeichert. Erst nach der Prüfung von Absperr- und Tankentlüftungsventil kann die Tankleckdiagnose fortgesetzt werden.

Zunächst wird eine Grobleckerkennung durchgeführt. Im Leerlauf des Motors wird das Tankentlüftungsventil (Bild 7, Pos. 2) geöffnet, wobei sich der Unterdruck des Saugrohrs (1) im Tanksystem „fortsetzt". Nimmt der Tankdrucksensor (6) eine zu geringe Druckänderung auf, da Luft durch ein Leck wieder nachströmt und so den induzierten Druckabfall wieder ausgleicht, wird ein Fehler durch ein Grobleck erkannt und

die Diagnose abgebrochen.

Die Feinleckdiagnose kann beginnen, sobald kein Grobleck erkannt wurde. Hierzu wird das Tankentlüftungsventil (2) wieder geschlossen. Der Druck sollte anschließend nur um die zuvor gespeicherte Ausgasung (Kompensationsgradient) ansteigen, da das Absperrventil (4) immer noch geschlossen ist. Steigt der Druck jedoch stärker an, so muss ein Feinleck vorhanden sein, durch welches Luft einströmen kann.

Überdruckverfahren

Bei erfüllten Diagnose-Einschaltbedingungen und nach abgeschalteter Zündung wird im Steuergerätenachlauf das Überdruckverfahren gestartet. Bei der Referenzleck-Strommessung pumpt die im Diagnosemodul (Bild 8a, Pos. 4) integrierte elektrisch angetriebene Flügelzellenpumpe (6) Luft durch ein „Referenzleck" (5) von 0,5 mm Durchmesser. Durch den an dieser Verengung entstehenden Staudruck steigt die Belastung der Pumpe, was zu einer Drehzahlverminderung und einer Stromerhöhung führt. Der sich bei dieser Referenzmessung einstellende Strom (Bild 9) wird gemessen und gespeichert.

Anschließend (Bild 8b) pumpt die Pumpe nach Umschalten des Magnetventils (7) Luft in den Kraftstoffbehälter. Ist der Tank dicht, so baut sich ein Druck und somit ein Pumpenstrom auf (Bild 9), der über dem Referenzstrom liegt (3). Im Fall eines Feinlecks erreicht der Pumpstrom den Referenzstrom, dieser wird allerdings nicht überschritten (2). Wird der Referenzstrom auch nach längerem Pumpen nicht erreicht, so liegt ein Grobleck vor (1).

Diagnose des Sekundärluftsystems

Der Betrieb des Motors mit einem fetten Gemisch (bei $\lambda < 1$) – wie es z. B. bei niedrigen Temperaturen notwendig sein kann – führt zu hohen Kohlenwasserstoff- und Kohlenmonoxidkonzentrationen im Abgas. Diese Schadstoffe müssen im Abgastrakt nachoxidiert, d. h. nachverbrannt werden. Direkt nach den Auslassventilen befindet sich deshalb bei vielen Fahrzeugen eine Sekundärlufteinblasung, die den für die katalytische Nachverbrennung notwendigen Sauerstoff in das Abgas einbläst (Bild 10).

Bei Ausfall dieses Systems steigen die Abgasemissionen beim Kaltstart oder bei einem kalten Katalysator an. Deshalb ist eine Diagnose notwendig. Die Diagnose der Sekundärlufteinblasung ist eine funktionale Prüfung, bei der getestet wird, ob die Pumpe einwandfrei läuft oder ob Störungen in der Zuleitung zum Abgastrakt vorliegen. Neben der funktionalen Prüfung ist für den CARB-Markt die Erkennung einer reduzierten Einleitung von Sekundärluft (Flow-Check), die zu einem Überschreiten des OBD-Grenzwerts führt, erforderlich.

Die Sekundärluft wird direkt nach dem Motorstart und während der Katalysatoraufheizung eingeblasen. Die eingeblasene Sekundärluftmasse wird aus den Messwerten der λ-Sonde berechnet und mit einem Refe-

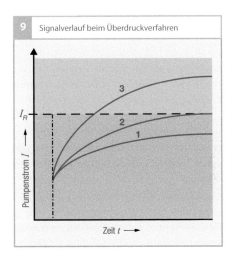

9   Signalverlauf beim Überdruckverfahren

Bild 9
I_R Referenzstrom
1   Stromverlauf bei einem Leck über 0,5 mm Durchmesser
2   Stromverlauf bei einem Leck mit 0,5 mm Durchmesser
3   Stromverlauf bei dichtem Tank

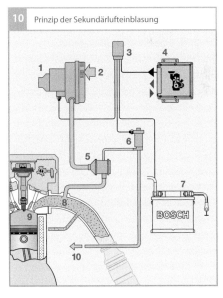

10   Prinzip der Sekundärlufteinblasung

Bild 10
1   Sekundärluftpumpe
2   angesaugte Luft
3   Relais
4   Motorsteuergerät
5   Sekundärluftventil
6   Steuerventil
7   Batterie
8   Einleitstelle ins Abgasrohr
9   Auslassventil
10 zum Saugrohranschluss

renzwert verglichen. Weicht die berechnete Sekundärluftmasse vom Referenzwert ab, wird damit ein Fehler erkannt.

Für den CARB-Markt ist es aus gesetzlichen Gründen notwendig, die Diagnose während der regulären Sekundärluftzuschaltung durchzuführen. Da die Betriebsbereitschaft der λ-Sonde fahrzeugspezifisch zu unterschiedlichen Zeiten nach dem Motorstart erreicht wird, kann es sein, dass die Diagnoseablaufhäufigkeit (IUMPR) mit dem beschriebenen Diagnoseverfahren nicht erreicht wird und ein anderes Diagnoseverfahren verwendet werden muss. Das alternativ zum Einsatz kommende Verfahren beruht auf einem druckbasierten Ansatz. Das Verfahren benötigt einen Sekundärluft-Drucksensor, der direkt im Sekundärluftventil oder in der Rohrverbindung zwischen Sekundärluftpumpe und Sekundärluftventil verbaut ist. Gegenüber dem bisherigen direkten λ-Sonden-basierten Verfahren basiert das Diagnoseprinzip auf einer indirekten quantitativen Bestimmung des Sekundärluftmassenstroms aus dem Druck vor dem Sekundärluftventil.

Diagnose des Kraftstoffsystems

Fehler im Kraftstoffsystem (z. B. defektes Kraftstoffventil, Loch im Saugrohr) können eine optimale Gemischbildung verhindern. Deshalb wird eine Überwachung dieses Systems durch die OBD verlangt. Dazu werden u. a. die angesaugte Luftmasse (aus dem Signal des Luftmassenmessers), die Drosselklappenstellung, das Luft-Kraftstoff-Verhältnis (aus dem Signal der λ-Sonde vor dem Katalysator) sowie Informationen zum Betriebszustand im Steuergerät verarbeitet, und dann gemessene Werte mit den Modellrechnungen verglichen.

Ab Modelljahr 2011 wird zudem die Überwachung von Fehlern (z. B. Injektorfehler) gefordert, die zylinderindividuelle Gemischunterschiede hervorrufen. Das Diagnoseprinzip basiert auf einer Auswertung des Drehzahlsignals (Laufunruhesignals) und nutzt die Abhängigkeit der Laufunruhe vom Luftverhältnis aus. Zum Zweck der Diagnose wird sukzessive jeweils ein Zylinder abgemagert, während die verbleibenden Zylinder angefettet werden, so dass ein stöchiometrisches Luft-Kraftstoff-Verhältnis erhal-

ten bleibt. Die Diagnose verarbeitet dabei die erforderlichen Änderung der Kraftstoffmenge, um eine applizierte Laufunruhedifferenz zu erreichen. Diese Änderung ist ein Maß für die Vertrimmung eines Zylinders hinsichtlich des Luft-Kraftstoff-Verhältnisses.

Diagnose der λ-Sonden

Das λ-Sonden-System besteht in der Regel aus zwei Sonden (eine vor und eine hinter dem Katalysator) und dem λ-Regelkreis. Vor dem Katalysator befindet sich meist eine Breitband-λ-Sonde, die kontinuierlich den λ-Wert, d. h. das Luftverhältnis über den gesamten Bereich von fett nach mager, misst und als Spannungsverlauf ausgibt (Bild 11a). In Abhängigkeit von den Marktanforderungen kann auch eine Zweipunkt-λ-Sonde (Sprungsonde) vor dem Katalysator verwendet werden. Diese zeigt durch einen Spannungssprung (Bild 11b) an, ob ein mageres ($\lambda > 1$) oder ein fettes Gemisch ($\lambda < 1$) vorliegt.

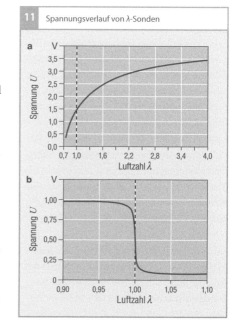

11   Spannungsverlauf von λ-Sonden

Bei heutigen Konzepten ist eine sekundäre λ-Sonde – meist eine Zweipunkt-Sonde – hinter dem Vor- oder dem Hauptkatalysator angebracht, die zum einen der Nachregelung der primären λ-Sonde dient, zum anderen für die OBD genutzt wird. Die λ-Sonden kontrollieren nicht nur das Luft-Kraftstoff-Gemisch im Abgas für die Motorsteuerung, sondern prüfen auch die Funktionsfähigkeit des Katalysators.

Mögliche Fehler der Sonden sind Unterbrechungen oder Kurzschlüsse im Stromkreis, Alterung der Sonde (thermisch, durch Vergiftung) – führt zu einer verringerten Dynamik des Sondensignals – oder verfälschte Werte durch eine kalte Sonde, wenn Betriebstemperatur nicht erreicht ist.

Primäre λ-Sonde
Die Sonde vor dem Katalysator wird als primäre λ-Sonde oder Upstream-Sonde bezeichnet. Sie wird bezüglich Plausibilität (von Innenwiderstand, Ausgangsspannung – das eigentliche Signal – und anderen Parametern) sowie Dynamik geprüft. Bezüglich der Dynamik wird die symmetrische und die asymmetrische Signalanstiegsgeschwindigkeit (Transition Time) und die Totzeit (Delay) jeweils beim Wechsel von „fett" zu „mager" und von „mager" zu „fett" (sechs Fehlerfälle, Six Patterns – gemäß CARB-OBD-II-Gesetzgebung) sowie die Periodendauer geprüft. Besitzt die Sonde eine Heizung, so muss auch diese in ihrer Funktion überprüft werden. Die Prüfungen erfolgen während der Fahrt bei relativ konstanten Betriebsbedingungen. Die Breitband-λ-Sonde benötigt andere Diagnoseverfahren als die Zweipunkt-λ-Sonde, da für sie auch von $\lambda = 1$ abweichende Vorgaben möglich sind.

Sekundäre λ-Sonde
Eine sekundäre λ-Sonde oder Downstream-Sonde ist u. a. für die Kontrolle des Katalysators zuständig. Sie überprüft die Konvertierung des Katalysators und gibt damit die für die Diagnose des Katalysators wichtigsten Werte ab. Man kann durch ihre Signale auch die Werte der primären λ-Sonde überprüfen. Darüber hinaus kann durch die sekundäre λ-Sonde die Langzeitstabilität der Emissionen sichergestellt werden. Mit Ausnahme der Periodendauer werden alle für die primären λ-Sonden genannten Eigenschaften und Parameter auch bei den sekundären λ-Sonden geprüft. Für die Erkennung von Dynamikfehlern ist die Diagnose der Signalanstiegsgeschwindigkeit und der Totzeit erforderlich.

Diagnose des Abgasrückführungssystems

Die Abgasrückführung (AGR) ist ein wirksames Mittel zur Absenkung der Stickoxidemission im Magerbetrieb. Durch Zumischen von Abgas zum Luft-Kraftstoff-Gemisch wird die Verbrennungs-Spitzentemperatur gesenkt und damit die Bildung von Stickoxiden reduziert. Die Funktionsfähigkeit des Abgasrückführungssystems muss deshalb überwacht werden. Hierzu kommen zwei alternative Verfahren zum Einsatz.

Zur Diagnose des AGR-Systems wird ein Vergleich zweier Bestimmungsmethoden für den AGR-Massenstrom herangezogen. Bei Methode 1 wird aus der Differenz zwischen zufließendem Frischluftmassenstrom über die Drosselklappe (gemessen über den Heißfilm-Luftmassenmesser) und dem abfließenden Massenstrom in die Zylinder (berechnet mit dem Saugrohrmodell und dem Signale des Saugrohrdrucksensors) der AGR-Massenstrom bestimmt. Bei Methode 2 wird über das Druckverhältnis und die Lagerückmeldung des AGR-Ventils der AGR-Massenstrom berechnet. Die Ergebnisse aus Methode 1 und Methode 2 werden kontinuierlich verglichen und ein Adaptionsfaktor gebildet. Der Adaptionsfaktor wird auf eine Über- oder Unterschreitung eines Bereichs überwacht und schließlich wird das Diagnoseergebnis gebildet.

Eine weitere Diagnose des AGR-Systems ist die Schubdiagnose, wobei im Schubbetrieb das AGR-Ventil gezielt geöffnet und der sich einstellende Saugrohrdruck beobachtet wird. Mit einem modellierten AGR-Massenstrom wird ein modellierter Saugrohrdruck ermittelt und dieser mit dem gemessenen Saugrohrdruck verglichen. Über diesen Vergleich kann das AGR-System bewertet werden.

Diagnose der Kurbelgehäuseentlüftung

Das so genannte „Blow-by-Gas", welches durch Leckageströme zwischen Kolben, Kolbenringen und Zylinder in das Kurbelgehäuse einströmt, muss aus dem Kurbelgehäuse abgeführt werden. Dies ist die Aufgabe der Kurbelgehäuseentlüftung (PCV, Positive Crankcase Ventilation). Die mit Abgasen angereicherte Luft wird in einem Zyklonabscheider von Ruß gereinigt und über ein PCV-Ventil in das Saugrohr geleitet, sodass die Kohlenwasserstoffe wieder der Verbrennung zugeführt werden. Die Diagnose muss Fehler infolge von Schlauchabfall zwischen dem Kurbelgehäuse und dem PCV-Ventil oder zwischen dem PCV-Ventil und dem Saugrohr erkennen.

Ein mögliches Diagnoseprinzip beruht auf der Messung der Leerlaufdrehzahl, die bei Öffnung des PCV-Ventils ein bestimmtes Verhalten zeigen sollte, das mit einem Modell gerechnet wird. Bei einer zu großen Abweichung der beobachteten Leerlaufdrehzahländerung vom modellierten Verhalten wird auf ein Leck geschlossen. Auf Antrag bei der Behörde kann auf eine Diagnose verzichtet werden, wenn der Nachweis erbracht wird, dass ein Schlauchabfall durch geeignete konstruktive Maßnahmen ausgeschlossen werden kann.

Diagnose des Motorkühlungssystems

Das Motorkühlsystem besteht aus einem kleinen und einem großen Kreislauf, die durch ein Thermostatventil verbunden sind. Der kleine Kreislauf wird in der Startphase zur schnellen Aufheizung des Motors verwendet und durch Schließen des Thermostatventils geschaltet. Bei einem defekten oder offen festsitzenden Thermostaten wird der Kühlmitteltemperaturanstieg verzögert – besonders bei niedrigen Umgebungstemperaturen – und führt zu erhöhten Emissionen. Die Thermostatüberwachung soll daher eine Verzögerung in der Aufwärmung der Motorkühlflüssigkeit detektieren. Dazu wird zuerst der Temperatursensor des Systems und darauf basierend das Thermostatventil getestet.

Diagnose zur Überwachung der Aufheizmaßnahmen

Um eine hohe Konvertierungsrate zu erreichen, benötigt der Katalysator eine Betriebstemperatur von 400...800 °C. Noch höhere Temperaturen können allerdings seine Beschichtung zerstören. Ein Katalysator mit optimaler Betriebstemperatur reduziert die Motorabgasemissionen um mehr als 99 %. Bei niedrigeren Temperaturen sinkt der Wirkungsgrad, sodass ein kalter Katalysator fast keine Konvertierung zeigt. Zur Einhaltung der Abgasemissionsvorschriften ist darum eine schnelle Aufwärmung des Katalysators mittels einer speziellen Katalysatorheizstrategie notwendig. Bei einer Katalysatortemperatur von 200...250 °C (Light-Off-Temperatur, ungefähr 50 % Konvertierungsgrad) wird diese Aufwärmphase beendet. Der Katalysator wird jetzt durch die exothermen Konvertierungsreaktionen von selbst aufgeheizt.

Beim Start des Motors kann der Katalysator durch zwei Vorgänge schneller aufgeheizt werden: Durch eine spätere Zündung des Kraftstoffgemischs wird ein heißeres Abgas erzeugt. Außerdem heizt sich durch die katalytischen Reaktionen des unvollständig verbrannten Kraftstoffs im Abgaskrümmer oder im Katalysator dieser selbst auf. Weitere unterstützende Maßnahmen sind z. B. die Erhöhung der Leerlauf-Drehzahl oder ein veränderter Nockenwellenwinkel. Diese Aufheizung hat zur Folge, dass der Katalysator schneller seine Betriebstemperatur erreicht und die Abgasemissionen früher absinken.

Das Gesetz (CARB OBD II) verlangt für einen einwandfreien Ablauf der Konvertierung eine Überwachung der Aufheizphase. Die Aufheizung kann durch eine Überwachung und Auswertung von Aufwärmparametern wie z. B. Zündwinkel, Drehzahl oder Frischluftmasse kontrolliert werden. Weiterhin werden die für die Aufheizmaßnahmen wichtigen Komponenten gezielt in dieser Zeit überwacht (z. B. die Nockenwellen-Position).

Diagnose des variablen Ventiltriebs

Zur Senkung des Kraftstoffverbrauchs und der Abgasemissionen wird teilweise der variable Ventiltrieb eingesetzt. Der Ventiltrieb ist bezüglich Systemfehler zu überwachen. Hierzu wird die Position der Nockenwelle anhand des Phasengebers gemessen und ein Soll-Ist-Vergleich durchgeführt. Für den CARB-Markt ist die Erkennung eines verzögerten Einregelns des Stellglieds auf den Sollwert („Slow Response") sowie die Überwachung auf eine bleiben Abweichung vom Sollwert („Target Error") vorgeschrieben. Zusätzlich sind alle elektrischen Komponenten (z. B. der Phasengeber) gemäß der Anforderungen an Comprehensive Components zu diagnostizieren.

Comprehensive Components: Diagnose von Sensoren

Neben den zuvor aufgeführten spezifischen Diagnosen, die in der kalifornischen Gesetzgebung explizit gefordert und in eigenen Abschnitten separat beschrieben werden, müssen auch sämtliche Sensoren und Aktoren (wie z. B. die Drosselklappe oder die Hochdruckpumpe) überwacht werden, wenn ein Fehler dieser Bauteile entweder Einfluss auf die Emissionen hat oder aber andere Diagnosen negativ beeinflusst. Sensoren müssen überwacht werden auf:
- elektrische Fehler, d. h. Kurzschlüsse und Leitungsunterbrechungen (Signal Range Check),
- Bereichsfehler (Out of Range Check), d. h. Über- oder Unterschreitung der vom physikalischem Messbereich des Sensors festgelegten Spannungsgrenzen,
- Plausibilitätsfehler (Rationality Check); dies sind Fehler, die in der Komponente selbst liegen (z. B. Drift) oder z. B. durch Nebenschlüsse hervorgerufen werden können. Zur Überwachung werden die Sensorsignale entweder mit einem Modell oder direkt mit anderen Sensoren plausibilisiert.

Elektrische Fehler
Der Gesetzgeber versteht unter elektrischen Fehlern Kurzschluss nach Masse, Kurzschluss gegen Versorgungsspannung oder Leitungsunterbrechung.

Überprüfung auf Bereichsfehler
Üblicherweise haben Sensoren eine festgelegte Ausgangskennlinie, oft mit einer unteren und oberen Begrenzung; d. h. der physikalische Messbereich des Sensors wird auf eine Ausgangsspannung, z. B. im Bereich von 0,5…4,5 V, abgebildet. Ist die vom Sensor abgegebene Ausgangsspannung außerhalb dieses Bereichs, so liegt ein Bereichsfehler vor.

Das heißt, die Grenzen für diese Prüfung („Range Check") sind für jeden Sensor spezifische, feste Grenzen, die nicht vom aktuellen Betriebszustand des Motors abhängen. Sind bei einem Sensor elektrische Fehler von Bereichsfehlern nicht unterscheidbar, so wird dies vom Gesetzgeber akzeptiert.

Plausibilitätsfehler

Als Erweiterung im Sinne einer erhöhten Sensibilität der Sensor-Diagnose fordert der Gesetzgeber über den Bereichsfehler hinaus die Durchführung von Plausibilitätsprüfungen (sogenannte „Rationality Checks"). Kennzeichen einer solchen Plausibilitätsprüfung ist, dass die momentane Ausgangsspannung des Sensors nicht – wie bei der Bereichsprüfung – mit festen Grenzen verglichen wird, sondern mit Grenzen, die aufgrund des momentanen Betriebszustands des Motors eingeengt sind. Dies bedeutet, dass für diese Prüfung aktuelle Informationen aus der Motorsteuerung herangezogen werden müssen. Solche Prüfungen können z. B. durch Vergleich der Sensorausgangsspannung mit einem Modell oder aber durch Quervergleich mit einem anderen Sensor realisiert sein. Das Modell gibt dabei für jeden Betriebszustand des Motors einen bestimmten Erwartungsbereich für die modellierte Größe an.

Um bei Vorliegen eines Fehlers die Reparatur so zielführend und einfach wie möglich zu gestalten, soll zunächst die schadhafte Komponente so eindeutig wie möglich identifiziert werden. Darüber hinaus sollen die genannten Fehlerarten untereinander und – bei Bereichs- und Plausibilitätsprüfung – auch nach Überschreitungen der unteren bzw. oberen Grenze getrennt unterschieden werden. Bei elektrischen Fehlern oder Bereichsfehlern kann meist auf ein Verkabelungsproblem geschlossen werden, während das Vorliegen eines Plausibilitätsfehlers eher auf einen Fehler der Komponente selbst deutet.

Während die Prüfung auf elektrische Fehler und Bereichsfehler kontinuierlich erfolgen muss, müssen die Plausibilitätsfehler mit einer bestimmten Mindesthäufigkeit im Alltag ablaufen. Zu den solchermaßen zu überwachenden Sensoren gehören:

- der Luftmassenmesser,
- diverse Drucksensoren (Saugrohrdruck, Umgebungsdruck, Tankdruck),
- der Drehzahlsensor für die Kurbelwelle,
- der Phasensensor,
- der Ansauglufttemperatursensor,
- der Abgastempcratursensor.

Diagnose des Heißfilm-Luftmassenmessers

Nachfolgend wird am Beispiel des Heißfilm-Luftmassenmessers (HFM) die Diagnose beschrieben. Der Heißfilm-Luftmassenmesser, der zur Erfassung der vom Motor angesaugten Luft und damit zur Berechnung der einzuspritzenden Kraftstoffmenge dient, misst die angesaugte Luftmasse und gibt diese als Ausgangsspannung an die Motorsteuerung weiter. Die Luftmassen verändern sich durch unterschiedliche Drosseleinstellung oder Motordrehzahl. Die Diagnose überwacht nun, ob die Ausgangsspannung des Sensors bestimmte (applizierbare, feste) untere oder obere Grenzen überschreitet und gibt in diesem Fall einen Bereichsfehler aus. Durch Vergleich des aktuellen Werts der vom Heißfilm-Luftmassenmesser angegebenen Luftmasse mit der Stellung der Drosselklappe kann – abhängig vom aktuellen Betriebszustand des Motors – auf einen Plausibilitätsfehler geschlossen werden, wenn der Unterschied der beiden Signale größer als eine bestimmte Toleranz ist. Ist beispielsweise die Drosselklappe ganz geöffnet, aber der Heißfilm-Luftmassenmesser zeigt die bei Leerlauf angesaugte Luftmasse an, so ist dies ein Plausibilitätsfehler.

Comprehensive Components: Diagnose von Aktoren

Aktoren müssen auf elektrische Fehler und – falls technisch machbar – funktional überwacht werden. Funktionale Überwachung bedeutet hier, dass die Umsetzung eines gegebenen Stellbefehls (Sollwert) überwacht wird, indem die Systemreaktion (der Istwert) in geeigneter Weise durch Informationen aus dem System überprüft wird, z. B. durch einen Lagesensor. Das heißt, es werden – vergleichbar mit der Plausibilitätsdiagnose bei Sensoren – weitere Informationen aus dem System zur Beurteilung herangezogen.
Zu den Aktoren gehören u. a.:
● sämtliche Endstufen,
● die elektrisch angesteuerte Drosselklappe,
● das Tankentlüftungsventil,
● das Aktivkohleabsperrventil.

Diagnose der elektrisch angesteuerten Drosselklappe
Für die Diagnose der Drosselklappe wird geprüft, ob eine Abweichung zwischen dem zu setzenden und dem tatsächlichen Winkel besteht. Ist diese Abweichung zu groß, wird ein Drosselklappenantriebsfehler festgestellt.

Diagnose in der Werkstatt

Aufgabe der Diagnose in der Werkstatt ist die schnelle und sichere Lokalisierung der kleinsten austauschbaren Einheit. Bei den heutigen modernen Motoren ist dabei der Einsatz eines im allgemeinen PC-basierten Diagnosetesters in der Werkstatt unumgänglich. Generell nutzt die Werkstatt-Diagnose hierbei die Ergebnisse der Diagnose im Fahrbetrieb (Fehlerspeichereinträge der On-Board-Diagnose). Da jedoch nicht jedes spürbare Symptom am Fahrzeug zu einem Fehlerspeichereintrag führt und nicht alle Fehlerspeichereinträge eindeutig auf eine ursächliche Komponente zeigen, werden weitere spezielle Werkstattdiagnosemodule und zusätzliche Prüf- und Messgeräte in der Werkstatt eingesetzt. Werkstattdiagnosefunktionen werden durch den Werkstatttester gestartet und unterscheiden sich hinsichtlich ihrer Komplexität, Diagnosetiefe und Eindeutigkeit. In aufsteigender Reihenfolge sind dies:
● Ist-Werte-Auslesen und Interpretation durch den Werkstattmitarbeiter,
● Aktoren-Stellen und subjektive Bewertung der jeweiligen Auswirkung durch den Werkstattmitarbeiter,
● automatisierte Komponententests mit Auswertung durch das Steuergerät oder den Diagnosetester,
● komplexe Subsystemtests mit Auswertung durch das Steuergerät oder den Diagnosetester.

Beispiele für diese Komponenten- und Subsystemtests werden im Folgenden beschrieben. Alle für ein Fahrzeugprojekt vorhandenen Diagnosemodule werden im Diagnosetester in eine geführte Fehlersuche integriert.

Geführte Fehlersuche

Wesentliches Element der Werkstattdiagnose ist die geführte Fehlersuche. Der Werkstattmitarbeiter wird ausgehend vom Symptom (fehlerhaftes Fahrzeugverhalten, welches vom Fahrer wahrgenommen wird) oder vom Fehlerspeichereintrag mit Hilfe eines ergebnisgesteuerten Ablaufs durch die Fehlerdiagnose geführt. Die geführte Fehlersuche verknüpft hierbei alle vorhandenen Diagnosemöglichkeiten zu einem zielgerichteten Fehlersuchablauf. Hierzu gehören Symptombeschreibungen des Fahrzeughalters, Fehlerspeichereinträge der On-Board-Diagnose, Werkstattdiagnosemodule im Steuergerät und im Diagnosetester sowie externe Prüfgeräte und Zusatzsensorik. Alle Werkstattdiagnosemodule können nur bei verbundenem Diagnosetester und im Allgemeinen nur bei stehendem Fahrzeug genutzt werden. Die Überwachung der Betriebsbedingungen erfolgt im Steuergerät.

Auslesen und Löschen der Fehlerspeichereinträge

Alle während des Fahrbetriebs auftretenden Fehler werden gemeinsam mit vorab definierten und zum Zeitpunkt des Auftretens herrschenden Umgebungsbedingungen im Steuergerät gespeichert. Diese Fehlerspeicherinformationen können über eine Diagnosesteckdose (gut zugänglich vom Fahrersitz aus erreichbar) von frei verkäuflichen Scan-Tools oder Diagnosetestern ausgelesen und gelöscht werden. Die Diagnosesteckdose und die auslesbaren Parameter sind standardisiert. Es existieren aber unterschiedliche Übertragungsprotokolle (SAE J1850 VPM und PWM, ISO 1941-2, ISO 14230-4) die jedoch durch unterschiedliche Pinbelegung im Diagnosestecker (siehe Bild 12) codiert sind. Seit 2008 ist nach der CARB-Gesetzgebung und ab 2014 nach der EU-Gesetzgebung nur noch die Diagnose über CAN (ISO-15765) erlaubt.

Neben dem Auslesen und Löschen des Fehlerspeichers existieren weitere Betriebsarten in der Kommunikation zwischen Diagnosetester und Steuergerät, die in Tabelle 2 aufgezählt werden.

Werkstattdiagnosemodule

Im Steuergerät integrierte Diagnosemodule laufen nach dem Start durch den Diagnosetester autark im Steuergerät ab und melden nach Beendigung das Ergebnis an den Diagnosetester zurück. Gemeinsam für alle Module ist, dass sie das zu diagnostizierende Fahrzeug in der Werkstatt in vorbestimmte lastlose Betriebspunkte versetzen, verschiedenen Aktorenanregungen aufprägen und Ergebnisse von Sensoren eigenständig mit einer vorgegebenen Auswertelogik auswerten können. Ein Beispiel für einen Subsystemtest ist der BDE-Systemtest (Benzin-Direkt-Einspritzung). Als Komponententests werden im Folgenden der Kompressionstest, die Separierung zwischen Gemisch und λ-Sonden-Fehlern sowie von Zündungs- und Mengenfehlern vorgestellt.

BDE-Systemtest

Der BDE-Systemtest dient der Überprüfung des gesamten Kraftstoffsystems bei Motoren mit Benzin-Direkt-Einspritzung und wird bei den Symptomen „Motorkontrollleuchte an", „verminderte Leistung" und „unrunder Motorlauf" angewendet. Erkennbare Fehler

Bild 12
2, 10 Datenübertragung
     nach SAE J 1850,
7, 15 Datenübertragung
     nach DIN ISO 9141-2
     oder 14 230-4,
4   Fahrzeugmasse,
5   Signalmasse,
6   CAN-High-Leitung,
14   CAN-Low-Leitung,
14   Batterie-Plus,
1, 3, 8, 9, 11, 12, 13 nicht
     von OBD belegt

12   Pinbelegung eines vorgeschriebenen 16-poligen Diagnosesteckers

Service-Nummer	Funktion
$01	Auslesen der aktuellen Istwerte des Systems (z. B. Messwerte der Drehzahl und der Temperatur)
$02	Auslesen der Umweltbedingungen (Freeze Frame), die während des Auftretens des Fehlers vorgeherrscht haben
$03	Fehlerspeicher auslesen. Es werden die abgasrelevanten und bestätigten Fehlercodes ausgelesen
$04	Löschen des Fehlercodes im Fehlerspeicher und Zurücksetzen der begleitenden Information
$05	Anzeigen von Messwerten und Schwellen der λ-Sonden
$06	Anzeigen von Messwerten von nicht kontinuierlich überwachten Systemen (z. B. Katalysator)
$07	Fehlerspeicher auslesen. Hier werden die noch nicht bestätigten Fehlercodes ausgelesen
$08	Testfunktionen anstoßen (fahrzeughersteller-spezifisch)
$09	Auslesen von Fahrzeuginformationen
$0A	Auslesen von permanent gespeicherten Fehlerspeichereinträgen

Tabelle 2
Betriebsarten des Diagnosetesters (CARB-Umfang).
Service $05 gemäß SAE J1979 ist bei Fahrzeugen mit CAN-Protokoll nicht verfügbar: der Ausgabeumfang von Service $05 ist bei Fahrzeugen mit CAN-Protokoll z. T. im Service $06 enthalten.

im Niederdrucksystem sind Leckagen und defekte Kraftstoffpumpen. Im Hochdrucksystem werden Defekte an der Hochdruckpumpe, am Injektor und am Hochdrucksensor erkannt. Zur Bestimmung der defekten Komponente werden während des Tests bestimmte Merkmale extrahiert und die Über- oder Unterschreitung von Sollwerten in eine Matrix eingetragen. Der Mustervergleich mit bekannten Fehlern führt dann zur eindeutigen Identifizierung. Verschiedene auszuwertende Merkmale sind in Bild 13 gezeigt. Der Test bietet die Vorteile, dass ohne Öffnen des Kraftstoffsystems und ohne zusätzliche Messtechnik in sehr kurzer Zeit Ergebnisse vorliegen. Da der Vergleich der Merkmale in der Matrix im Tester durchgeführt wird, können Anpassungen im Fahrzeug-Projekt auch nach Serieneinführungen erfolgen.

Kompressionstest

Der Kompressionstest wird zur Beurteilung der Kompression einzelner Zylinder bei den Symptomen „Leistungsmangel" und „unrun-

der Motorlauf im Leerlauf" angewendet. Der Test erkennt eine reduzierte Kompression durch mechanische Defekte am Zylinder, wie z. B. undichte Kompressionsringe. Das physikalische Wirkprinzip ist ein relativer Vergleich der Zahnzeiten (Intervall von 6° des Kurbelwellengeberrades) der einzelnen Zylinder vor und nach dem oberen Totpunkt (OT). Während des Tests wird der Motor ausschließlich durch den elektrischen Starter gedreht, um Auswirkungen durch einen eventuell unterschiedlichen Momentenbeitrag der einzelnen Zylinder durch die Verbrennung auszuschließen.

Die Vorteile dieses Tests liegen in einer sehr kurzen Messzeit ohne Adaption von externen Messmitteln. Er funktioniert jedoch nur bei Motoren mit mehr als zwei Zylindern, da sonst die Möglichkeit eines relativen Vergleichs der Zylinderdrehzahlen nicht mehr gegeben ist. Bei dem Symptom „unrunder Motorlauf, Motor schüttelt" wird der Kompressionstest oft vor spezifischen Tests des Einspritzsystems durchgeführt, um ne-

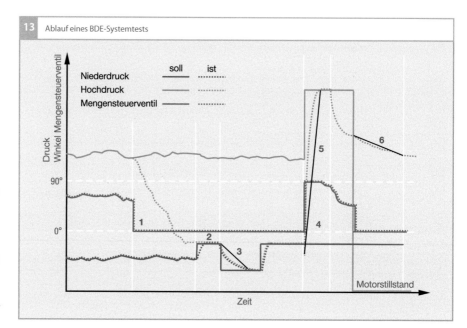

13 Ablauf eines BDE-Systemtests

gative Auswirkungen durch die Motorme-
chanik ausschließen zu können.

Separierung von Zündungs- und Mengenfehlern

Der Test „Separierung von Zündungs- und
Mengenfehlern" wird zur Unterscheidung
von Fehlern im Zündsystem oder bei den
Einspritzventilen (Ventil klemmt, Mehr- oder
Mindermenge) bei dem Symptom „Motor-
aussetzer" und „unrunder Motorlauf" angewendet. In einem ersten Testschritt wird be-
wusst die Einspritzung auf einem Zylinder
unterdrückt und die Auswirkung auf das
λ-Sonden-Signal bewertet. In einem zweiten
Schritt wird die Einspritzmenge auf einem
Zylinder in Abhängigkeit vom λ-Wert rampenförmig erhöht oder vermindert. Während
des zweiten Schritts werden die Laufunruhe-
werte beurteilt. Durch die Kombination der
Ergebnisse des λ-Sonden-Signals und der
Laufunruhe kann eine eindeutige Unterscheidung zwischen Fehlern im Zündsystem
und Fehlern bei den Einspritzventilen getä-

tigt werden. In Bild 14 ist beispielhaft der
zeitliche Verlauf bei einem Mehrmengenfeh-
ler an einem Einspritzventil dargestellt. Die
Vorteile dieses Tests liegen in einer sehr kurzen Messzeit ohne aufwendigen Teiletausch
bei Aussetzerfehlern auf einzelnen Zylindern.

Separierung von Gemisch- und λ-Sonden-Fehlern

Der Test „Separierung von Gemisch- und
λ-Sonden-Fehlern" wird zur Unterscheidung von Gemischfehlern und Offset-Feh-
lern der λ-Sonde bei den Symptomen „Motorkontrollleuchte an" genutzt. Während
des Tests wird das Luft-Kraftstoff-Gemisch
zuerst in der Nähe des Luftverhältnisses
$\lambda = 1$ eingestellt, danach wird das Gemisch
abhängig vom Kraftstoffkorrekturfaktor
leicht angefettet oder abgemagert. Durch pa-
rallele Messung der beiden λ-Sonden-
Signale und gegenseitige Plausibilisierung
kann zwischen Gemischfehlern und Fehlern
der λ-Sonden vor dem Katalysator unter-

schieden werden. Die Vorteile dieses Tests liegen in einer sehr kurzen Messzeit ohne die Notwendigkeit zum Sondenausbau.

Stellglied-Diagnose

Um in den Kundendienstwerkstätten einzelne Stellglieder (Aktoren) aktivieren und deren Funktionalität prüfen zu können, ist im Steuergerät eine Stellglied-Diagnose enthalten. Über den Diagnosetester kann hiermit die Position von vordefinierten Aktoren verändert werden. Der Werkstattmitarbeiter kann dann die entsprechenden Auswirkungen akustisch (z. B. Klicken des Ventils), optisch (z. B. Bewegung einer Klappe) oder durch andere Methoden, wie die Messung von elektrischen Signalen, überprüfen.

Externe Prüfgeräte und Sensorik

Die Diagnosemöglichkeiten in der Werkstatt werden durch Nutzung von Zusatzsensorik (z. B. Strommesszange, Klemmdruckgeber) oder Prüfgeräte (z. B. Bosch-Fahrzeugsystemanalyse) erweitert. Die Geräte werden im Fehlerfall in der Werkstatt an das Fahrzeug adaptiert. Die Bewertung der Messergebnisse erfolgt im Allgemeinen über den Diagno-

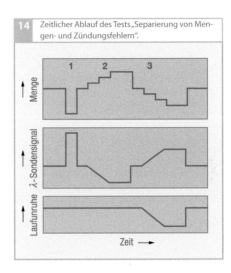

14   Zeitlicher Ablauf des Tests „Separierung von Mengen- und Zündungsfehlern".

Bild 14
1   Einspritzung deaktiviert
2   positive Mengenrampe
3   negative Mengenrampe

Die Laufunruhe betrifft den systematischen Verlauf bei einer Mehrmenge.

setester. Mit evtl. vorhandenen Multimeterfunktionen des Diagnosetesters können elektrische Ströme, Spannungen und Widerstände gemessen werden. Ein integriertes Oszilloskop erlaubt darüber hinaus, die Signalverläufe der Ansteuersignale für die Aktoren zu überprüfen. Dies ist insbesondere für Aktoren relevant, die in der Stellglied-Diagnose nicht überprüft werden.

Abkürzungsverzeichnis zum Ottomotor

A

ABB	Air System Brake Booster, Bremskraftverstärkersteuerung
ABC	Air System Boost Control, Ladedrucksteuerung
ABS	Antiblockiersystem
AC	Accessory Control, Nebenaggregatesteuerung
ACA	Accessory Control Air Condition, Klimasteuerung
ACC	Adaptive Cruise Control, Adaptive Fahrgeschwindigkeitsregelung
ACE	Accessory Control Electrical Machines, Steuerung elektrische Aggregate
ACF	Accessory Control Fan Control, Lüftersteuerung
ACS	Accessory Control Steering, Ansteuerung Lenkhilfepumpe
ACT	Accessory Control Thermal Management, Thermomanagement
ADC	Air System Determination of Charge, Luftfüllungsberechnung
ADC	Analog Digital Converter, Analog-Digital-Wandler
AEC	Air System Exhaust Gas Recirculation, Abgasrückführungssteuerung
AGR	Abgasrückführung
AIC	Air System Intake Manifold Control, Saugrohrsteuerung
AKB	Aktivkohlebehälter
AKF	Aktivkohlefalle (activated carbon canister)
AKF	Aktivkohlefilter
A_K	Lichte Kolbenfläche
α	Drosselklappenwinkel
Al_2O_3	Aluminiumoxid
AMR	Anisotrop Magneto Resistive
AÖ	Auslassventil Öffnen
APE	Äußere-Pumpen-Elektrode

AS	Air System, Luftsystem
AS	Auslassventil Schließen
ASAM	Association of Standardization of Automation and Measuring, Verein zur Förderung der internationalen Standardisierung von Automatisierungs- und Messsystemen
ASIC	Application Specific Integrated Circuit, anwendungsspezifische integrierte Schaltung
ASR	Antriebsschlupfregelung
ASV	Application Supervisor, Anwendungssupervisor
ASW	Application Software, Anwendungssoftware
ATC	Air System Throttle Control, Drosselklappensteuerung
ATL	Abgasturbolader
AUTOSAR	Automotive Open System Architecture, Entwicklungspartnerschaft zur Standardisierung der Software Architektur im Fahrzeug
AVC	Air System Valve Control, Ventilsteuerung

B

BDE	Benzin Direkteinspritzung
b_e	spezifischer Kraftstoffverbrauch
BMD	Bag Mini Diluter
BSW	Basic Software, Basissoftware

C

C/H	Verhältnis Kohlenstoff zu Wasserstoff im Molekül
C_2	Sekundärkapazität
C_6H_{14}	Hexan
CAFE	Corporate Average Fuel Economy
CAN	Controller Area Network
CARB	California Air Resources Board
CCP	CAN Calibration Protocol, CAN-Kalibrierprotokoll

CDrv	Complex Driver, Treibersoftware mit exklusivem Hardware Zugriff		**D**	
			DB	Diffusionsbarriere
CE	Coordination Engine, Koordination Motorbetriebszustände und -arten		DC	direct current, Gleichstrom
			DE	Device Encapsulation, Treibersoftware für Sensoren und Aktoren
CEM	Coordination Engine Operation, Koordination Motorbetriebsarten		DFV	Dampf-Flüssigkeits-Verhältnis
			DI	Direct Injection, Direkteinspritzung
CES	Coordination Engine States, Koordination Motorbetriebszustände		DMS	Differential Mobility Spectrometer
			DoE	Design of Experiments, statistische Versuchsplanung
CFD	Computational Fluid Dynamics		DR	Druckregler
CFV	Critical Flow Venturi		3D	dreidimensional
CH_4	Methan		DS	Diagnostic System, Diagnosesystem
CIFI	Zylinderindividuelle Einspritzung, Cylinder Individual Fuel Injection		DSM	Diagnostic System Manager, Diagnosesystemmanager
CLD	Chemilumineszenz-Detektor		DV, E	Drosselvorrichtung, elektrisch
CNG	Compressed Natural Gas, Erdgas			
CO	Communication, Kommunikation		**E**	
CO	Kohlenmonoxid		E0	Benzin ohne Ethanol-Beimischung
CO_2	Kohlendioxid		E10	Benzin mit bis zu 10 % Ethanol-Beimischung
COP	Coil On Plug		E100	reines Ethanol mit ca. 93 % Ethanol und 7 % Wasser
COS	Communication Security Access, Kommunikation Wegfahrsperre		E24	Benzin mit ca. 24 % Ethanol-Beimischung
COU	Communication User Interface, Kommunikationsschnittstelle		E5	Benzin mit bis zu 5 % Ethanol-Beimischung
COV	Communication Vehicle Interface, Datenbuskommunikation		E85	Benzin mit bis zu 85 % Ethanol-Beimischung
cov	Variationskoeffizient		EA	Elektrodenabstand
CPC	Condensation Particulate Counter		EAF	Exhaust System Air Fuel Control, λ-Regelung
CPU	Central Processing Unit, Zentraleinheit		ECE	Economic Commission for Europe
CTL	Coal to Liquid		ECT	Exhaust System Control of Temperature, Abgastemperaturregelung
CVS	Constant Volume Sampling			
CVT	Continuously Variable Transmission		ECU	Electronic Control Unit, elektronisches Steuergerät

ECU	Electronic Control Unit, Motorsteuergerät
eCVT	electrical Continuously Variable Transmission
EDM	Exhaust System Description and Modeling, Beschreibung und Modellierung Abgassystem
EEPROM	Electrically Erasable Programmable Read Only Memory, löschbarer programmierbarer Nur-Lese-Speicher
E_F	Funkenenergie
EFU	Einschaltfunkenunterdrückung
EGAS	Elektronisches Gaspedal
1D	eindimensional
EKP	Elektrische Kraftstoffpumpe
ELPI	Electrical Low Pressure Impactor
EMV	Elektromagnetische Verträglichkeit
ENM	Exhaust System NO_x Main Catalyst, Regelung NO_x-Speicherkatalysator
EÖ	Einlassventil Öffnen
EOBD	European On Board Diagnosis – Europäische On-Board-Diagnose
EOL	End of Line, Bandende
EPA	US Environmental Protection Agency
EPC	Electronic Pump Controller, Pumpensteuergerät
EPROM	Erasable Programmable Read Only Memory, löschbarer und programmierbarer Festwertspeicher
ε	Verdichtungsverhältnis
ES	Exhaust System, Abgassystem
ES	Einlass Schließen
ESP	Elektronisches Stabilitäts-Programm
η_{th}	Thermischer Wirkungsgrad
ETBE	Ethyltertiärbutylether

ETF	Exhaust System Three Way Front Catalyst, Regelung Drei-Wege-Vorkatalysator
ETK	Emulator Tastkopf
ETM	Exhaust System Main Catalyst, Regelung Drei-Wege-Hauptkatalysator
EU	Europäische Union
(E)UDC	(extra) Urban Driving Cycle
EV	Einspritzventil
Exy	Ethanolhaltiger Ottokraftstoff mit xy % Ethanol
EZ	Elektronische Zündung

F

FEL	Fuel System Evaporative Leak Detection, Tankleckerkennung
FEM	Finite Elemente Methode
FF	Flexfuel
FFC	Fuel System Feed Forward Control, Kraftstoff-Vorsteuerung
FFV	Flexible Fuel Vehicles
FGR	Fahrgeschwindigkeitsregelung
FID	Flammenionisations-Detektor
FIT	Fuel System Injection Timing, Einspritzausgabe
FLO	Fast-Light-Off
FMA	Fuel System Mixture Adaptation, Gemischadaption
FPC	Fuel Purge Control, Tankentlüftung
FS	Fuel System, Kraftstoffsystem
FSS	Fuel Supply System, Kraftstoffversorgungssystem
FT	Resultierende Kraft
FTIR	Fourier-Transform-Infrarot
FTP	Federal Test Procedure
FTP	US Federal Test Procedure
F_z	Kolbenkraft des Zylinders

G

GC   Gaschromatographie
g/kWh   Gramm pro Kilowattstunde
°KW   Grad Kurbelwelle

H

H_2O Wasser, Wasserdampf
HC   Hydrocarbons, Kohlenwasser-stoffe
HCCI   Homogeneous Charge Com-pression Ignition
HD   Hochdruck
HDEV   Hochdruck Einspritzventil
HDP   Hochdruckpumpe
HEV   Hybrid Electric Vehicle
HFM   Heißfilm-Luftmassenmesser
HIL   Hardware in the Loop, Hard-ware-Simulator
HLM   Hitzdraht-Luftmassenmesser
H_o spezifischer Brennwert
H_u spezifischer Heizwert
HV   high voltage
HVO   Hydro-treated-vegetable oil
HWE   Hardware Encapsulation, Hardware Kapselung

I

i_1 Primärstrom
IC   Integrated Circuit, integrierter Schaltkreis
i_F Funken(anfangs)strom
IGC   Ignition Control, Zündungs-steuerung
IKC   Ignition Knock Control, Klopf-regelung
i_N Nennstrom
IPE   Innere Pumpen Elektrode
IR   Infrarot
IS   Ignition System, Zündsystem
ISO   International Organisation for Standardization, Internationale Organisation für Normung

IUMPR   In Use Monitor Performance Ratio, Diagnosequote im Fahr-zeugbetrieb
IUPR   In Use Performance Ratio
IZP   Innenzahnradpumpe

J

JC08   Japan Cycle 2008

K

κ Polytropenexponent
Kfz   Kraftfahrzeug
kW   Kilowatt

L

λ Luftzahl oder Luftverhältnis
L_1 Primärinduktivität
L_2 Sekundärinduktivität
LDT   Light Duty Truck, leichtes Nfz
LDV   Light Duty Vehicle, Pkw
LEV   Low Emission Vehicle
LIN   Local Interconnect Network
l_l Schubstangenverhältnis (Ver-hältnis von Kurbelradius r zu Pleuellänge l)
LPG   Liquified Petroleum Gas, Flüs-siggas
LPV   Low Price Vehicle
LSF λ-Sonde flach
LSH λ-Sonde mit Heizung
LSU   Breitband-λ-Sonde
LV   Low Voltage

M

(M)NEFZ   (modifizierter) Neuer Europäi-scher Fahrzyklus
M100   Reines Methanol
M15   Benzin mit Methanolgehalt von max. 15 %
MCAL   Microcontroller Abstraction Layer
M_d Das effektive Drehmoment an der Kurbelwelle

ME	Motronic mit integriertem EGAS
Mi	Innerer Drehmoment
Mk	Kupplungsmoment
m_K	Kraftstoffmasse
m_L	Luftmasse
MMT	Methylcyclopentadienyl-Mangan-Tricarbonyl
MO	Monitoring, Überwachung
MOC	Microcontroller Monitoring, Rechnerüberwachung
MOF	Function Monitoring, Funktionsüberwachung
MOM	Monitoring Module, Überwachungsmodul
MOSFET	Metal Oxide Semiconductor Field Effect Transistor, Metall-Oxid-Halbleiter, Feldeffekttransistor
MOX	Extended Monitoring, Erweiterte Funktionsüberwachung
MOZ	Motor-Oktanzahl
MPI	Multiple Point Injection
MRAM	Magnetic Random Access Memory, magnetischer Schreib-Lese-Speicher mit wahlfreiem Zugriff
MSV	Mengensteuerventil
MTBE	Methyltertiärbutylether

N

n	Motordrehzahl
N_2	Stickstoff
N_2O	Lachgas
ND	Niederdruck
NDIR	Nicht-dispersives Infrarot
NE	Nernst-Elektrode
NEFZ	Neuer europäischer Fahrzyklus
Nfz	Nutzfahrzeug
NGI	Natural Gas Injector
NHTSA	US National Transport and Highway Safety Administration
NMHC	Kohlenwasserstoffe außer Methan

NMOG	Nonmethane Organic Gas, Kohlenwasserstoffe außer Methan
NO	Stickstoffmonoxid
NO_2	Stickstoffdioxid
NOCE	NO_x-Gegenelektrode
NOE	NO_x-Pumpelektrode
NO_x	Sammelbegriff für Stickoxide
NSC	NO_x Storage Catalyst
NTC	Temperatursensor mit negativem Temperaturkoeffizient
NYCC	New York City Cycle
NZ	Nernstzelle

O

OBD	On-Board-Diagnose
OBV	Operating Data Battery Voltage, Batteriespannungserfassung
OD	Operating Data, Betriebsdaten
OEP	Operating Data Engine Position Management, Erfassung Drehzahl und Winkel
OMI	Misfire Detection, Aussetzererkennung
ORVR	On Board Refueling Vapor Recovery
OS	Operating System, Betriebssystem
OSC	Oxygen Storage Capacity
OT	oberer Totpunkt des Kolbens
OTM	Operating Data Temperature Measurement, Temperaturerfassung
OVS	Operating Data Vehicle Speed Control, Fahrgeschwindigkeitserfassung

P

p	Die effektiv vom Motor abgegebene Leistung
p-V-Diagramm	Druck-Volumen-Diagramm, auch Arbeitsdiagramm
PC	Passenger Car, Pkw
PC	Personal Computer

PCM	Phase Change Memory, Phasen-wechselspeicher
PDP	Positive Displacement Pump
PFI	Port Fuel Injection
Pkw	Personenkraftwagen
PM	Partikelmasse
PMD	Paramagnetischer Detektor
p_{me}	Effektiver Mitteldruck
p_{mi}	mittlerer indizierter Druck
PN	Partikelanzahl (Particle Number)
PP	Peripheralpumpe
ppm	parts per million, Teile pro Million
PRV	Pressure Relief Valve
PSI	Peripheral Sensor Interface, Schnittstelle zu peripheren Sensoren
Pt	Platin
PWM	Puls-Weiten-Modulation
PZ	Pumpzelle
P_Z	Leistung am Zylinder

R

r	Hebelarm (Kurbelradius)
R_1	Primärwiderstand
R_2	Sekundärwiderstand
RAM	Random Access Memory, Schreib-Lese-Speicher mit wahlfreiem Zugriff
RDE	Real Driving Emission
RE	Referenz Electrode
RLFS	Returnless Fuel System
ROM	Read Only Memory, Nur-Lese-Speicher
ROZ	Research-Oktanzahl
RTE	Runtime Environment, Laufzeitumgebung
RZP	Rollenzellenpumpe

S

s	Hubfunktion
σ	Standardabweichung
SC	System Control, Systemsteuerung
SCR	selektive katalytische Reduktion
SCU	Sensor Control Unit
SD	System Documentation, Systembeschreibung
SDE	System Documentation Engine Vehicle ECU, Systemdokumentation Motor, Fahrzeug, Motorsteuerung
SDL	System Documentation Libraries, Systemdokumentation Funktionsbibliotheken
SEFI	Sequential Fuel Injection, Sequentielle Kraftstoffeinspritzung
SENT	Single Edge Nibble Transmission, digitale Schnittstelle für die Kommunikation von Sensoren und Steuergeräten
SFTP	US Supplemental Federal Test Procedures
SHED	Sealed Housing for Evaporative Emissions Determination
SMD	Surface Mounted Device, oberflächenmontiertes Bauelement
SMPS	Scanning Mobility Particle Sizer
SO_2	Schwefeldioxid
SO_3	Schwefeltrioxid
SRE	Saugrohreinspritzung
SULEV	Super Ultra Low Emission Vehicle
SWC	Software Component, Software Komponente
SYC	System Control ECU, Systemsteuerung Motorsteuerung
SZ	Spulenzündung

T

TCD	Torque Coordination, Momentenkoordination
TCV	Torque Conversion, Momentenumsetzung
TD	Torque Demand, Momentenanforderung
TDA	Torque Demand Auxiliary Functions, Momentenanforderung Zusatzfunktionen
TDC	Torque Demand Cruise Control, Fahrgeschwindigkeitsregler
TDD	Torque Demand Driver, Fahrerwunschmoment
TDI	Torque Demand Idle Speed Control, Leerlaufdrehzahlregelung
TDS	Torque Demand Signal Conditioning, Momentenanforderung Signalaufbereitung
TE	Tankentlüftung
TEV	Tankentlüftungsventil
t_F	Funkendauer
THG	Treibhausgase, u. a. CO_2, CH_4, N_2O
t_i	Einspritzzeit
TIM	Twist Intensive Mounting
TMO	Torque Modeling, Motordrehmoment-Modell
TPO	True Power On
TS	Torque Structure, Drehmomentstruktur
t_s	Schließzeit
TSP	Thermal Shock Protection
TSZ	Transistorzündung
TSZ, h	Transistorzündung mit Hallgeber
TSZ, i	Transistorzündung mit Induktionsgeber
TSZ, k	kontaktgesteuerte Transistorzündung

U

U/min	Umdrehungen pro Minute
U_F	Brennspannung
ULEV	Ultra Low Emission Vehicle
UN ECE	Vereinte Nationen Economic Commission for Europe
U_P	Pumpspannung
UT	Unterer Totpunkt
UV	Ultraviolett
U_Z	Zündspannung

V

V_c	Kompressionsvolumen
VFB	Virtual Function Bus, Virtuelles Funktionsbussystem
V_h	Hubvolumen
VLI	Vapour Lock Index
VST	Variable Schieberturbine
VT	Ventiltrieb
VTG	Variable Turbinengeometrie
VZ	Vollelektronische Zündung

W

W_F	Funkenenergie
WLTC	Worldwide Harmonized Light Vehicles Test Cycle
WLTP	Worldwide Harmonized Light Vehicles Test Procedure

X

XCP	Universal Measurement and Calibration Protocol – universelles Mess- und Kalibrierprotokoll

Z

ZEV	Zero Emission Vehicle
ZOT	Oberer Totpunkt, an dem die Zündung erfolgt
ZrO_2	Zirconiumoxid
ZZP	Zündzeitpunkt

A

Abkürzungsverzeichnis zum Dieselmotor

A

ACEA	Association des Constructeurs Européens d'Automobiles (Verband der europäischen Automobilhersteller)
ADC	Analog/Digital-Converter (Analog/Digital-Wandler)
AGR	Abgasrückführung
AHR	Abgashubrückmelder
ARD	Aktive Ruckeldämpfung
ASIC	Application Specific Integrated Circuit (anwendungsbezogene integrierte Schaltung)
ASR	Antriebsschlupfregelung
ASTM	American Society for Testing and Materials
ATL	Abgasturbolader
AU	Abgasuntersuchung

B

BDE	Benzin-Direkteinspritzung
BIP-Signal	Begin of Injection Period-Signal (Signal der Förderbeginnerkennung)
BMD	Bag Mini Diluter (Verdünnungsanlage)

C

CAFÉ	Corporate Average Fuel Efficiency
CAN	Controller Area Network
CARB	California Air Resources Board
CCRS	current Controlled Rate Shaping (stromgeregelte Einspritzverlaufsformung)
CDPF	Catalyzed Diesel Particulate Filter (katalytisch beschichteter Partikelfilter)
CFPP	Cold Filter Plugging Point (Filterverstopfungspunkt bei Kälte)
CFR	Cooperative Fuel Research

CFV	Critical Flow Venturi
CLD	Chemielumineszenzdetektor
COP	Conformity of Production
CPU	Central Processing Unit
CR	Common Rail
CRT	Continuously Regenerating Trap (kontinuierlich regenerierendes Partikelfiltersystem)
CSF	Catalyzed Soot Filter (katalytisch beschichteter Partikelfilter)
CVS	Constant Volume Sampling
CZ	Cetanzahl

D

DCU	DENOXTRONIC Control Unit
DFPM	Diagnose-Fehlerpfad-Management
DHK	Düsenhalterkombination
DI	Direct Injection (Direkteinspritzung)
DME	Dimethylether
DOC	Diesel Oxidation Catalyst (Diesel-Oxidationskatalysator)
DPF	Dieselpartikelfilter
DSCHED	Diagnose-Funktions-Scheduler
DSM	Diagnose-System-Management
DVAL	Diagnose-Validator

E

ECE	Economic Comission for Europe (Europäische Wirtschaftskommission der Vereinten Nationen)
EDC	Elektronic Diesel Control (Elektronische Dieselregelung)
EDR	Enddrehzahlregelung
EEPROM	Electrically Erasable Programmable Read Only Memory
EEV	Enhanced Environmentally-Friendly Vehicle

EGS	Elektronische Getriebe-steuerung
EIR	Emission Information Report
EKP	Elektrokraftstoffpumpe
ELPI	Electrical Low Pressure Impactor
ELR	Elektronische Leerlaufregelung
ELR	European Load Response
EMI	Einspritzmengenindikator
EMV	Elektromagnetische Verträg-lichkeit
EOBD	European OBD
EOL-Programmierung	End-Of-Line-Programmierung
EPA	Environmental Protection Agency (US-Umwelt-Bundesbehörde)
EPROM	Erasable Programmable Read Only Memory
ESC	European Steady-State Cycle
ESP	Elektronisches STabilitäts-Pro-gramm
ETC	European Transient Cycle
euATL	Elektrisch unterstützter Abgas-turbolader
EWIR	Emissions Warranty Informa-tion Report

F

FAME	Fatty Acid Methyl Ester (Fettsäuremethylester)
FID	Flammenionisationsdetektor
FIR	Field Information Report
FR	First Registration (Erstzulas-sung)
FTIR	Fourier-Transfom-Infrarot (-Spektroskopie)
FTP	Federal Test Procedure

G

GC	Gaschromatographie
GDV	Gleichdruckventil
GRV	Gleichraumventil
GLP	Glow Plug (Glühstiftkerze)

H

H-Pumpe	Hubschieber-Reiheneinspritz-pumpe
HBA	Hydraulisch betätigte Anglei-chung
HCCI	Homogeneous Compressed Combustion Ignition
HD	Hochdruck
HDK	Halb-Differenzial-Kurzschluss-ringsensor
HDV	Heavy-Duty Vehicle
HFM	Heißfilm-Luftmassenmesser
HFRR-Methode	High Frequency Reciprocating Rig
HGB	Höchstgeschwindigkeitsbegren-zung
H-Kat	Hydrolye-Katalysator
HLDT	Heavy-Light-Duty Truck
HRR-Methode	High Frequency Reciprocating Rig (Verschleißprüfung)
HSV	Hydraulische Startmengenver-riegelung
HWL	Harnstoff-Wasser-Lösung

I

IC	Integrated Circuit (Integrierte Schaltung)
IDI	Indirect Injection (Indirekte Einspritzung, Kammermotor)
IMA	Injektormengenabgleich
ISO	International Organziation for Standardization
IWZ-Signal	Inkremental-Winkel-Zeit-Signal

J

JAMA	Japan Automobile Manufactur-ers Association

K

KMA	Kontinuierliche Mengenanalyse
KSB	Kaltstartbeschleuniger

KW	Kurbelwellenwinkel		NDIR-Analysator	Nicht-dispersiver Infra-rot-Analysator
KWP	Keyword Protocol		NEFZ	Neuer Europäischer Fahrzyklus
			Nkw	Nutzkraftwagen
L			NLK	Nachlaufkolben (-Spritzversteller)
LDA	Ladedruckabhängiger Vollfastanschlag		NMHC	Nicht-methanhaltige Kohlenwasserstoffe
LDR	Ladedruckregelung		NMOG	Nicht-methanhaltige organische Gase
LDT	Light-Duty Truck		NSC	NO_X Storage Catalyst (NO_X-Speicherkatalysator)
LDV	Light-Duty Vehicle			
LED	Light-Emitting Diode (Leuchtdiode)		NTC	Negative Temperature Coefficient
LEV	Low-Emission Vehicle		NW	Nockenwellenwinkel
LFG	Leerlauffeder gehäusefest			
LLDT	Light Light-Duty Truck		**O**	
LLR	Leerlaufregelung		OBD	On-Board-Diagnose
LRR	Laufruheregelung		OHW	Off-Highway
LSF	(Zweipunkt-)Finger-Lambda-Sonde		OT	Oberer Totpunkt (des Kolbens)
LSU	(Breitband-)Lambda-Sonde-Universal		Oxi-Kat	Oxidationskatalysator
			P	
M			PASS	Photo-acoustic Soot Sensor
MAB	Mengenabstellung		PDE	Pumpe-Düse-Einheit (Unit Injector System)
MAR	Mengenausgleichsregelung			
MBEG	Mengenbegrenzung		PDP	Positive Displacement Pump
MC	Microcomputer		PF	Partikelfilter
MDPV	Medium Duty Passenger Vehicle		pHCCI	partly Homogeneous Compressed Combustion Ignition
MDV	Medium-Duty Vehicle		PI	Pilot Injection (auch Voreinspritzung, VE)
MI	Main Injection			
MIL	Malfunction Indicator Lamp (Diagnoselampe)		Pkw	Personenkraftwagen
MKL	Mechanischer Kreiselader (mechanischer Strömungslader)		PLA	Pneumatische Leerlaufanhebung
			PLD	Pumpe-Leitung-Düse (Unit Pump System)
MMA	Mengenmittelwertadaption			
MNEFZ	Modifizierter Neuer Europäischer Fahrzyklus		PM	Partikelmasse
			PMB	Paramagnetischer Detektor
MSG	Motorsteuergerät		PNAB	Pneumatische Abstellvorrichtung
MV	Magnetventil			
MVL	Mechanischer Verdrängerlader		PO	Post Injection (auch Nacheinspritzung, NE)
N			PSG	Pumpensteuergerät
NBF	Nadelbewegungsfühler			
NBS	Nadelbewegungssensor			
ND	Niederdruck			

PTC	Positive Temperature Coefficient
PWG	Pedalwertgeber
PWM	Pulsweitenmodulation
PZEV	Partial Zero-Emission Vehicle

R

RAM	Random Access Memory (Schreib-Lesespeicher)
RDV	Rückstromdrosselventil
RIV	Regler-Impuls-Verfahren
RME	Rapsölmethylester
ROM	Read Only Memory (Nur-Lese-Speicher)
RSD	Rückströmdrosselventil
RWG	Regelweggeber
RZP	Rollenzellenpumpe

S

SAE	Society of Automotive Engineers (Organisation der Automobilindustrie in den USA)
SCR	Selective Catalytic Reduction (selektive katalytische Reduktion)
SD	Steuergeräte-Diagnose
SFTP	Supplement Federal Test Procedure
SG	Steuergerät
SME	Sojamethylester
SMPS	Scanning Mobility Particle Sizer
SRC	Smooth Running Control (Mengenausgleichsregelung bei Nkw)
SULEV	Super Ultra-Low-Emission Vehicle
SV	Spritzverzug
SZ	Schwärzungszahl

T

TA	Type Approval (Typzertifizierung)
THC	Gesamt-Kohlenwasserstoff-konzentration
TLEV	Transitional Low-Emission Vehicle
TME	Tallow Methyl Ester (Rindertalgester)

U

UDC	Urban Driving Cycle
UFOME	Used Frying Oil Methyl Ester (Altspeisefettester)
UIS	Unit Injector System
ULEV	Ultra-Low-Emission Vehicle
UPS	Unit Pump System
UT	Unterer Totpunkt (des Kolbens)

V

VE	Voreinspritzung
VST-Lader	Turbolader mit variabler Schieberturbine
VTG-Lader	Turbolader mit variabler Turbinengeometrie

W

WSD	Wear Scar Diameter („Verschleißkalotten"-Durchmesser bei der HFRR-Methode)
WWH-OBD	World Wide Harmonized On Board Diagnostics

Z

ZEV	Zero-Emission Vehicle
O-EVAP	zero evaporation

Stichwortverzeichnis

Printed in the United States
By Bookmasters